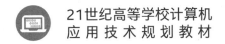

21世纪高等学校计算机
应用技术规划教材

大学计算机

——计算思维视角

◎ 刘添华 刘宇阳 主编

郑妍 郁宇 崔琨 葛冬梅 史文集 周丽娜 副主编

清華大学出版社
北京

内 容 简 介

本书以"信息素养普适化、计算思维差异化、操作技能个性化"为思路，结合多年的教学经验编写而成。全书共分9章和附录中的4个实验指导。第1～9章分别介绍了计算机与计算思维、计算机信息表示、计算机系统、算法与程序设计、数据库概述、大数据及相关技术、计算机网络概述、信息安全与信息伦理、人工智能概述；附录中的4个实验指导分别为文档处理、程序的初步认识、数据库简单应用、简单网页制作。

本书涵盖云计算、大数据、物联网、人工智能和区块链等新兴技术知识领域，内容具有较强的针对性和应用性，主要面向全国高校师生及相关领域的读者。

图书在版编目(CIP)数据

大学计算机：计算思维视角/刘添华，刘宇阳主编.—北京：清华大学出版社，2020.8 (2023.9重印)
21世纪高等学校计算机应用技术规划教材
ISBN 978-7-302-56041-8

Ⅰ.①大… Ⅱ.①刘… ②刘… Ⅲ.①电子计算机－高等学校－教材 Ⅳ.①TP3

中国版本图书馆 CIP 数据核字(2020)第 125151 号

责任编辑：陈景辉
封面设计：刘 键
责任校对：徐俊伟
责任印制：丛怀宇

出版发行：清华大学出版社
网　　　址：http://www.tup.com.cn, http://www.wqbook.com
地　　　址：北京清华大学学研大厦 A 座　　　　　邮　　编：100084
社 总 机：010-83470000　　　　　　　　　　　　邮　　购：010-62786544
投稿与读者服务：010-62776969，c-service@tup.tsinghua.edu.cn
质量反馈：010-62772015，zhiliang@tup.tsinghua.edu.cn
课件下载：http://www.tup.com.cn，010-83470236
印 装 者：三河市铭诚印务有限公司
经　　销：全国新华书店
开　　本：185mm×260mm　　印　张：21.5　　　字　　数：545 千字
版　　次：2020 年 9 月第 1 版　　　　　　　　　印　　次：2023 年 9 月第 5 次印刷
印　　数：14001～15000
定　　价：49.90 元

产品编号：087307-02－

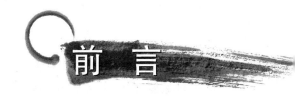

前　言

随着信息技术的飞速发展,计算思维已经成为人们分析问题和解决问题的基础。同时,计算技术与大数据、云计算、物联网、人工智能、区块链等新技术的融合,正在引领人类社会进入一个全新的智能社会。本书以计算思维为切入点,充分体现了"信息素养普适化、计算思维差异化、操作技能个性化"教学改革的思想。

本书以"计算思维"为导向,非常适合全国高校作为计算机教材,开展普适教育。希望通过本书的阅读,读者可在短时间内了解计算机的基础和前沿知识。本书共有9章和附录中的4个实验指导。

第1章计算机与计算思维。介绍了计算机的诞生,计算机发展,计算机的特点、分类及应用,计算机发展趋势和新型计算机的发展,计算思维基础和计算机文化。

第2章计算机信息表示。介绍了0和1的信息世界,计算机中的数制与运算,数值的表示,字符编码,多媒体信息的数字化和条形码的编码。

第3章计算机系统。介绍了计算机的工作原理,计算机系统的组成,微型计算机系统和操作系统。

第4章算法与程序设计。介绍了算法,算法的设计与分析,程序设计语言,程序设计方法与过程和 Python 语言基础。

第5章数据库概述。介绍了数据库的发展,数据库系统与体系结构,数据模型,结构化查询语言,数据库系统的开发工程和区块链简介。

第6章大数据及相关技术。介绍了大数据,大数据下的云计算,大数据分析。

第7章计算机网络概述。介绍了计算机网络的基本概念,计算机网络硬件与软件,计算机网络的体系结构,Internet 基础与应用,移动互联网和物联网。

第8章信息安全与信息伦理。介绍了信息安全和信息伦理。

第9章人工智能概述。介绍了初识人工智能,人工智能现代方法,人工智能研究领域和人工智能行业应用。

附录中的4个实验指导分别为文档处理、程序的初步认识、数据库简单应用、简单网页制作。

本书特色

(1) 注重计算机学科的思维能力和工程能力的培养,内容涵盖当前计算机最新技术。

(2) 全方位地将课程思政理念融入教材中,引领教材改革,旨在帮助学生树立正确的人生观和价值观。

(3) 利用"赋能加油站"和"扩展阅读"两个栏目,为赋能教育的开展奠定了知识基础,旨在培养全面发展的社会主义合格建设者和可靠接班人,致力于开启学生内在潜力和学习动力,向学生注入团队协作精神和奉献精神,既赋予学生计算能力,又传递给学生爱国、敬业的正能量,从而实现教育赋能。

(4) 本书配有 4 个实验内容,旨在培养学生的系统思维能力、发散思维能力、创新思维能力、沟通能力以及团队协作创新的工作理念,激发学生自主探究能力,在拓展创作中实现自我价值,并培养主动学习、经验学习和终身学习的能力。

配套资源

为便于教学,本书配有教学课件、教学大纲、教学日历、教案、考试试卷及答案、习题答案、200 分钟实验指导微课视频。

(1) 获取实验指导微课视频方式:读者可以扫描书中相应的视频二维码,观看教学视频。

(2) 其他配套资源可以扫描本书封底的课件二维码下载。

读者对象

本书主要面向全国高校师生及相关领域的读者。

本书由刘添华、刘宇阳任主编,杨茹主审,第 1 章由葛冬梅编写,第 2、6 章由郑妍编写,第 3 章由郁宇编写,第 4 章由刘添华编写,第 5 章由崔琨编写,第 7 章由刘宇阳编写,第 8 章中 8.1 节由刘添华编写,8.2~8.5 节由郁宇编写,第 9 章由周丽娜编写,实验指导由史文集编写。黄成哲、雷国华、靳敏、王鑫、王姝音、赵兰波、韩咏为此书的编写也付出了辛勤的劳动。

本书在编写过程中参考了诸多资料,在此对相关作者深表感谢。限于个人水平和时间仓促,书中难免存在疏漏之处,欢迎读者批评指正。

作　者

2020 年 7 月

目 录

第1章

计算机与计算思维

目前,计算机已经渗透至人类社会的各个领域,这一进展加快了计算机思维的研究和应用,有力地推动了整个信息化社会的发展。例如,一堆没有生命的金属片、塑料、金属轨迹、小型硅片组装在一起,就能完成很多人类无法完成的任务。

1.1 计算机的诞生

计算机是人类对计算工具的不断开拓创新和不懈努力追求的最好回报。在计算机研究初期,人们发明了一些用于计算的机器,被称为机械计算机。它们使用齿轮来表示"存储"十进制各位上的数字,通过齿轮的啮合来解决进位问题,用发条解决动力问题。随着电子技术的突飞猛进,先进的电子数字技术代替了机械、机电技术,计算机开始了真正意义上的由机械向电子的"进化"。经过由量到质的变化,电子计算机才正式问世,现在提到的"计算机"实际上就是指"现代电子计算机"。

计算是数据在运算符的操作下,按照计算规则进行数据的转换。当计算一些复杂、超大的数据时,有些可能超出人的计算能力,因此需要机器自动计算。现实世界中需要计算的问题有很多,大量的工程问题需要计算,如机械设计、建筑设计、天气预报、卫星发射运行等,都包含着巨大的数值计算,现实世界中的这些计算的需求,促进了计算机发展。

1.1.1 计算工具的演变

计算工具的产生源于对计算的需求。自古以来,人类就在不断地发明和改进计算工具。计算工具的发展经历了漫长的过程,从简单到复杂,从低级到高级,从手动到自动的发展过程,凝聚着劳动人民的智慧,至今还在不断发展。

1. 手动式计算工具

1)结绳记事

最早的计算工具诞生在中国,人类最初用手指进行计算,并采用十进制记数法。用手指计算虽然很方便,但计算范围有限,计算结果也无法存储。于是,人们用绳子、石子等作为工具来扩展手指的计算能力,如中国古书中记载的"上古结绳而治",结有大有小,每种结法、距离大小以及绳子粗细表示不同的意思,结绳记事如图1-1所示。

2）算筹

中国古代最早采用的一种计算工具叫筹策，又称为算筹。算筹最早出现在何时，现在已经无法考证，但在春秋战国时期，算筹的使用已经非常普遍了。根据史书的记载，算筹是一根根同样长短和粗细的小棍子，一般长为 13～14cm，径粗为 0.2～0.3cm，多用竹子制成，也有用木头、兽骨、象牙、金属等材料的。算筹约 270 枚一束，放在布袋里可随身携带，算筹如图 1-2 所示。算筹采用十进制记数法，有纵式和横式两种摆法，这两种摆法都可以表示 1、2、3、4、5、6、7、8、9 这 9 个数字，数字 0 用空位表示。算筹的记数方法：个位用纵式，十位用横式，百位用纵式，千位用横式，以此类推，从右到左，纵横相间，就可以表示任意大的自然数了。算筹摆法如图 1-3 所示。算筹可以进行加、减、乘、除以及其他的计算。当负数出现后，算筹分为红和黑两种，红筹表示正数，黑筹表示负数。这种运算工具和运算方法是当时世界上独一无二的。

图 1-1　结绳记事

图 1-2　算筹

3）算盘

算盘是中国古代劳动人民发明创造的一种简便的计算工具。这是最早的体系化算法，早在公元 15 世纪，算盘因其准确、灵便、迅速的优点，在我国广泛使用，后来流传到日本、朝鲜等国。算盘如图 1-4 所示。算盘的特点是结构简单，使用方便，它能计算数目较大的和数目较多的加减法。算盘已经基本具备"软硬件结合的系统思想"。算盘就是硬件，它采用十进制计数法，并有一套计算口诀，如"三下五除二""七上八下"等。

图 1-3　算筹摆法

图 1-4　算盘

体系化算法的加法口诀如图 1-5 所示。当拨动算珠时，也就是向算盘输入数据，这时算盘起着"存储器"的作用。运算时，珠算口诀起着"运算指令"的作用，而算盘则起着"运算器"的作用。当然，算珠毕竟是要靠人手来拨动，而且也根本谈不上"自动运算"。

加法口诀

数值	不进位的加		进位的加	
	直加	满五加	进十加	破五进十加
一	一上一	一下五去四	一去九进一	
二	二上二	二下五去三	二去八进一	
三	三上三	三下五去二	三去七进一	
四	四上四	四下五去一	四去六进一	
五	五上五		五去五进一	
六	六上六		六去四进一	六上一去五进一
七	七上七		七去三进一	七上二去五进一
八	八上八		八去二进一	八上三去五进一
九	九上九		九去一进一	九上四去五进一

图 1-5　加法口诀

2. 机械式计算工具

基于齿轮技术设计的计算设备,在西方国家逐渐发展成近代机械式计算机。1642 年,年仅 19 岁的法国物理学家布莱士·帕斯卡(Blaise Pascal,1623—1662 年)制造出第一台机械式计算器——加法器如图 1-6 所示,其原理对后来的计算工具产生了深远的影响。这台计算机器是手摇式的,也称为"手摇计算机器",只能用于计算加法和减法。莱士·帕斯卡从加法器的成功中得到结论:人的某些思维过程与机械过程没有差别,因此可以设想用机械来模拟人的思维活动。

1671 年,德国数学家戈特弗里德·威廉·莱布尼茨(Gottfried Wilhelm Leibniz,1646—1716 年),改进了莱士·帕斯卡的加法器,研制出一台能进行完整四则运算的乘法机,称为莱布尼茨四则运算器如图 1-7 所示。这台机器在进行乘法运算时采用进位-加(Shift-Add)的方法,后来演化为二进制,被现代计算机采用。

图 1-6　加法器

图 1-7　莱布尼茨四则运算器

莱布尼茨四则运算器在计算工具的发展史上是一个小高潮。在此后的一百多年中,虽有不少类似的计算工具出现,但除了在灵活性上有所改进外,都没有突破手动机械的框架,使用齿轮、连杆组装起来的计算设备限制了它的功能、速度以及可靠性。

1819 年,英国著名数学家发明家查尔斯·巴贝奇(Charles Babbage,1791—1871 年)从提花纺织机上获得灵感,设计了差分机,如图 1-8 所示,并于 1822 年制造出差分机模型。所谓"差分",就是把函数表的复杂算式转化为差分运算,用简单的加法代替平方运算。差分机是最早采用寄存器来存储数据的计算机器,体现了早期的程序设计思想,使计算工具从手动机械跃入自动机械的新时代。

3. 机电式计算机

随着电力技术的发展,电动式计算机逐步取代了以人工为动力的计算机。1880 年,为了完成美国人口普查的需求,德裔美籍的统计学家赫尔曼·何乐礼(Herman Hollerith,1860—1929 年)发明了穿孔制表机,仅用 3 年就完成了人口普查,而人工统计要 10 年才能完成。制表机的发明实现了第一次把数据转换成二进制进行处理,这种方法一直沿用到至今。何乐礼在 1896 年成立了制表机器公司,也是后来的 IBM 公司的前身。何乐礼和制表机如图 1-9 所示。

图 1-8　差分机

图 1-9　何乐礼和制表机

1904 年,英国物理学家与约翰·安布罗斯·弗莱明发明了第一支电子二极管,是人类历史上第一个电子器件。1907 年,美国发明家德福雷斯特在真空二极管的基础上加以改良,制造出第一支电子三极管。20 世纪 30 年代后期,许多研究者将目光投向制造电子管计算机这一领域。

1944 年,英国为了破译德国人的密码,研制了"巨人"电子数字计算机,在"巨人"机研制前,英国破译德军的密码需要 6～8 个星期,而使用"巨人"机后仅需 6～8 小时。出于战争的需要,英国将"巨人"计算机视为"国家机密",并在战争后秘密销毁。

1.1.2　第一台计算机的诞生

电子计算机的诞生要追溯到 20 世纪 40 年代第二次世界大战时期,出于军事科研和制造的需要,新武器的研制中涉及许多复杂的计算,手工计算远远不能满足要求,急需更快速、更精准的自动计算机器,才催生了第一代电子计算机。在此背景下,诞生了世界上第一台用于炮弹弹道轨迹计算的电子数字式计算机 ENIAC(The Electronic Numerical Integrator and Calculator,电子数值积分计算机)。它的诞生为人类开辟了一个崭新的信息时代。工作中的 ENIAC 如图 1-10 所示。

ENIAC 体积巨大,有 30 个操作台,重达 30 吨,造价 48 万美元。据传 ENIAC 每次一开机,整个费城西区的电灯都为之停止工作。这台庞大的机器内置真空管,其损耗率相当高,几乎每 15 分钟就要报废一支真空管,而且想从诸多管道中,找到坏掉的那支,需要花费 15 分钟以上的时间。然而,在当时,ENIAC 的计算速度却是手工计算的 20 万倍。美国军方也从中尝到了"甜头",60s 射程的弹道计算由手工计算需要 20min,而使用 ENIAC 计算只需 30s。在当时,它的运算速度、精确度和准确率是以前的计算工具所无法比拟的,它的问世意味着把科学家从奴隶般的计算中解放出来。除了常规的弹道计算外,ENIAC 后

图 1-10 工作中的 ENIAC

来还涉及诸多的科研领域,曾在第一颗原子弹的研制过程中发挥了重要作用。

ENIAC 标志着电子计算机时代的到来,开辟了一个计算机科学技术的新纪元,有人将其称为人类第三次产业革命开始的标志。然而,ENIAC 仍有许多不完善之处,比如它的存储器容量很小,而且存储单元仅可用来存放数据,不能存放程序;利用配线或开关来进行外部编程,每次解题都要靠人工改线,准备时间过长,降低了总体运行效率。所以,ENIAC 的应用面并不广泛,真正为现代计算机在体系结构和工作原理上奠定基础的是后来的基于冯·诺依曼模型的计算机。

1955 年 10 月 2 日,ENIAC 宣告"退役"后,被陈列在华盛顿的一家博物馆里。1996 年 2 月 14 日,在世界上第一台电子计算机问世 50 周年之际,美国副总统艾伯特·戈尔再次启动了这台计算机,以纪念信息时代的到来。

1945 年美国数学家冯·诺依曼以顾问的身份与研制 ENIAC 的原班人马合作,着手研制新机器 EDVAC(Electronic Discrete Variable Automatic Computer,离散变量自动电子计算机)。为了解决 ENIAC 的问题,冯·诺依曼在与工作组成员共同探讨的基础上,提出了程序和数据都应该存储在存储器中的方法。按照这种方法,当每次使用计算机来完成一项新的任务时,工作人员只需改变程序,而不用重新布线或者调节成千上万的开关。冯·诺依曼提出的"程序存储"的构建原理奠定了计算机硬件的基本结构规则,并沿用至今。几十年来,虽然计算机在运算速度、工作方式、应用领域等方面都有了很大改进,但基本体系结构方面没有改变。因此,将后来采用程序内存储原理的计算机统称为"冯·诺依曼计算机"。

早期的计算机仅有一台,而且仅用于军事,应用范围和社会影响有限。1951 年 6 月,在 ENIAC 的基础上生产了 UNIVAC(Universal Automatic Computer,通用自动计算机),共生产了 50 台,用于处理公共数据。在 1951 年美国大选中,UNIVAC 成功预测了美国总统。这一事件的结果,引起轰动。当时的报道认为 UNIVAC 诞生的意义远远超过了 ENIAC,它标志了两个根本性的变化:一是计算机已从实验室大步地走向社会,正式成为商品供客户使用;二是计算机已从单纯的军事领域进入公共的数据处理领域。

1.1.3 计算机历史重要人物

电子计算机是人类历史上最伟大的发明之一,它不但广泛地应用于人们的生活中,而且直接引导着当今信息社会的发展。它已成为人们工作和生活中不可或缺的一部分,并将在未来继续扮演重要的角色。

1. 图灵

艾伦·麦席森·图灵（Alan Mathison Turing，又译阿兰·图灵），是英国数学家、逻辑学家，他被视为"计算机科学之父"和"人工智能之父"。1931年图灵进入剑桥大学国王学院，毕业后到美国普林斯顿大学攻读博士学位，二战爆发后回到剑桥大学，后曾协助军方破解德国著名的密码系统，帮助盟军取得了二战的胜利。图灵对于人工智能的发展有诸多贡献。著名的图灵机模型为现代计算机的逻辑工作方式奠定了基础。《自然》杂志称赞他是有史以来最具科学思想的人物之一。艾伦·麦席森·图灵如图1-11所示。

1936年图灵提出了理想计算机的数学模型——图灵机（Turing Machine）。图灵机不是一种具体的机器，而是一种思想模型、一个抽象的机器，可用于制造一种十分简单但运算能力极强的计算装置。通过某种一般的机械步骤，原则上能一个接一个地解决所有的数学问题。图灵把人在计算时所做的工作分解成简单的动作，把人的工作机械化，并用形式化方法成功地表述了计算这一过程的本质。图灵机反映的是一种具有可行性的用数学方法精确定义的计算模型，而现代计算机正是这种模型的具体实现。图灵机与冯·诺伊曼机齐名，被永远地载入计算机的发展史。1950年10月，图灵又发表了另一篇题为 *Can Machines Think* 的论文，成为划时代之作，也正是这篇文章，为图灵赢得了"人工智能之父"的桂冠。

为了纪念图灵对计算机科学的巨大贡献，由ACM于1966年设立一年一度的图灵奖，以表彰在计算机科学中做出突出贡献的人，图灵奖被喻为"计算机界的诺贝尔奖"。

1950年图灵发表论文 *Computing Machinery and Intelligence*，为后来的人工智能科学提供了开创性的思想；提出著名的"图灵测试"，指出如果第三者无法辨别人类与人工智能机器反应的差别，则可以判定该机器具备人工智能。

1956年，人工智能进入了实践研制阶段。随着人工智能领域的不断发展，人们越来越认识到图灵思想的深刻性。如今，图灵思想仍然是人工智能的主要思想之一。

2. 冯·诺依曼

冯·诺依曼（John von Neumann），美籍匈牙利数学家、计算机科学家、物理学家，布达佩斯大学数学博士，被誉为20世纪最重要的数学家之一，是在现代计算机、博弈论、核武器和生化武器等领域内的科学全才之一，被后人称为"现代计算机之父"和"博弈论之父"。1946年，他提出了关于计算机组成和工作方式的基本设想，形成了将一组数学过程转变为计算机指令语言的基本方法。冯·诺依曼与ENIAC如图1-12所示。

图1-11　艾伦·麦席森·图灵

图1-12　冯·诺依曼与ENIAC

冯·诺依曼由于在曼哈顿工程中需要大量的运算,使用了当时最先进的两台计算机 Mark Ⅰ 和 ENIAC。在使用 Mark Ⅰ 和 ENIAC 的过程中,他意识到了存储程序的重要性,从而提出了存储程序逻辑架构。当时的计算机缺少灵活性、普适性,而冯·诺依曼在关于机器中的固定的、普适线路系统,关于"流图"概念,关于"代码"概念等关键性基础理论与方法方面做出了重大贡献。1945 年 3 月冯·诺依曼以"关于 EDVAC 的报告草案"为题,起草了长达 101 页的总结报告,一个全新的"存储程序通用电子计算机方案"诞生了。报告广泛而具体地介绍了制造电子计算机和程序设计的新思想,这对后来计算机的设计起着决定性的影响作用。

冯·诺依曼提出了一个"存储程序"的计算机方案,方案明确指出以下 3 点。

(1) 计算机基本工作原理是存储程序和程序控制,自动执行。

(2) 计算机使用二进制,冯·诺依曼根据电子元件双稳工作的特点,建议在电子计算机中采用二进制。报告提到了二进制的优点,并预言,二进制的采用将大大简化机器的逻辑线路。

(3) 计算机由 5 部分组成,运算器、控制器、存储器、输入和输出设备,并描述了这 5 部分的功能和相互关系。以运算器为中心,控制器负责解释指令,运算器负责执行指令。

1.2　计算机发展

了解计算机首先应该了解计算机发展的必然规律。从第一台电子计算机 ENIAC 诞生后短短的几十年间,计算机技术的发展突飞猛进。虽然它们变得速度更快、体积更小、价格更便宜,但原理几乎是相同的,都以冯·诺依曼结构为基础,改进主要表现在硬件和软件方面。计算机的主要部件(如电子管、晶体管到集成电路、超大规模集成电路)的不断发展,尤其是微型机的出现,使计算机深入到人们的生活和工作中。在学习计算机发展的过程中,不是要特意记住每一阶段的具体数据,而是要以此了解计算机的发展规律及其对人类社会的巨大影响。

1.2.1　计算机发展的 4 个阶段

自动计算要解决数据的自动存储、规则表示等问题。存储二进制数仅需要进行两种状态变化的元器件,并且二进制计算规则简单、易实现,所以计算机硬件的发展以用于构建计算机硬件的元器件的发展为主,而元器件的发展与电子技术的发展紧密相关,每当电子技术有突破性的进展,就会给计算机硬件的发展带来一次重大变革。

因此,计算机硬件发展史中的"代"通常指其所使用的主要元器件,电子计算机研究者也不断追求更优异的二进制的元器件。自 1946 年以来,计算机主要电子器件相继使用了真空电子管、晶体管、中小规模集成电路、大规模和超大规模集成电路,引起计算机的 4 次更新换代。每一次更新换代都使计算机的体积和耗电量大大降低,功能大大增强,应用领域进一步拓宽。

1. 第一代电子管计算机(1946—1957 年)

第一代电子计算机采用电子管作为基本器件,运算速度为每秒数千次至数万次。在这个时期,计算机只有专家们才能使用,主要应用于科学、军事和财务等领域。电子管计算机的主要特点如下所述。

(1) 采用电子管作为基本逻辑部件,电子管如图 1-13 所示。但它成本高、体积大、耗电量大、寿命短、可靠性低,需要频繁进行维护工作。

(2) 采用电子射线管作为存储部件,容量很小。后来外存储器使用了磁鼓,扩充了容量。磁鼓不是随机存储设备,每一次读写操作所需的时间都不相同。

(3) 输入输出设备落后。早期使用读卡机和打卡机作为输入输出设备,使用穿孔卡片表示二进制数值,速度慢、易出错,后期引入磁带机,但仍然很不方便。

(4) 没有系统软件,只能用机器语言和汇编语言编程。

2. 第二代晶体管计算机(1958—1964 年)

随着半导体技术的发展,20 世纪 50 年代中期晶体管取代了电子管。晶体管计算机的体积大为缩小,大约只有电子管计算机的 1/100,耗电量也只有电子管计算机的 1/100 左右,但它的运算速度大为提高,达每秒几十万次至上百万次。主要特点如下所述。

(1) 采用晶体管制作的基本逻辑部件如图 1-14 所示,成本下降、体积减小、重量减轻、能耗降低,计算机的可靠性和运算速度均得到提高。

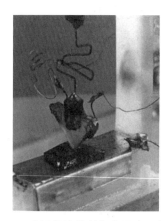

图 1-13　电子管　　　　　图 1-14　采用晶体管制作的基本逻辑部件

(2) 普遍采用比磁鼓读写速度快得多的磁芯作为存储器,采用磁盘、磁鼓作为外存储器。

(3) 使用磁盘驱动器作为输入输出设备,磁盘驱动器的读写速度比卡片机和磁带快得多。

(4) 开始有了系统软件(监控程序),提出了操作系统的概念;出现了高级语言,除了FORTRAN 语言外,用于事务处理的 COBOL、用于人工智能领域的 Lisp 等高级语言开始进入实用阶段。高级语言的发明使得编程和计算机运算分离开来,而且高级语言语法结构类似自然语言,使得编程更加容易。

3. 第三代集成电路计算机(1965—1970 年)

第二代计算机的生产过程中,需要将各种晶体管和其他电子元件组装在印刷电路板上。而随着固体物理技术的发展,集成电路工艺已可以在几平方毫米的单晶硅片上集成由几十个甚至上百个电子元件组成的逻辑电路。第三代计算机的体积进一步缩小,运算速度可达每秒几百万次。其主要特点如下所述。

（1）采用中小规模集成电路制作各种逻辑部件,如图 1-15 所示,从而使计算机体积更小、重量更轻、耗电更省、寿命更长、成本更低,运算速度有了更大的提高。

（2）采用半导体存储器作为主存,取代了原来的磁芯存储器,使存储器容量的存取速度有了大幅度的提高,增强了系统的处理能力。

（3）输入输出设备进一步升级,使用者可以通过键盘和显示器与计算机交互。

（4）系统软件有了很大的发展,出现了分时操作系统,多用户可以共享计算机软、硬件资源。

（5）在程序设计方面上采用了结构化程序设计方法,为研制更加复杂的软件提供了技术上的保证。一个新兴行业——软件行业诞生了,小型公司可以直接购买需要的软件包(如会计程序),而不用自己编程。

4．第四代大规模、超大规模集成电路计算机（1971 年至今）

1971 年,Intel 公司的工程师们把计算机的算术与逻辑运算电路合在一片小小的硅片上,制成了世界上第一片微处理器(Intel 4004),在这片硅片上相当于集成了 2 250 支晶体管,从此掀起信息革命浪潮的微型电子计算机(简称为微机)诞生了。第四代计算机的体积更小,运算速度达每秒上亿次,其主要特点如下所述。

（1）基本逻辑部件采用大规模、超大规模集成电路,如图 1-16 所示,使计算机体积、重量、成本均大幅度降低,出现了微型计算机。

图 1-15　中、小规模集成电路

图 1-16　大规模集成电路

（2）作为主存的半导体存储器,其集成度越来越高,容量越来越大。外存储器除广泛使用软、硬磁盘外,还引进了光盘、优盘等。

（3）各种使用方便的输入输出设备相继出现。

（4）软件产业高度发达,各种实用软件层出不穷,极大地方便了用户。

（5）计算机技术与通信技术相结合出现了计算机网络,它把世界紧密地联系在一起。

（6）集图像、图形、声音和文字处理于一体的多媒体技术迅速崛起。

从 20 世纪 80 年代开始,多用户大型机的概念被小型机器连接成的网络所代替,这些小型机器通过联网共享打印机、软件和数据等资源。计算机网络技术使计算机应用从单机走向网络,并逐渐地从独立网络走向互联网络。一些国家都宣布开始新一代计算机的研究,普遍认为新一代计算机应该是智能型的,它能模拟人的智能行为,理解人类自然语言,并继续向着微型化、网络化发展。

　　微型计算机的诞生和计算机网络的产生是第四代计算机发展的重要事件。微型计算机的诞生是超大规模集成电路应用的直接结果,微型计算机的"微"主要体现在它的体积小、价格低、功能强,这使得微型计算机迅速普及,进入了办公室和家庭,在办公室自动化和多媒体应用方面发挥了很大的作用,给计算机的发展和应用带来革命性的变化。1977 年苹果公司成立,先后成功开发了 APPLE-I 型和 APPLE-II 型微型计算机。1980 年 IBM 公司与微软公司合作,为微型计算机 IBM PC 配置了专门的操作系统。从 1981 年开始,IBM 公司连续推出 IBM PC、PC/XT、PC/AT 等机型。时至今日,酷睿处理器成为主流,这使得现在的微型计算机体积越来越小、性能越来越强、可靠性越来越高、价格越来越低。

　　微型计算机因其体积小、结构紧凑而得名。它的一个重要特点是将中央处理器(CPU)制作在一块集成电芯片上,这种芯片称为微处理器。根据微处理器的集成规模和处理能力,又形成了微型计算机的不同发展阶段。1971 年 Intel 公司首先研制出 Inter 4004 微处理器,它是一种 4 位微处理器。随后又研制出 8 位微处理器 Intel 8008。由这种 4 位或 8 位微处理器制成微型机都属于第一代微型机。第二代微型机(1973—1977 年)的微处理器都是 8 位的,但其集成度有了较大的提高。典型产品有 Intel 公司的 Inter 8080,Motorola 公司的 6800 和 Zilog 公司的 Z80 等微处理器芯片。以这类芯片为 CPU 生产的微型机,其性能较第一代有了较大提高。1978 年,Intel 公司生产出 16 位微处理器 8086,标志着微处理器进入第三代,其性能比第二代提高近 10 倍。典型产品有 Intel 8086、Z8000、M68000 等。用 16 位微处理器生产出的微处理器,支持多种应用,如数据处理和科学计算等。随着半导体技术工艺的发展,集成电路的集成度越来越高,众多的 32 位高档微处理器被研制出来,典型产品有 Intel 公司的 Pentium 系列等。用 32 位微处理器生产的微型机一般归于第四代,其性能可与 20 世纪 70 年代的大中型计算机相媲美。目前,64 位微处理器已应用到计算机中。

　　由于计算机仍然在使用电路板,仍然在使用微处理器,仍然没有突破冯·诺伊曼体系结构,所以不能为这一代计算机画上休止符。但是,生物计算机、量子计算机等新型计算机已经出现,期待第五代计算机的到来。

1.2.2　摩尔定律

　　从计算机发展的 4 个阶段可以看出,从 1946 年到现在,计算机经历了飞速的发展。那么,计算机的集成度、价格和时间这三者之间有什么样的关系呢?Intel 公司的创始人之一,戈登·摩尔(Gordon Moore),对其进行了研究,揭示了信息技术进步的速度。

1. 戈登·摩尔

　　戈登·摩尔毕业于著名的加州伯克利分校的化学专业。戈登·摩尔如图 1-17 所示。1950 年,摩尔获得了学士学位,于 1954 年获得物理化学博士学位。1965 年,提出"摩尔定律"。

2. 摩尔定律

　　摩尔定律被称为计算机第一定律,其内容为当价

图 1-17　戈登·摩尔

格不变时,集成电路上可容纳的元器件的数目,约每隔 18～24 个月便会增加一倍,性能也将提升一倍。换言之,每一美元所能买到的电脑性能,将每隔 18～24 个月翻一番以上。这一定律揭示了信息技术进步的速度。尽管这种趋势已经持续了超过半个世纪,摩尔定律仍被认为是观测或推测,而不是一个物理或自然法。

摩尔定律的定义归纳起来,主要有以下 3 种版本。

(1)集成电路芯片上所集成的电路的数目,每隔 18 个月就翻一番。

(2)微处理器的性能每隔 18 个月提高一倍,或价格下降一半。

(3)用一个美元所能买到的计算机性能,每隔 18 个月翻两番。

以上几种说法中,以第一种说法最为普遍,第二、三两种说法涉及价格因素,其实质是一样的。这三种说法虽然各有千秋,但在一点上是共同的,即"翻倍"的周期都是 18 个月,至于翻倍的是集成电路芯片上所集成的"电路的数目",是整个"计算机的性能",还是"一个美元所能买到的性能"就见仁见智了。

摩尔定律揭示了信息技术进步的速度,在过去的几十年里,半导体芯片的集成化趋势就像摩尔预测那样,微型计算机的功能更强、价格更低,进入千家万户。摩尔定律对整个世界意义深远。在回顾多年来半导体芯片业的进展并展望其未来时,信息技术专家们认为,在以后"摩尔定律"可能还会适用。但随着晶体管电路逐渐接近性能极限,这一定律终将走到尽头。

功耗瓶颈和逐渐失效的摩尔定律带来了新的思考机会,芯片厂商试图通过并行计算来提升处理器的计算性能,新款微型机 CPU 的研发人员更多地专注于改善处理器能耗和集成的图形性能,而不是单纯地提升处理器频率的问题。下一步,对 CPU 性能的关注将逐渐减弱,微型机可以在其他技术领域自由创新,移动设备,包括超级本、平板电脑、触控变形本之间的界限正逐渐模糊,Intel 公司也正在发展"无所不在的计算",包括手势控制和语音识别等。时代的发展,信息技术的进步正逐渐改变人们对微型计算机的认识。

新摩尔定律:中国 IT 专业媒体上出现了"新摩尔定律"的提法,指的是中国 Internet 联网主机数和上网用户人数的递增速度,大约每半年就翻一番。而且专家们预言,这一趋势在未来若干年内仍将保持下去。

1.2.3 中国计算机的发展

1956 年,计算机被列为发展科学技术的重点之一。1957 年中国第一个计算技术研究所建立。虽然中国计算机事业的起步比美国晚了 13 年,但是经过老一辈科学家的艰苦努力,中国与美国的差距不是某些人所歪曲的"被拉大了",而是缩小了。

提到中国计算机,就不得不提起华罗庚教授,他是中国计算技术的奠基人和最主要的开拓者之一。早在 1947—1948 年,华罗庚在美国普林斯顿高级研究院任访问研究员时,就和冯·诺依曼等人交往甚密。华罗庚在数学上的造诣和成就深受冯·诺依曼等人的赞赏。当时,冯·诺依曼正在设计世界上第一台存储程序的通用电子数字计算机。冯·诺依曼让华罗庚参观实验室,并常和他讨论有关学术问题。这时,华罗庚的心里已经开始勾画中国电子计算机事业的蓝图。

华罗庚教授于 1950 年回国,1952 年,他从清华大学电机系物色了闵乃大、夏培肃和王传英三位科研人员在他任所长的中国科学院数学所内建立了中国第一个电子计算机科研小组。

1958 年,中科院计算所成功研制中国第一台小型电子管通用计算机 103 机(八一型),如图 1-18 所示,标志着中国第一台电子计算机的诞生。

1. 中国计算机发展的历程

第一阶段:电子管计算机研制(1958—1964 年)。中国于 1957 年在中科院计算所开始研制通用数字电子计算机,1958 年 8 月 1 日该机可以表演短程序运行,标志着中国第一台电子数字计算机诞生。该机器在 738 厂开始少量生产,命名为 103 型计算机(即 DJS-1 型)。1958 年 5 月中国开始了第一台大型通用电子数字计算机(104 机)研制。在研制 104 机同时,夏培肃院士领导的科研小组首次自行设计并于 1960 年 4 月成功研制一台小型通用电子数字计算机 107 机。1964 年中国第一台自行设计的大型通用数字电子管计算机 119 机研制成功。

第二阶段:晶体管计算机研制(1965—1972 年)。1965 年中科院计算所研制成功了中国第一台大型晶体管计算机 109 乙机。对 109 乙机加以改进,两年后又推出 109 丙机,在中国两弹试制中发挥了重要作用,被用户誉为“功勋机”。华北计算所先后成功研制 108 机、108 乙机(DJS-6)、121 机(DJS-21)和 320 机(DJS-8),并在 738 厂等五家工厂生产。1965—1975 年,738 厂共生产 320 机等第二代产品 380 余台。哈军工于 1965 年 2 月成功推出了 441-B 晶体管计算机并小批量生产了 40 多台。晶体管计算机如图 1-19 所示。

图 1-18　103 机　　　　　　　　　　图 1-19　晶体管计算机

第三阶段:中小规模集成电路的计算机研制(1973 至 20 世纪 80 年代初)。1973 年,北京大学与北京有线电厂等单位合作成功研制运算速度为每秒 100 万次的大型通用计算机。1974 年清华大学等单位联合设计,研制成功 DJS-130 小型计算机并组织全国 57 个单位联合设计 DJS-200 系列计算机,同时也设计开发 DJS-180 系列超级小型机。20 世纪 70 年代后期,电子部 32 所和国防科大分别研制成功 655 机和 151 机,速度都在百万次级。进入 20 世纪 80 年代,中国高速计算机,特别是向量计算机有了新的发展。

第四阶段:超大规模集成电路的计算机研制。中国第四代计算机研制也是从微型计算机开始的。1980 年初中国不少单位也开始采用 Z80、X86 和 6502 芯片研制微型计算机。1983 年 12 电子部六所研制成功与 IBM 计算机兼容的 DJS-0520 微型计算机。10 多年来中国微型计算机产业走过了一段不平凡道路,现在以联想微型计算机为代表的国产微型计算机已占领一大半国内市场。

2．超级计算机

超级计算机(Super Computers)通常是指由成百上千甚至更多的处理器组成的、能计算普通计算机和服务器不能完成的大型复杂课题的计算机。超级计算机是计算机中功能最强、运算速度最快、存储容量最大的一类计算机，是国家科技发展水平和综合国力的重要标志，被称为"国之重器"。超级计算机拥有最强的并行计算能力，主要用于科学计算。在气象、军事、能源、航天、探矿等领域承担大规模、高速度的计算任务。

超级计算属于战略高技术领域，是世界各国竞相角逐的科技制高点，也是一个国家科技实力的重要标志之一，更有力地驱动了重大科技创新和产业创新。从航空航天数值风洞、数值气象预报、宇宙演化模拟，到海洋动力学计算、石油地震勘探处理，再到高通量虚拟药物设计、大规模基因数据处理以及工程数值仿真、高端装备设计等，超级计算支撑了一大批依托于高性能计算和大规模数据处理的国际前沿技术创新领域，显著提升了中国在国际上的技术地位和影响力。

中国是第一个制造了超级计算机的发展中国家，在 2011 年就拥有了超级计算机 74 个。从中国在 1983 年研制出第一台超级计算机银河一号开始，我国就成为继美国、日本之后的第三个能独立设计和研制超级计算机的国家。特别是中国以国产微处理器为基础制造出本国第一台超级计算机名为"神威蓝光"，在 2016 年 6 月 TOP500 组织发布的最新一期世界超级计算机 500 强榜单中，位居前两位。神威·太湖之光超级计算机如图 1-20 所示。天河二号超级计算机如图 1-21 所示。

图 1-20　神威·太湖之光超级计算机

图 1-21　天河二号超级计算机

2018 年，世界超算组织对全世界的最快的 10 台超级计算机进行统计(截至 2018 年 11 月)，位列第三名的中国的神威太湖之光(Sunway TaihuLight)其 HPL 性能为 93.0 千万亿次浮点运算，位列第四名的天河-2A(Tianhe-2A)采用 Intel Xeon E5-2692v2 和 Matrix-2000 处理器，核心数量接近 500 万，其最高性能为 61.44 petaflops。

其实早些年，中国的"天河二号"已经连续 6 年霸占世界计算机榜首的位置，4 年占据全球超算排行榜的最高席位，而太湖之光的运行速度是天河二号的两倍。

太湖之光的研发将全面提高中国应对气候和自然灾害的减灾防灾能力，可以较为精准地预测出地震等自然灾害，减少不必要的损失。同时为中国的航空航天、医疗药物等多个领域提供不可替代的帮助。

1.3 计算机的特点、分类及应用

1.3.1 计算机的特点

计算机主要用于数值运算，又可以进行逻辑运算，还具有存储记忆的功能，是能够按照程序运行，自动、高速地处理海量数据的现代化智能电子设备。

1. 运算速度快

衡量计算机运算速度（平均运算速度）的单位是单字长定点指令平均执行速度 MIPS（Million Instructions Per Second 的缩写），即每秒处理的百万级的机器语言指令数。但是，现在的超级计算机的速度是使用太浮和帕浮级别来衡量其速度的快慢。

运算速度快是计算机最突出的特点。计算机内部有个承担运算的部件叫运算器，计算机的处理速度一般是用计算机一秒钟时间内所能执行加法运算的次数来表示，由于计算机采用了高速的电子器件和线路，并利用先进的计算技术使得现在高性能计算机每秒能进行千万亿以上次浮点运算。美国国家能源部下属的橡树岭国家实验室正式对外公布了一台新型的顶点超级计算机，如图 1-22 所示。其浮点运算速度峰值可达每秒 20 亿亿次，在执行某些科学

图 1-22 顶点超级计算机

运算时，"混合精度"运算速度达到每秒 330 亿亿次，创下了新的超算记录。

很多场合中，运算速度起决定性作用。例如，计算机控制导航，要求"运算速度比飞机飞得还快"，气象预报要分析大量的资料，运算速度必须跟得上天气变化，如手动计算则需要 10 天甚至半个月，就失去了预报的意义。而用计算机很快就能算出一个地区数天的气象预报。

2. 计算精度高

计算机的计算精度是指进行数值运算时所能处理和表示的有效数值的位数，位数越多，精度越高。数字式电子计算机用离散的数字信号形式模拟自然界的连续物理量，这无疑存在一个精度问题。但是除特殊情况外，一味地追求高精度是没有意义的，只要相对误差在允许范围内就可以。实际上计算机的计算精度在理论上并不受限制，一般的计算机均能达到 15 位有效数字，通过一定技术手段可以实现任何精度要求。

科学技术的发展特别是尖端科学技术的发展，需要高度精确的计算。计算机控制的导弹之所以能准确地击中预定的目标，是与计算机的精确计算分不开的。一般计算机可以有十几位甚至几十位（二进制）有效数字，计算精度可由千分之几到百万分之几，是任何计算工具所望尘莫及的。

3. 逻辑判断能力强

人是有思维能力的，而思维能力本质上是一种逻辑判断能力。如今的计算机不仅具有

运算能力,还具有逻辑运算功能,计算机借助于逻辑运算方式与(AND)、或(OR)、非(NOT),可以进行逻辑判断,进行诸如资料分类、情报检索等具有逻辑加工性质的工作。计算机能把参加运算的数据、程序以及中间结果和最后结果保存起来,并能根据判断的结果自动执行下一条指令以供用户随时调用。

逻辑判断能力就是因果关系,分析命题是否成立,以便制定相应对策。计算机能够进行逻辑处理,也就是说它能够"思考",虽然当前它的"思考"只局限在某一方面,还不具有人类思考能力,但已经可以代替人的部分脑力劳动。例如,让计算机检测一个开关的闭合状态,如开路做什么,闭路又做什么,或者在信息查询时根据要求进行匹配检索。计算机的逻辑判断能力是通过程序实现的,可以让它做各种复杂的推理。

数学中有个"四色问题",即不论多么复杂的地图,使相邻区域颜色不同,最多只需 4 种颜色就够了。100 多年来,不少数学家一直想去证明它或者推翻它,却一直没有结果,成了数学中著名的难题。1976 年两位美国数学家终于使用计算机进行了非常复杂的逻辑推理,验证了这个著名的猜想。

4. 记忆能力强

在计算机中有一个承担记忆职能的部件称为存储器,具有存储和"记忆"大量信息的能力,现代计算机的内存容量已达到上百兆字节甚至几千兆字节,而外存也有惊人的容量。如果没有存储器,计算机就丧失了记忆能力。计算机存储器的容量可以根据需要扩展,能存储大量数据,只要存储介质不被破坏,其数据可以永久地保存。除能存储各种数据信息外,存储器还能存储加工这些数据的程序。程序是人设计的,反映了人想要计算机执行的操作步骤,记住程序就可以按照预先设定的步骤,反复、自动地运行。

5. 自动化程度高、通用性强

计算机可以将预先设置好的程序和数据存储在计算机的存储器中,一旦收到运行命令,计算机就能在程序的控制下,逐条读取指令,执行指令,再读取下一条指令,直到所有指令都执行完为止。这一切都是由计算机自动完成的。一旦程序开始运行,就不需要人工干预,因此自动化程度高,这一特点是一般计算工具所不具备的。以算盘为例,虽然它也体现了数据存储和进位规则,但最终还是要依靠人工操作,所以算盘不属于计算机,仅仅是计算工具。自动化是计算机区别于其他计算工具的本质特征。

计算机通用性的特点表现在几乎能求解自然科学和社会科学中一切类型的问题,能广泛地应用于各个领域。

6. 性价比高

计算机已经成为基础工具和必备品,可以又好又快地代替日常生活中的很多工作,让大家解放出更多的时间去创造更多无限的成果和可能。性价比是机器性能与价格的一个比值。它是衡量计算机产品性能优劣的一个综合性指标。2005 年,全国城市家庭计算机普及率达 15%～20%;2010 年,城市家庭计算机普及率达 40%～50%;预计到 2020 年城市家庭计算机普及率达 70%～80%,居家办公逐步普及,家庭信息化的发展将大大提高生活质量。

1.3.2　计算机的分类

计算机及相关技术的迅速发展带动计算机类型也不断分化,形成了各种不同种类的计算机,可以从不同的角度对计算机进行分类。

按照计算机的结构原理可分为数字计算机、模拟计算机和数字模拟混合计算机。数字计算机处理数字信号数据,模拟计算机处理模拟信号数据,数字模拟混合计算机可以处理数字信号,也可以处理模拟信号。

计算机按其功能可分为专用计算机和通用计算机。专用计算机功能单一、适应性差,但是在特定用途下具有有效、经济、快速的优点。通用计算机功能齐全、适应性强。目前所说的计算机都是指通用计算机。在通用计算机中又可根据运算速度、输入输出能力、数据存储能力、指令系统的规模和机器价格等因素,将其划分为巨型机、大型机、小型机、微型机、服务器及工作站等。

但是,随着技术的进步,各种型号的计算机性能指标都在不断地改进和提高。根据巨、大、中、小、微的标准来划分计算机的类型也有其时间的局限性,因此计算机的类别划分很难有一个精确的标准。在此可以根据计算机的综合性能指标,结合计算机应用领域的分布将其分为以下 5 大类。

1. 高性能计算机

随着科技的快速发展,人们对各种事物的需求越来越多,相应地,繁杂的问题也会接踵而至,不只是社会生产、经济发展,在科技研发、国防安全等领域同样需要面临这个问题。因此,人们开始探索一种能节省时间,高效解决这些繁杂的问题的机器。在现实需求的大背景下,高性能计算机诞生了。

高性能计算机也就是俗称的超级计算机,或者以前说的巨型机,实际上是一个巨大的计算机系统,因体积庞大而得名。超级计算机是计算机中功能最强、运算速度最快、存储容量最大的一类计算机,高性能计算机数量不多,却有着重要和特殊的用途。在军事上,可用于航天测控系统、战略防御系统等方面;在民用方面,可用于大型科学计算和模拟系统、大区域天气预报等领域。高性能计算机多用于国家高科技领域和尖端技术研究,是一个国家科研实力的体现,它对国家安全,经济和社会的发展具有举足轻重的意义。目前,国际上对高性能计算机的最为权威的评测是世界计算机排名(即 TOP500),通过该测评的计算机是目前世界上运算速度和处理能力均堪称一流的计算机。

2. 微型计算机

微型计算机简称"微型机""微机"或个人计算机,由于其具备人脑的某些功能,所以也称其为"微电脑"。它采用微处理器、半导体存储器和输入输出接口等芯片组装,使得它较之小型机体积更小、价格更低、灵活性更好、可靠性更高、使用更加方便。通过集成电路技术将计算机的核心部件运算器和控制器集成在一块大规模或超大规模集成电路芯片上,统称为中央处理器(Central Processing Unit,CPU)。中央处理器是微型计算机的核心部件,是微型计算机的心脏。目前微型计算机已广泛应用于办公、学习、娱乐等社会生活的方方面面,是发展最快、应用最为普及的计算机。日常使用的台式计算机、笔记本电脑、电脑一体机、掌上型计算机和平板电脑等都是微型计算机。通常一台微型机只处理一个用户的任务。

最常见的微型计算机是台式机,目前最流行的有两种,一种是 IBM 兼容机,一般安装 Windows 操作系统;另一种是苹果机,多用于图形领域,一般安装 Mac OS 操作系统,不兼容 Windows 软件。笔记本电脑、电脑一体机、掌上电脑和平板电脑都属于移动个人计算机,主要特点有两点,一是体积小,便于携带;二是能够连接无线通信网络。

3. 工作站

工作站(Workstation),是一种以个人计算机和分布式网络计算为基础,主要面向专业应用领域,具备强大的数据运算与图形、图像处理能力,为满足工程设计、动画制作、科学研究、软件开发、金融管理、信息服务、模拟仿真等专业领域而设计开发的高性能计算机。

工作站是介于微型机和小型机之间的一种高档的微型计算机,通常配有高分辨率的大屏幕显示器及容量很大的内存储器和外存储器,具有较高的运算速度和较强的网络通信能力,同时兼有微型机操作便利和人机界面友好的特点,具有多用户和多任务的功能。

需要指出的是,这里所说的工作站不同于计算机网络系统中的工作站概念,计算机网络系统中的工作站仅是网络中的任何一台普通微型机或终端,只是网络中的任一用户节点。

4. 服务器

随着计算机网络的普及和发展,一种可提供网络用户共享的高性能计算机应运而生——服务器。服务器是指在网络环境下运行相应的应用软件,为网上用户提供共享信息资源和各种服务的一种高性能计算机,英文名称叫作 Server。服务器构成与平常所用的微型计算机有很多相似之处,诸如有 CPU(中央处理器)、内存、硬盘、各种总线等,只不过它不针对终端个人用户,而是为终端用户提供各种共享服务(网络、Web 应用、数据库、文件、打印机等)以及其他方面应用的高性能计算机,它的高性能主要体现在高速的运算能力、长时间的可靠性、强大的外部数据吞吐能力等方面。因此,服务器是网络的中枢和信息化的基础。

5. 嵌入式计算机

嵌入式计算机是指作为一个信息处理部件嵌入到应用系统之中的计算机,该计算机作为系统的一部分完成专门的功能。嵌入式计算机系统是以应用为中心,以计算机技术为基础,并且软硬件可裁剪,适用于应用系统对功能、可靠性、成本、体积、功耗有严格要求的专用计算机系统。它一般由嵌入式微处理器、外围硬件设备、嵌入式操作系统以及用户的应用程序 4 个部分组成,用于实现对其他设备的控制、监视或管理等功能。

嵌入式计算机与通用计算机的基本原理没有本质差异,最大不同之处就是嵌入式计算机大多工作在为特定用户群设计的系统中,它通常都具有低功耗、体积小、集成度高等特点,能够把通用 CPU 中许多由板卡完成的任务集成在芯片内部,从而有利于嵌入式系统设计趋于小型化,移动能力大大增强,与网络的耦合也越来越紧密。

嵌入式计算机最为人们熟知的应用是内嵌于电冰箱、洗衣机、微波炉、手机、汽车等电器中的单片机。严格意义上来说嵌入式计算机不一定都是单片机。嵌入式系统的结构灵活多变,既可能是一片微控制器集成了所有功能,也可能是包括磁盘、显示器、键盘等部件在内的一个完整计算机的嵌入式应用。所以说,嵌入式仅是一种应用方式上的定义。

由于嵌入式计算机功能专一、体积小、价格低,在应用数量上远远超过了各种通用计算机,一台通用计算机的外部设备中就包含了 5～10 个嵌入式微处理器、键盘、鼠标、显示器、打印机等均是由嵌入式处理器控制的。通信、仪器、仪表、汽车、船舶、航空、航天、军事装备、消费类产品等均是嵌入式计算机的应用领域。

1.3.3　计算机的应用

最初人们对计算机的要求仅仅是实现数学意义上的"自动计算",但是随着计算机科学和技术的飞速发展人们对计算机的巨大潜能有了新的认识,人们发现,客观世界的许多形态都能够被"数字化",进而被计算机所存储、处理、分析。比如说普通用户可以使用计算机娱乐、工作,工程师可以使用计算机进行产品的设计、制造,科学家可以使用计算机进行模拟、仿真等。现在计算机的应用已广泛而深入地渗透到人类社会各个领域。从科研、生产、国防、文化、教育、卫生到家庭生活都离不开计算机提供的服务。计算机促进了生产率的大幅度提高,把社会生产力提高到了前所未有的水平。下面根据其应用领域归纳成 7 大类。

1. 科学计算

早期计算机的应用领域主要是科学研究和工程技术计算领域。在自然科学中诸如数学、物理、化学、天文、地理等领域,在工程技术中诸如航天、汽车、造船、建筑等领域,计算工作量是很大的。现代科学技术的发展使得各领域的计算模型越来越复杂,通常需要求解几十阶微分方程组、几百个联立线性方程组、大型矩阵等。计算机为解决这些复杂的计算问题提供了有效的手段。

2. 数据处理

现代社会是信息化社会,随着生产力的高度发展,信息量急剧膨胀。数据处理是对各种数据进行收集、存储、整理、分类、统计、加工、利用、传播等一系列活动的统称,目的是获取有用的信息作为决策的依据。目前计算机数据处理已广泛地应用于办公自动化、企事业计算机辅助管理与决策、文字处理、文档管理、情报检索、激光照排、电影电视动画设计、会计电算化、图书管理、医疗诊断等各行各业。利用计算机进行数据处理不仅使人们从繁重的事务性工作中解脱出来,还可以完成更多有创造性的工作。更重要的是,计算机处理数据能够满足信息利用与分析的及时性、高频度和复杂性的要求,从而使人们能够通过已获得的信息去生产更有价值的信息。

3. 计算机辅助 X 系统

从 20 世纪 80 年代开始,许多国家就开始了计算机辅助设计与制造(CAD/CAM)的探索,应用计算机图形学方法对产品结构、部件和零件进行计算、分析、比较和制图。使用计算机进行设计不仅可随时更改参数、反复迭代、优化设计直到满意,还可进一步输出零部件表、材料表以及数字机床加工用的数据,直接把设计的产品加工出来。

随着计算机技术的发展,计算机辅助形成了一系列综合应用,除上面介绍的计算机辅助设计/辅助制造(CAD/CAM)之外,还包括计算机辅助工程(CAE)、计算机辅助教育(CBE)、计算机辅助质量保证(CAQ)、计算机辅助经营管理(CAPM)等。这一系列技术统称为计算机辅助 X(CAX)技术。

4. 过程控制

过程控制也称为实时控制,是指通过实时监测目标物体的温度、压力、流量、成分、电压等物理量或化学量(一般利用传感器),及时调整被控对象,使被控对象能够正确地完成目标物体的生产、制造或运行。

过程控制能应用于工业生产,是因为它具有多方面优势。首先,它能替代人在危险、有害于人体健康的环境中作业;其次,能连续作业,不受疲劳、情感等因素影响;最后,能够完成人所不能达到的高精度、高速度、不受空间限制等要求的操作。现在,自动控制已经广泛应用于冶金、化工、石油、纺织、水电、航天等行业。

5. 计算机网络

计算机网络是计算机技术和通信技术相结合的产物。计算机网络技术将处在不同地域的计算机用通信线路连接起来,配以相应软件,以达到资源共享的目的。多媒体技术的发展给计算机通信注入了新内容,使计算机通信由单纯的文字数据通信扩展到音频、视频图像的通信。Internet 的迅速普及使诸如远程会议、远程医疗、网上理财、电子商务等网上通信活动进入了人们的生活。

6. 多媒体技术

多媒体技术是应用计算机技术将文字、图像、图形和声音等信息以数字化的方式进行综合处理,从而使计算机具有表现、处理、存储各种媒体信息的能力。多媒体技术拓宽了计算机应用领域,使计算机广泛应用于文化娱乐、广告宣传、商业、教育等方面。同时,多媒体技术与人工智能技术的有机结合还促进了更新颖的虚拟现实、虚拟制造技术的发展,使人们可以在计算机产生的虚拟环境中感受逼真的场景;在还没有真实制造产品前,通过计算机仿真与模拟生产最终产品,预先模拟测试产品各方面性能。

7. 人工智能

人工智能是计算机应用的一个新领域。人工智能的研究目的是期望赋予计算机更多人的智能,例如,将医疗方面的信息和医疗专家多年的知识与经验输入计算机,让计算机像医疗专家一样对患者病情做出诊断;让计算机根据上下文语境合情合理地进行外文翻译等。

该领域的研究主要包括模式识别、推理技术、符号数学、问题求解、人机博弈、机器学习、专家系统、自然景物识别、自然语言理解等。目前已应用于机器人、故障诊断、医疗诊断、计算机辅助教育等各方面。

1.4 计算机发展趋势和新型计算机的发展

计算机诞生之初,很少有人能深刻地预见计算机技术对人类巨大的潜在影响,它从神秘不可接近的庞然大物变成多数人都不可或缺的工具,信息技术由实验室进入无数个普通家庭,Internet 将全世界联系起来,多媒体视听设备丰富着每个人的生活,没有人能预见计算机的发展速度是如此的迅猛。展望未来,计算机技术的发展又会沿着一条什么样的轨道前行呢? 人类对科技进步的追求是永无止境的,下面介绍一下计算机的发展趋势,及随着计算机的飞速的发展,涌现出一些新型计算机。

1.4.1　计算机的发展趋势

自计算机诞生以来,随着科技的进步,各种计算机技术、网络技术的飞速发展,计算机的发展已经进入了一个快速而又崭新的时代,计算机已经从功能单一、体积较大发展到了功能复杂、体积微小、资源网络化。计算机的未来充满了变数,性能的大幅度提高是不容置疑的,而实现性能的飞跃却有多种途径。不过性能的大幅提升并不是计算机发展的唯一路线,计算机的发展还应当变得越来越人性化,同时也要越来越重视环保。

人类对科技进步的追求是永无止境的,根据计算机的历史发展轨迹,可以预测未来计算机将向着巨型化、微型化、网络化、智能化、多媒体技术、绿色计算机的方向发展,甚至出现非冯·诺伊曼体系结构计算机。

1. 计算机巨型化

巨型化是指计算机的计算速度更快、存储容量更大、功能更完善、可靠性更高。其运算速度可达到每秒万万亿次。

航空航天技术、核反应技术、天文气象、原子运动、生物工程等尖端科学的研究需要进行大量的计算,要求计算机有更高的运算速度、更大的存储量,更强的处理能力和更高的可靠性,这就需要研制功能更强的高性能计算机。实现高性能计算有两个途径,一是提高单一处理器的计算性能;二是把多个CPU集成构成一个庞大的计算机系统,这就需要在多CPU协同分布计算、并行计算、计算机体系结构等技术方面保持领先。

巨型机的研制、生产和应用是一个国家科技发展水平和综合国力的重要标志,因此巨型化是各国在高技术领域竞争的热点。巨型化是指为了适应尖端科学技术的需要,发展高速度、大存储容量和功能强大的超级计算机。随着人们对计算机的依赖性越来越强,特别是在军事和科研教育方面对计算机的存储空间和运行速度等要求会越来越高。同时,对计算机的功能的要求也将更加多元化。

2. 计算机微型化

随着微型处理器(CPU)的出现,计算机体积缩小、成本降低。另一方面,软件行业的飞速发展提高了计算机内部操作系统的便捷度,计算机外部设备也趋于完善。计算机理论和技术上的不断完善促使微型计算机很快地渗透到全社会的各个行业和部门中,并成为人们生活和学习的必需品。目前,微型计算机的发展已经有了巨大的变化,已经大量进入办公室和家庭,但人们需要体积更小、更轻便、易于携带的微型计算机,以便出门在外或在旅途中均可使用计算机,应运而生的便携式微型计算机(笔记本电脑)、移动计算机(掌上电脑和智能手机)等设备正在不断涌现,并迅速普及起来。此外,随着嵌入式技术的发展,微型处理器可以嵌入电冰箱、电视、空调等家用电器,实现远程、智能控制,或者嵌入仪器仪表等小型设备中,使生产过程自动化、智能化。因此,未来计算机仍会不断趋于微型化,体积将越来越小。

3. 计算机网络化

将地理位置分散的计算机通过专用的电缆或通信线路互相连接,就组成了计算机网络。网络可以使分散的各种资源得到共享,使计算机的实际效用大大提高。Internet 就是一个通过通信线路连接、覆盖全球的计算机网络。

互联网将世界各地的计算机连接在一起,从此进入了互联网时代。计算机网络化彻底改变了人类世界,人们通过互联网进行沟通和交流(如使用 QQ、微博、微信等)、教育资源共享(如文献查阅、远程教育等)、信息查阅共享(如百度、谷歌)等,特别是无线网络的出现,极大地提高了人们使用网络的便捷性,未来计算机将会进一步向网络化的方面发展。

现如今,计算机技术与 Internet 结合,衍生出云计算、云存储等新兴技术与应用。移动计算机、移动通信技术与 Internet 结合,衍生出移动互联网。智能感知与 Internet 结合,衍生出能实现物与物(Thing to Thing,T2T)、人与物(Human to Thing,H2T)和人与人(Human to Human,H2H)之间信息交换的物联网。

4. 计算机智能化

智能化使计算机具有模拟人的感觉和思维过程的能力,使计算机成为智能计算机。这也是目前正在研制的新一代计算机要实现的目标。计算机人工智能化是未来发展的必然趋势。现代计算机具有强大的功能和运行速度,但在其他领域与人脑相比,其智能化和逻辑能力仍有待提高。人类不断地探索如何让计算机能够更好地反映人类思维,使计算机能够具有人类的逻辑思维判断能力,进而可以通过思考与人类沟通交流。抛弃以往的依靠通过编程序来运行计算机的方法,未来你可以用你的自然语言与计算机打交道,甚至可以用你的表情,手势等各种方式同时与计算机进行沟通,直接对计算机发出指令。

目前的计算机已能够部分地代替人的脑力劳动,因此也常称为“电脑”。但是人们希望计算机具有更多的类似人的智能,比如能听懂人类的语言、能识别图形、会自主学习等。1997 年,IBM 公司的“深蓝”计算机以 3.5∶2.5 的比分战胜了国际象棋特级大师卡斯帕罗夫。2011 年,IBM 公司的“沃森”计算机在美国的一次智力竞猜电视节目中,成功地击败该节目历史上最成功的人类选手,甚至能够理解主持人用英语提出的一些抽象问题。这些都是人工智能的典型成果,但计算机真正要达到人的智能还是很遥远的事情,需要进一步研究。人工智能计算机是第五代计算机要实现的目标。

计算机除了在应用领域和使用方式方面不断发展,在基本元器件方面的研究也有很大突破。近年来,通过进一步的深入研究发现,由于电子电路的局限性,理论上电子计算机的发展也有一定的局限。因此,人们正在研制不使用集成电路的计算机。经过研究者持续不断的尝试,已在多个领域取得了一定成果。例如,使用纳米技术研制芯片的纳米计算机;用光波而不是电流来处理数据和信息的光计算机;用具有“开”和“关”功能的蛋白质分子作为元件制成的生物计算机;使用超导材料制作成的耗电量大大降低的超导计算机;利用处于多现实态下的原子进行运算的量子计算机等。未来的计算机将是微电子技术、光学技术、超导技术和电子仿生技术相互结合的产物。

5. 计算机多媒体技术

传统的计算机处理的信息主要是字符和数字。事实上,人们更习惯的是图片、文字、声音、像等多种形式的多媒体信息。多媒体技术可以集图形、图像、音频、视频、文字为一体,使信息处理的对象和内容更加接近真实世界。

多媒体计算机是当前计算机领域中最引人注目的高新技术之一。多媒体计算机就是利用计算机技术、通信技术和大众传播技术,来综合处理多种媒体信息的计算机。这些信息包括文本、视频图像、图形、声音等。多媒体技术使多种信息建立了有机联系,并集成为一个具有人机交互性的系统。多媒体计算机将真正地改善人机界面,使计算机朝着人类可接受和处理信息的最自然的方式发展。

6. 绿色计算机

随着计算机被广泛应用到人们的日常生活当中,在所难免地存在着能耗过大的情况。绿色计算机指利用各种软件和硬件先进技术,将目前大量计算机系统的工作负载降低,提高其运算效率,减少计算机系统数量,进一步降低系统配套电源能耗,同时,改善计算机系统的设计,提高其资源利用率和回收率,降低二氧化碳等温室气体排放,从而达到节能、环保和节约的目的。

7. 非冯·诺依曼体系结构计算机

非冯·诺依曼体系结构是提高现代计算机性能的另一个研究焦点,冯·诺依曼体系结构虽然为计算机的发展奠定了基础,但是它的"集中顺序控制方面"的串行机制,成为进一步提高计算机性能的瓶颈,而提高计算机性能的方向之一是并行处理。因此出现了非冯·诺依曼体系结构的计算机理论。

1.4.2　新型计算机的发展

从计算机的产生和发展来看,目前计算机的发展都以电子技术的发展为基础,集成电路的芯片是计算机的核心部件,随着处理器的不断完善和更新换代的速度加快,计算机结构和元器件也会发生很大的变化。随着新技术的研究和发展,对新型计算机的发展具有极大的推动作用,必将成为未来计算机发展的新趋势。

1. DNA 计算机

DNA 计算机是一种生物形式的计算机。它是利用 DNA(脱氧核糖核酸)建立的一种完整的信息技术形式,以编码的 DNA 序列(通常意义上计算机内存)为运算对象,通过分子生物学的运算操作来解决复杂的数学难题。

由于起初的 DNA 计算要将 DNA 溶于试管中才能实现,这种计算机由一堆装着有机液体的试管组成,因此有人称之为"试管电脑"。

DNA 计算机"输入"的是细胞质中的 RNA、蛋白质以及其他化学物质,"输出"的则是很容易辨别的分子信号。在生物医学应用上,DNA 计算机能够探测和监控基因突变等细胞内一切活动的特征信息,确定癌细胞等病变细胞以及自动激发微小剂量的治疗等。

未来的 DNA 计算机在研究逻辑、破译密码、基因编程、疑难病症防治以及航空航天等领域应用占据独特优势。现在电子计算机应用前景十分乐观。比如,DNA 计算机的出现,使在人体内、在细胞内运行的计算机研制成为可能,它能够充当监控装置,发现潜在的致病变化,还可以在人体内合成所需的药物,治疗癌症、心脏病、动脉硬化等各种疑难病症,甚至在恢复盲人视觉方面,也将大显身手。

完全可以想象,一旦DNA计算机技术全面成熟,那么真正的"人机合一"就会实现。因为大脑本身就是一台自然的DNA计算机,只要有一个接口,DNA计算机可以通过接口直接接受人脑的指挥,成为人脑的外延或扩充部分,而且它以从人体细胞吸收营养的方式来补充能量,不用外界的能量供应。无疑,DNA计算机的出现将给人类文明带来一个质的飞跃,给整个世界带来巨大的变化,有着无限美好的应用前景。

不过,由于受目前生物技术水平的限制,DNA计算过程中,前期DNA分子链的创造和后期DNA分子链的挑选,要耗费相当大的工作量。比如,阿德勒曼的"试管电脑"在几秒钟内就可以得出结果,但是他却花掉数周的时间去挑选正确的结果。此外,如果实验中城市数目增加到200个,那么计算所需的DNA重量将会超过地球的重量。而且数以亿计的DNA分子非常复杂,在反应过程中很容易发生变质和损伤,甚至试管壁吸附残留都可能发生致命错误。因此,DNA计算机真正进入现实生活尚需时日。

2. 量子计算机

量子计算机(quantum computer)是一类遵循量子力学规律进行高速数学和逻辑运算、存储及处理量子信息的物理装置。当某个装置处理和计算的是量子信息,运行的是量子算法时,它就是量子计算机。量子计算机的概念源于对可逆计算机的研究。研究可逆计算机的目的是为了解决计算机中的能耗问题。

1982年,美国著名物理物学家理查德·费曼在一个公开的演讲中提出利用量子体系实现通用计算的新奇想法。紧接其后,1985年,英国物理学家大卫·杜斯提出了量子图灵机模型。理查德·费曼当时就想到如果用量子系统所构成的计算机来模拟量子现象,则运算时间可大幅度减少,从此量子计算机的概念诞生了。

迄今为止,世界上还没有真正意义上的量子计算机。但是,世界各地的许多实验室正在以巨大的热情追寻着这个梦想。如何实现量子计算,方案并不少,问题是在实验上实现对微观量子态的操纵确实太困难了。已经提出的方案主要利用了原子和光腔相互作用、冷阱束缚离子、电子或核自旋共振、量子点操纵、超导量子干涉等。还很难说哪一种方案更有前景,只是量子点方案和超导约瑟夫森结方案更适合集成化和小型化。将来也许现有的方案都派不上用场,最后脱颖而出的是一种全新的设计,而这种新设计又是以某种新材料为基础,就像半导体材料对于电子计算机一样。研究量子计算机的目的不是要用它来取代现有的计算机。量子计算机使计算的概念焕然一新,量子计算机的作用远不止是解决一些经典计算机无法解决的问题。

3. 光计算机

与传统硅芯片计算机不同,光计算机用光束代替电子进行计算和存储。它以不同波长的光代表不同的数据,以大量的透镜、棱镜和反射镜将数据从一个芯片传送到另一个芯片。

光计算机是采用光代替电子或电流作为载体,以纳米电子元件作为核心技术,实现高速处理大容量信息的计算机。其基础部件是空间光调制器,在运算部分与存储部分之间进行光连接,运算部分直接对存储部分进行并行存取。突破了传统的用总线将运算器、存储器、输入和输出设备相连接的体系结构。光计算机强大的运算能力、极高的数据处理速度,能够为计算机与其他学科的交叉提供依据,在不久的将来,将成为普遍应用的工具之一。

4. 纳米计算机

纳米计算机指将纳米技术运用于计算机领域所研制出的一种新型计算机。纳米本是一个计量单位,采用纳米技术生产芯片成本十分低廉,因为它既不需要建设超洁净生产车间,也不需要昂贵的实验设备和庞大的生产队伍。只要在实验室里将设计好的分子合在一起,就可以造出芯片,大大降低了生产成本。

计算机使用的硅芯片已经到达其物理极限,体积无法再小,通电和断电的频率无法再提高,耗电量也无法再减少。科学家认为,解决这个问题的途径是研制纳米晶体管,并用这种纳米晶体管来制作纳米计算机。纳米计算机的运算速度将是硅芯片计算机的 1.5 万倍,而且耗费的能量也要减少很多。这项研究的成功对制作超快速纳米计算机起到了积极的推进作用。

1.5　计算思维基础

计算机不仅为人们提供了解决各种专业问题的有效方法和手段,还提供了一种独特的处理问题的思维方式。各专业的学生通过本门课程的学习,不仅应具备将计算机技术应用于本专业的能力,还应具备运用计算思维分析和解决本专业问题的能力。

1.5.1　计算与计算科学

在日常生活中,计算无处不在。计算改变着人们的工作方式,数字化会议为分布于世界各地的公司提供远程会议支持,创造出"天涯若比邻"的工作场景。计算可以和广阔的专业领域结合,通过学科交叉与融合,迸发出前景广阔的研究空间。出现了计算经济学、计算生物学、计算物理学、计算社会科学等。

1. 什么是计算

计算就是把一个符号串变换成另一个符号串。计算的本质是基于规则的符号串变换,更广义地说,计算是基于规则的物理状态的变换。

像"1+2+3"这样的数学运算可以说是最容易认同的计算。而将一段中文文章翻译成英文也是计算,因为其实质是在保持语义不变的前提下,将一串中文符号变换成对应的英文符号。任何给定一定的输入,经过处理和变换,得到期望的输出的过程都可以称为计算。

计算是人类的基本技能,也是进行科学研究的工具。在人文社会科学和自然科学的研究过程中,一般采用理论研究或实验研究,而计算是进行研究时有力的辅助手段,已扩展为科学概念和认知问题、解决问题的方法。

目前,各个学科领域繁多、涉及面广、分类细,每个学科都需要进行大量的计算。计算由原来的数学概念和数值符号计算方法,扩展为科学概念和认知问题、解决问题的方法。美国能源部发布的报告认为,高端计算目前已经与理论研究、实验手段一起,成为获得科学发现的三大支柱。随着计算机科学、通信技术的迅速发展,计算作为科学发展的一种重要手段已被科学界广泛认同,从而产生了一门新兴交叉科学——计算科学。

2. 什么是计算科学

研究计算技术的科学称为计算科学,计算科学具体是指应用计算机处理科学研究和工程技术中所遇到的数学计算。在现代科学和工程技术中,经常会遇到大量复杂的数学计算问题,这些问题用一般的计算工具来解决非常困难,而用计算机来处理却非常容易。

计算科学是一个与数学模型构建、定量分析方法以及利用计算机来分析和解决科学问题相关的研究领域。在实际应用中,计算科学主要应用于,对各个科学学科的问题进行计算机模拟和其他形式的计算。

计算科学对国家的科技创新和经济高速发展具有战略意义。美国总统信息技术顾问委员会在 2005 年向美国总统提交的报告"计算科学:确保美国的竞争力"中,就将计算科学提高到国家核心科技竞争力的高度。计算科学是 21 世纪最重要的技术领域之一,因为它对整个社会的进步都是十分重要的。高性能计算能力是计算科学的关键要素,要实现高性能计算,就要有高性能计算机和相关技术的支持,所以计算机科学和计算机技术对计算科学的发展至关重要。

1.5.2 科学与思维

1. 科学和计算机科学

根据《辞海》的定义:科学是运用范畴、定理和定律等思维形式反映现实世界各种现象的本质和运动规律的知识体系。科学的种类繁多,其中以数学为代表的理论科学、以物理为代表的实验科学和新兴的计算机科学,被公认为是推动人类文明进步和科技发展的重要动力。

从小学到中学,学生主要接受的是理论科学和实验科学的教育,而对计算机科学相对陌生。所谓计算机科学是运用高级计算能力来理解和处理复杂问题的学科,现在它已经成为对科学领导力、经济竞争力以及国家安全都至关重要的一门科学。计算机科学要解决的3 个基本问题分别是:Computability、Complexity、Automata。即这个问题是否可以在有限的步骤内使用计算机解决(可计算性);用计算机求解问题的难易程度(复杂度);如何通过程序设计将抽象的模型和算法转换为程序代码,实现计算过程的自动化(自动化)。

计算机科学(Computer Science,CS)是研究计算机及其周围各种现象和规律的科学,即研究计算机系统结构、程序系统、人工智能以及计算本身的性质和问题的学科。计算机科学是一门包含各种各样与计算和信息处理相关的系统学科,从抽象的算法分析、形式化语法等等,到具体的主题如编程语言、程序设计、软件和硬件等。计算机是现代一种用于高速计算的电子计算机器,可以进行数值计算,又可以进行逻辑计算,还具有存储记忆功能,是能够按照程序运行,自动、高速地处理海量数据的现代化智能电子设备。因此,计算机科学研究和解决的是,能计算且能被有效地自动计算的问题。计算机科学是构造计算机器的学科,也是基于自动计算进行问题求解的学科。每个学科都有所谓的终极问题,计算机学科的终极问题被认为是什么可以被自动地计算。

计算机科学为研究者提供了一个独特的窗口,他们可以通过它来研究那些不切实际或很难解决的问题,在计算机逐渐成为必备工具,虚拟和现实相结合,互联网和大数据时代到来的今天,计算机科学尤为重要。

2. 什么是思维

科学思维是指理性认识及其过程,即经过感性阶段获得的大量材料,通过整理和改造,形成概念、判断和推理,以便反映事物本质和规律。简而言之,科学思维是人脑对科学信息的加工活动,反映了现实世界客观规律的知识体系。

社会的发展离不开科学的进步,科学的进步离不开正确的发现科学的手段。在当前环境下,面临大规模数据的情况下,除了传统的理论与实验手段,不可避免地要用计算手段来辅助进行。这三种手段对应的三大科学思维分别是理论思维、实验思维和计算思维。

(1)理论思维:理论思维又称为推理思维,它以推理和演绎为特征。科学家通过构建分析模型和理论推导进行规律预测和发现。

(2)实验思维:实验思维又称为实证思维,它以观察和总结自然规律为特征。科学家通过直接地观察或借助特定设备获取数据,对数据进行分析发现规律。

(3)计算思维:计算思维又称为构造思维,它以设计和构造为特征。科学家通过建立仿真的分析模型和有效的算法,利用计算工具进行规律的预测和发现。

这三大思维与推动人类社会进步的三大科学一一对应,以不同的方式推动着科学的发展和人类文明的进步。虽然人类科学还有许多学科分类,但是并没有化学思维、生物学思维、管理学思维、经济学思维等概念,不同的学科可以采取相同的思维方式,只要产生结论的方式和判定标准相同,其思维模式也就是相同的。思维模式的分类不是以思维对象来区别的。所以计算思维并不是仅面向计算机专业的学生。非计算机专业的学生学习计算机,不仅仅是为不同专业提供了解决各专业问题的得力工具和有效方法,更重要的是提供了一个新的思维角度。例如:社会科学的传统研究方法以观察为主,也就是以调查和取证为主,属于实证思维。由于大数据技术的出现,现在的社会科学引进了计算机技术进行辅助,出现了以大数据研究社会规律的流派。

3. 思维与科学发现之间的关系

如前所述,思维是人类特有的一种精神活动,是人们在表象、概念的基础上进行分析、综合、判断、推理等认识活动的过程。因此相对于知识来说,思维是知识在人心中的一种内化,是人们建立在自觉地掌握和运用知识基础上的一种内化于心的基本能力,是一种集逻辑判断、综合分析、直觉感应、理性选择、情感认同或拒斥于一体的内在能力。知识就好比是从外界获得的各种各样的"信息",只有通过内化成为"思维"并通过"思维"作用才能表现出或成为"智慧",进而指导科学发现和创新。

事实上,计算机科学深刻影响着人们的思维方式,影响着很多学科研究和发展,在长期解决和处理问题过程中形成了一种科学的思维方式,就是计算思维。

1.5.3 计算思维概述

计算技术产生了计算科学,计算科学是运用高级计算能力来理解和处理复杂问题的学科,提高计算能力促进计算机科学的发展,计算机科学的发展促进计算科学的发展,计算机科学作为一种科学技术飞速发展和普及,在长期解决和处理问题过程中形成了一种科学的思维方式,就是计算思维(Computational Thinking,CT)。

培养计算思维能力,首先要了解什么是计算思维,其次要思考怎样培养和应用计算思维。计算思维是从人类思维出现之后一直与人相伴相随的,但直到运算能力强大的计算机产生,计算思维的影响才越来越明显。2006 年 3 月,美国卡内基·梅隆大学(Carnegie Mellon University)计算机科学系主任周以真教授在美国权威期刊上发表论文,对计算思维做了明确的定义。她认为:"计算思维是运用计算机科学的基础概念去求解问题、设计系统和理解人类行为的,涵盖了计算机科学之广度的一系列思维活动。如同所有人都具备读、写、算能力一样,它也是每个人都具备的一种思维能力。计算思维建立在计算过程的能力和限制之上,由机器自动执行。"从计算思维的定义可以看出,计算思维是使用计算机科学为手段,进而达成求解问题、设计系统和理解人类行为的目的。针对上述定义可以进一步做出如下解释。

1. 求解问题中的计算思维

利用计算手段求解问题的过程是:首先要把实际的应用问题转换为数学问题,例如一组偏微分方程;其次将偏微分方程离散为一组代数方程组,然后建立模型、设计算法和编程实现;最后在实际的计算机中运行并求解。其中,前两步体现了计算思维中的"抽象",后两步体现了计算思维中的"自动化"。

具体的解决流程如下所述。

(1)发现各领域、学科的问题并进行描述,符合逻辑地组织和分析数据。

(2)通过抽象,建立数学模型。

(3)用算法对求解过程进行精确描述。

(4)利用某种计算机语言编写程序,实现可能的解决方案,从中找到问题求解的最佳方案。

(5)对解决结果进行评价。如果成功,那么该问题得到解决,并可以将求解过程进行推广并移植到广泛的问题中。如果失败,则分析出错原因,根据具体的原因,返回之前的某个步骤并重新处理。

2. 设计系统中的计算思维

随着信息社会的发展,科技进步使得现实世界中的各种事物都可感知,可度量,进而形成数量庞大的数据群。现代科学家认为:任何自然系统和社会系统都可视为一个动态演化系统,演化伴随着物质、能量和信息的交换,这种交换可以映射为符号变换,使之能用计算机进行离散的符号处理。

当动态演化系统抽象为离散符号系统后,就可以采用形式化的规范描述,建立模型、设计算法和开发软件来揭示演化的规律,实时控制系统的演化并自动执行。

3. 理解人类行为中的计算思维

社会计算是计算系统和社会行为交叉融合而成的一个研究领域,研究的是如何利用计算系统帮助人们进行沟通与协作,如何利用计算技术研究社会运行的规律与发展趋势。

所谓"利用计算系统帮助人们进行沟通与协作"是指帮助人们在互联网上建设虚拟社会,对现实社会中人与人的关系进行复制和重构,使人们更紧密地联系在一起,随时随地互相通信,以协作的方式生产知识。所谓"利用计算技术研究社会运行的规律与发展趋势",是指以社交网络和社会媒体为研究对象,从中发现社会关系、社会行为的规律,预测政策实施的可行性。社会学鼻祖奥古斯特·孔德最初定义社会学时,希望社会学能够使用类似物理学的方法,成为经得起科学规则考验的一门学科,互联网背景下的社会计算使这一理念具有了现实可行性。

综上所述,计算思维提供了一种新的解决问题的切入角度。以厨师做饭来为例,对于一个有计算性思维的人,他既要考虑到效果、又要考虑到正确性。即在保证做出好吃的饭的同时,还考虑到诸如做荤菜的时候要做搭配的素菜等。其实从计算性思维角度来说,这就是给定有限的资源,如何去设定几个并行的流程的问题,实际上就是一个任务统筹设计。

计算思维与日常生活紧密相关,当你早晨上学时,把当天所需要的东西放进背包,这就是"预置和缓存";当有人丢失自己的物品,你建议他沿着走过的路线去寻找,这就叫"回推";在对自己租房还是买房做出决策时,这就是"在线算法";在超市付费时,决定排哪个队,这就是"多服务器系统"的性能模型;由此可见,计算思维与人们的工作与生活密切相关,计算思维应当成为人类不可或缺的一种生存能力。

计算思维区别于其他思维的关键标志是有限性、确定性和机械性。计算思维表达的方式必须是以有限的形式,不允许出现数学中类似极限的无限表达方式。语义必须是确定的,不能出现因人而异、因环境而异的歧义性。必须是可以通过机械的步骤来实现的。计算思维的结论应该是构造性的、可操作的和可行的。计算思维可以脱离计算机而存在,只不过计算机的出现激发了人们对于智力活动机械化的研究热情,使人类思维活动中以构造性、可行性、确定性为特征的计算思维受到前所未有的重视。

下面通过一个例 1-1、例 1-2 所示,来说明什么是计算思维。

【例 1-1】　计算函数 n 的阶乘 $f(n)=n!$。

人手动地进行阶乘运算时,是对 $1\times2\times3\times\cdots\cdots\times n$ 依次计算。而在计算机中,计算 n 的阶乘 $f(n)$ 采用两种典型方法。

① 迭代法。

类似于人脑计算的方法,先计算 $f(1)=1$,然后根据 $f(1)$ 的值计算 $f(2)\cdots\cdots$最后根据 $f(n-1)$ 计算出 $f(n)$。

② 递归法。

将计算 $f(n)$ 的问题分解成计算一个较小的问题 $f(n-1)$,再将计算 $f(n-1)$ 分解成计算一个更小的问题 $f(n-2)$,以此类推,一直分解到 $f(1)$。由于 $f(1)=1$,已知 $f(1)$ 就能回推得出 $f(2)$ 的值,知道 $f(2)$ 就能回退得出 $f(3)$ 的值,直到逐步计算出 $f(n)$。

【例 1-2】　警察局抓小偷,警察局抓住了 a、b、c、d 4 名小偷,其中只有一人是小偷。审讯记录如下所述。

a 说:我不是小偷。

b 说:c 是小偷。

c 说：小偷肯定是 d。

d 说：c 在冤枉人。

4 个人中 3 个人说的是真话，一个人在说谎。那么请问谁是小偷？

首先，假设每个人都是小偷，依次带入 4 句供词中。然后，检验"4 个人中 3 个人说真话，一个人说假话"的情况是否成立，如果成立，那么就找到了小偷。

下面看这个问题的数学建模。

将 a、b、c、d 四个嫌疑人进行编号，分别为 1、2、3、4。

然后，用变量 x 存放小偷的编号。

再依次将，$x=1$，$x=2$，$x=3$，$x=4$ 代入问题系统，检验"三真一假"是否成立。

下面看这个问题在计算机中的计算方式。

将 4 句供词，对应为变量 x 的取值。

然后将 $x=1$，代入对应供词的 x 取值中，检验每一句供词是否为真，真为 1，假为 0。代入 1 得到对 4 句供词的检测结果是 0001，三假一真。$x=1$ 不成立，a 不是小偷。

再将 $x=2$，代入对应供词的 x 取值中，检验每一句供词是否为真，真为 1，假为 0。代入 2 得到对 4 句供词的检测结果是 1001，两假两真。$x=2$ 不成立，b 不是小偷。

再将 $x=3$，代入对应供词的 x 取值中，检验每一句供词是否为真，真为 1，假为 0。代入 3 得到对 4 句供词的检测结果是 1101，三真一假。$x=3$ 成立，c 是小偷。

最后将 $x=4$，代入对应供词的 x 取值中，检验每一句供词是否为真，真为 1，假为 0。代入 4 得到对 4 句供词的检测结果是 1010，两假两真。$x=4$ 不成立，d 不是小偷。

所以，经过计算就可以判断 c 是小偷。

1.5.4 计算思维的本质、特征和方法

1. 计算思维的本质

计算思维实际上是一个思维的过程，它能够将一个问题清晰、抽象地描述出来，并将问题的解决方案表示为一个信息处理的流程。计算思维包含了数学性思维和工程性思维，本质是抽象（Abstraction）和自动化（Automation）。计算思维中的抽象完全超越物理的时空观，并完全用符号来表示，数字抽象只是其中的一类特例。计算思维中的抽象最终是要能够利用机器的一步步自动执行来完成问题的解决过程。

下面通过一个经典的算法类问题来了解计算思维的本质。所谓算法类问题，是指能够通过一个算法解决的问题，如梵天塔问题、哥尼斯堡七桥问题、旅行商问题、背包问题、网络流量优化问题、生产、项目调度优化问题等。

【例 1-3】 哥尼斯堡七桥问题。

在哥尼斯堡的一个公园里，有 7 座桥将普雷戈尔河中两个岛以及岛与河岸连接起来，如图 1-23 所示。请问从这 4 块陆地中任意一块出发，能否存在走遍这 7 座桥并最后回到原点且每座桥只允许走过一次的路径。

根据数学知识，若每座桥均走一次，那 7 座桥所有的走法一共有 5040 种。为了求解这个问题，数学家欧拉将七桥问题抽象出来，把每一块陆地考虑成一个点，连接两块陆地的桥以线表示。并由此得到了一个几何图形，即七桥问题抽象图如图 1-24 所示。

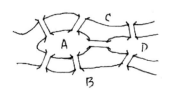

图 1-23　哥尼斯堡七桥问题

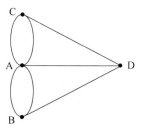

图 1-24　七桥问题抽象图

若分别用 A、B、C、D 4 个点表示为哥尼斯堡的 4 个区域。这样著名的"七桥问题"便转化为是否能够用一笔不重复地画出过此 7 条线的问题了。若可以画出来，则图形中必有终点和起点，并且起点和终点应该是同一点，由于对称性可知由 B 或 C 为起点得到的效果是一样的。若假设以 A 为起点和终点，则必有一条离开线和一条进入线。若定义进入 A 的线的条数为入度，离开线的条数为出度，与 A 有关的线的条数为 A 的度，则 A 的出度和入度是相等的，即 A 的度应该为偶数。即要使得从 A 出发有解，则 A 的度数应该为偶数，而实际上 A 的度数是 5 为奇数，于是可知从 A 出发是无解的。同时若从 B 或 D 出发，由于 B、D 的度数分别是 3、3，都是奇数，即以之为起点也都是无解的。

由上述理由可知，对于所抽象出的数学问题是无解的，即不存在走遍这 7 座桥并最后回到原点且每座桥只允许走过一次的路径。

通过这个例子可以了解到第一个本质"抽象"的意义：在求解现实世界的问题时，如果能先将其抽象成数学模型，就有助于发现问题的本质及其能否求解，甚至找到求解该问题的方法和算法；进一步，则可将一个具体问题的求解，推广为一类问题的求解，如例 1-3 可以扩展到"对给定的任意一个河道图与任意多座桥的判定"，以及网络与最短通路问题、工程关键路径问题等相似问题的求解。

2．计算思维的特征

（1）概念化而不是程序化。

计算机科学不是计算机编程。像计算机科学家那样去思维不仅限于计算机编程，还要求能够在抽象的多个层次上思维。计算机科学不只是关注计算机设备，就像音乐产业不只是关注麦克风一样。

（2）根本的技能而不是刻板的技能。

计算思维是一种根本技能，是每一个人为了在现代社会中发挥自身职能所必须掌握的。而刻板的技能意味着简单的机械重复。具有讽刺意味的是，当计算机能像人类一样思考之后，思维可就真的变成机械的了。

（3）是人的思维而不是计算机的思维。

计算思维是人类求解问题的一条途径，但绝非要使人类像计算机那样思考。人类富有想象力，这是计算机所不具备的。人类应该发挥自身的优势，更好地利用计算机强大的计算能力，去解决各种需要大量计算的问题。就能用自己的智慧去解决那些在计算时代之前不敢尝试的问题，实现"只有想不到，没有做不到"的境界。

(4) 是思想而不是人造物。

计算思维的成果不仅仅是计算机软件和硬件等人造物,而是设计、制造软件和硬件中所包含的思想,它被人们用来问题求解、日常生活的管理,以及与他人进行交流和互动。当计算思维真正地作为一个整体融入人类生活中,面向所有的人、所有的地方,就不再表现为一种显式的哲学,它就将成为一种现实。

(5) 数学和工程思维的互补与融合。

计算机科学在本质上源自数学思维,像所有的科学一样,计算机科学的形式化基础建于数学之上,而且其建造的是能够与实际世界互动的系统。计算机科学又从本质上源自工程思维,所以计算思维是数学和工程思维的互补与融合。

在运用计算思维设计大型复杂系统时,需要考虑效率、可靠性、自动化等问题,这些都是工程思维中非常重要的东西。当面对一个具体问题的求解时,人负责把实际问题转化为可计算问题,并设计算法让计算机去执行,计算机负责具体的运算任务,这就是计算思维里的人机分工。运用计算思维就是为了把人从大量的机械的运算中解脱出来,让计算机去做这些事。人机分工能大幅提高问题处理的效率,减少出错率,特别是在处理情况复杂,运算量大的问题时效果尤为显著。比如出行路线规划,在没有导航软件的时候,想要规划从 A 点到 B 点的最近的路线,可能要花费不少工夫,往往是根据经验进行判断,并不精确,很难有足够的时间和精力去寻找最优解。当用电子地图来表示实际地理情况,用坐标点来表示实际位置时,最短路线的问题就转化为比较地图上 A 点到 B 点的各种线段组合的长度问题。从输入起点和目的地,到导航软件给出导航路线,这不到半秒的时间里,后台服务器已经进行了高达千万甚至上亿次的运算,这种效率高出人类 N 个数量级。

(6) 面向所有的人和所有地方。

计算思维是每个人在日常生活中都可以运用的一种思考方式。当计算思维真正地融入人类的生活和工作时,它作为一个解决问题的有效工具,人人都应该掌握,处处都会被使用。如出行路线规划、理财投资选择、科学研究分析、天气预报预测等,不论你试图解决什么问题,运用计算思维都能帮你化繁为简。

3. 计算思维的方法

从方法论的角度来说,计算思维的核心是计算思维方法。下面是周以真教授总结的七大类方法。

(1) 计算思维是通过约简、嵌入、转化和仿真等方法,把一个看似困难的问题重新阐释成一个人们知道怎样解决的问题。

(2) 计算思维是一种递归思维,是一种并行处理方法,是一种把代码译成数据又能把数据译成代码的方法,是一种多维分析推广的类型检查方法。

(3) 计算思维是一种采用抽象和分解来控制庞杂的任务或进行巨大复杂系统设计的方法,是一种基于关注点分离的方法。

(4) 计算思维是一种选择合适的方式去陈述一个问题,或对一个问题的相关方面建模并使其易于处理的思维方法。

(5) 计算思维是按照预防、保护及通过冗余、容错和纠错方式,从最坏情况进行系统恢复的一种思维方法。

（6）计算思维是利用启发式推理寻求解答，即在不确定情况下规划、学习和调度的思维方法。

（7）计算思维是利用海量数据来加快计算，在时间和空间之间，在处理能力和存储容量之间进行折中的思维方法。

在计算机课程中，每一个项目都是多种计算方法的集合。在进行计算思维方法训练的过程中，要从3个方面循序渐进。

首先，要充分了解计算机能够做什么，如何去做。例如，理解计算机结构从图灵机模型到冯·诺依曼结构的发展思路；理解数据抽象和过程抽象在解决问题时的作用；理解计算机求解问题的3个步骤，即算法、编程和自动执行。

其次，要掌握利用计算机技术解决其他专业问题的方法和思想。掌握基本的信息处理能力，掌握各学科研究和创新的新型计算手段，能够按照计算机求解问题的基本方式去考虑问题求解过程，并构建出相应的算法和程序。

最后，通过挖掘计算机解决各种问题的普遍性原理和方法，培养具有计算机科学家一样的思维方式，并能够将这种思维方式运用到各种问题的解决和实现各学科创新中去。

1.5.5　计算思维的应用

在日常生活中，计算思维的案例无处不在。计算思维不仅渗透在每一个人的生活中，而且与其他学科相结合，形成了一系列新的学科分支。

1. 计算化学

1998年诺贝尔化学奖的获得者John Pople获得诺贝尔奖的原因就是他是把计算机应用于化学研究的主要科学家，并建立了可用于化学各个分支的一整套量子化学方法，把量子化学发展成一种工具，并已为一般化学家所使用。这个工具就是Gaussian量子化学综合软件包。这种跨学科的成功融合为计算思维融入化学奠定了基础。

计算化学作为理论化学的一个分支，一般是根据基本的物理化学理论，以大量的数值运算方式来探讨化学系统性质。计算机科学在化学中的应用包括下列4个方面。

1）数值计算

用计算数学方法，对化学中的数学模型进行计算或方程求解。例如，分析化学中的条件预测、量子化学和结构化学中的演绎计算、化工过程中的各种应用计算等。

2）化学模拟

（1）数值模拟，例如使用曲线拟合法模拟实测工作曲线。

（2）过程模拟，即根据某一复杂过程的测试数据，建立数学模型，预测反应效果。

（3）实验模拟，即通过数学模型研究各种参数（如温度、压力、反应物浓度）对产量的影响，在计算机上输出反应结果。

3）模式识别

使用模式识别法根据二元化合物的键参数（离子半径、元素电负性、原子的价径比等）对化合物分类，预报化合物性质。

4）化学数据库的建立和检索

在进行有机分析时，根据谱图数据库进行谱图检索。

2．计算物理

复杂的自然物理现象，单靠理论已不能进行完整的描述，更不容易通过理论方程推断预测。而计算物理学采用数值模拟方法，通过计算机模拟并与实验结果进行定量比较，来验证理论的正确与否。在实验中的物理过程也能够通过模拟加以理解。因此，计算物理已成为探索自然规律的方法和手段。

而今，因为在自然科学研究中的巨大作用，计算物理学不再仅仅是理论物理学家的一个辅助工具，而是独立出来，与理论物理学、实验物理学并列，以崭新的研究方法来探索物理世界。

计算物理的研究取得了许多理论物理和实验物理难以实现的突破。例如，粒子穿过固体时的通道效应就是通过计算机模拟偶然发现的。在进行模拟入射到晶体中的离子时，突然有一次计算陷入了死循环，消耗了研究者的大量计算费用。后来，在仔细研究后发现此时离子运动方向与晶面几乎一致，离子可以在晶面形成的壁之间反复进行小角碰撞，只消耗极少的能量。于是发现了粒子穿过固体时的通道效应。

3．计算生物学

计算机科学许多领域渗透到生物信息学中的应用研究，包括数据库、数据挖掘、人工智能、算法、图形学、软件工程、并行计算和网络技术等都被用于生物计算的研究。

计算生物学的研究包括基因识别、种族树的构建、生物序列的片段拼接、序列对接、蛋白质结构预测、生物数据库等。例如，DNA 序列实际上是一种由 4 种字母表达的"语言"，从各种生物的 DNA 数据中挖掘 DNA 序列自身规律和 DNA 序列进化规律，可以帮助人们从分子层次上认识生命的本质及其进化规律。

计算生物学的应用也越来越广泛，例如，关于骨关节炎的治疗、哺乳动物的睡眠、生物等效性、皮肤电阻等研究。

4．计算经济学

一切与经济研究有关的计算都属于计算经济学。例如，很多经济模型被定为动态规划问题，因为这种方法能在不确定环境中达到最优化；在经济分析中，使用人工智能解决过分复杂细致的问题；经济增长模型的数理性研究被计算性替代；经济学者推出"用模拟估计"的方法来解决一些以前难以计算的模型。这些都是计算科学在经济学中的应用。

此外，计算博弈论正在改变人们的思维方式。囚徒困境是博弈论专家设计的典型示例，囚徒困境博弈模型可以用来描述两家企业的价格大战等许多经济现象。总之，计算思维和经济学的结合对社会结构产生了巨大冲击，对经济学理论和方法产生重大影响。

5．其他领域

计算机已经成为各学科发展的重要技术手段，例如，在工程学（电子、土木、机械、航空航天等）方面，计算高阶项可以提高精度，进而降低重量、减少浪费并节省制造成本。在社会科学方面，社交网络不断发展壮大，统计机器学习被用于推荐和声誉服务系统。例如，Netflix 和联名信用卡等。此外，艺术、地质学、天文学、数学、医学、法律、娱乐、体育等都少不了计算思维的渗透。

1.5.6　计算思维能力培养

随着信息化的全面深入,计算机在生活中的应用已经无处不在,而计算思维的提出和发展,帮助人们正视人类社会这一深刻的变化,并引导人们通过借助计算机的力量来进一步提高解决问题的能力。在当今社会,计算思维成为人们认识和解决问题的重要能力之一。

1. 社会的发展要求培养计算思维

一个人若不具备计算思维的能力,将在就业竞争中处于劣势;一个国家若不让广大学生得到计算思维能力的培养,在激烈竞争的国际环境中,将处于落后地位。计算思维不仅是计算机专业人员应该具备的能力,还是所有受教育者应该具备的能力,它蕴含着一套解决一般问题的方法与技术。为此,需要大力推动计算思维观念的普及,在教育中应该提倡并注重计算思维的培养,使学生具备较好的计算思维能力,以此来提高在国际环境中的竞争力。

2. 教学中重视培养运用计算思维解决问题

当前大学开设大学计算机基础课的教学目标是让学生具备基本的计算机应用技能。因此,大学计算机基础教育的本质仍然是计算机应用的教育。为此,需要在目前的基础上强调计算思维的培养,通过计算机基础教育与计算思维相融合,在进行计算机应用教育的同时,培养学生的计算思维意识,帮助学生获得更有效的应用计算机的思维方式。最后,通过提升计算思维能力,更好地解决本专业的问题。

1.6　计算机文化

经过多年的不断发展,计算机在人们工作、生活、学习中已经不可或缺,并由此形成了独特的计算机文化。这种新兴的文化在精神形态上主要表现为两点:一是计算机学科与自然科学和社会科学结合,形成了新的科学方法、科学思想、价值标准;二是计算机的应用形成了网络社会等虚拟的社会形态,并产生了相应的语言、风俗、道德、法律等。计算机文化将一个人经过文化教育后所具有的能力又提升了一个高度,即除了读、写、算这类基本能力外还要具有合法合理的运用计算机能力。因此,应在大学生中普及计算机文化并重视相关能力的培养。

1.6.1　计算机与信息社会

人类社会的发展经历了农业社会、工业社会,随着 20 世纪 90 年代 Internet 的出现,人类又迎来了以网络为核心的信息社会。在工业社会中,主要的资源是能源和物质,主要的社会工作是大规模的物质生产。而在信息社会,信息成为比能源和物质更为重要的资源,于是以开发和利用信息资源为目的的信息经济活动成为社会活动的重点。

随着互联网的深入发展,信息网络技术的应用已经深入生产生活、经济发展的方方面面,不断地推动知识社会的创新形态。例如,德国提出的"工业 4.0"概念即是以智能制造为主导的第四次工业革命;中国提出的"互联网+"行动计划。

计算机技术的普及深刻地影响了这个时代的人,然而在为人类带来方便和快捷的同时,信息社会的若干问题也凸现出来,带来了前所未有的挑战。

1. 隐私问题

在网络上隐私问题不是指个人的生活被曝光,而是指个人信息被滥用或盗用带来的后果。在使用计算机的过程中记录了太多关于个人隐私的信息,如身份证号码、银行账户、工作单位、访问网站记录、聊天记录等。网络用户在通过网络进行收发 E-mail、远程登录、网上购物、远程文件传输等活动时,均可能在不知情的情况下,被他人非法收集个人信息,并用于非法用途。由于网络的易发布性和传播性,网络信息的发布具有了更快的传播速度及更广的传播范围,极有可能造成用户个人私密资料的泄露和重大的物质损失。同时有可能给用户的名誉造成不良影响,或给用户身心造成了巨大的伤害。

实际上网时,网络用户可以通过一些隐私保护的软件,来实现网上用户个人隐私材料的自我保护。

2. 对传统产业的冲击

随着计算机的发展诞生了一些新兴产业,每一个传统行业都孕育着"互联网+"的机会,如:传统的广告加上互联网成就了百度,传统集市加上互联网成就了淘宝,传统百货卖场加上互联网成就了京东,传统银行加上互联网成就了支付宝等。而相应地,一些传统产业也逐渐消亡。这些消亡的传统产业的工人大多是受教育较少,知识与技能较差的人员。他们无法适应新兴产业的要求,势必有大量的产业工人将失去工作,影响社会的安定。

3. 过度依赖

计算机科学已经改变了我们的社会,许多人在生活中不可避免地用到计算机。而有些人已经警觉到计算机已经构成了一种过度依赖。例如,"千年虫"事件,只是因为计算机中一个时间位数的缺少却给社会带来了巨大影响。此外,类似于上网成瘾、虚假网络信息等社会问题也都是过度依赖的例子。

1.6.2　计算机与道德

随着计算机网络通信技术的发展,信息的传播速度更加快捷,传播范围更加广泛,不仅影响着人们的学习、工作和生活,也影响着人们的思维和行为方式。现代大学生要文明、守法的使用计算机。

1. 文明上网

信息的快捷多样化和迅猛膨胀会产生各种信息文化,其中也不乏一些消极和反动的信息。现代大学生要提高自己的鉴别能力,汲取其中有益的文化营养,摒弃糟粕,拒绝误导,特别是要抵制网络中传播的反动、虚假、色情、恐怖等有害信息。

2. 反对盗版

有些程序是免费提供给所有人的,这类软件被称为自由软件。另一类软件叫作共享软件,他的创作者具有版权。有些共享软件会先提供一段试用期供用户使用,如果用户试用后仍想继续使用需按要求登录并付费。大部分软件都是有版权的软件,非法复制有版权的软件叫作盗版软件,有关法律禁止有版权软件不付费的复制和使用。

3. 坚决避免计算机犯罪

计算机和信息技术带来了新的犯罪。一些计算机爱好者未经授权就对特定的计算机系统进行访问,甚至修改或破坏系统的数据,这类人被称为"黑客"。无论是否造成伤害,这种行为都是违法的。

还有一些计算机病毒制造者设计出通过 Internet 发送的新病毒。计算机病毒是指可以自我复制,能制造计算机系统故障的一段计算机程序,与普通程序不同之处在于它在计算机运行时具有自我复制能力,能将病毒程序复制到其他不带有病毒的程序中,即具有传染能力。制造以及故意传播计算机病毒都会受到法律的相应制裁。

1.6.3　计算机与教育

1. 计算机教育对社会生存能力的促进

计算机能力是指利用计算机解决问题的能力,如文字处理能力、各类软件的使用能力、数据处理和分析能力、资料数据查询和获取能力、信息归类和筛选能力等。生活工作中方方面面都会使用到计算机。目前,越来越多的公司要求员工使用计算机交流、汇报、召开会议;学生需要通过网络提交电子版作业以及上机考试;越来越多的人开始使用计算机玩游戏、炒股票、购物等。在信息社会,无论在哪个行业工作,不具备计算机能力的人在生活和工作中都会欠缺竞争力,无法适应社会发展的需要。

2. 计算机教育对思维的培养

大学教育的目标是通过教育对学生未来的发展有所贡献。如果仅关注应用技能的学习难以满足各专业学生未来计算能力的需求,难以跨越通用计算手段到专业计算手段应用和研究之间的鸿沟。在计算机教学中,更重要的是计算思维的培养。例如,计算机工作原理有助于学生形成构造系统和优化系统的思维;"算法"和"系统"有助于学生形成层次化、结构化、对象化的求解问题的思维;"数据化"和"网络化"有助于学生形成数据聚集与分析、网络化获取数据与网络化服务的思维。

3. 计算机对其他学科的作用

在信息化的今天,几乎所有专业都与计算机息息相关,计算机教育不仅面对计算机专业学生,而是所有专业学生都要学习、掌握的知识和能力。如同数学在培养学生逻辑思维、抽象思维上发挥了重要作用一样,计算机也具有抽象性、逻辑性和系统性。更重要的是,计算机教学使学生能够用现代化工具和方法分析、解决专业问题,进而提升学生的创新意识和能力。

综上所述,计算机教育有助于计算思维能力的培养,有助于改变仅仅掌握操作技能而缺乏创新的现状,有助于改变不同学科的人们对各自领域的认识和思考方式,进一步完成更具有创造性的工作。

1.7 本章小结

本章对计算机知识进行了概述性介绍,主要介绍计算机的产生和发展、计算机的特点类型和应用领域、计算思维的概念及应用以及计算机文化。

从第一台电子数字式计算机 ENIAC 诞生以来,主要电子器件相继经历了真空电子管、晶体管、中小规模集成电路和大规模、超大规模集成电路这 4 个阶段。计算机能够如此快速地发展并广泛应用,是由于它的自身特点决定的。与其他计算工具相比,计算机主要有运算速度快、计算精度高、记忆能力强、具有逻辑判断能力、能够自动工作等特点。目前计算机的应用已广泛而深入地渗透到人类社会的各个领域,从科研、生产、国防、文化、教育、卫生直到家庭生活都离不开计算机提供的服务。

计算机教育,就是要使学生通过了解计算机原理和操作方法,去处理信息,去进行学科创新。而只有思维活跃,才能融会贯通、推陈出新。在本章的学习中要改变用简单工具和技术的眼光看待计算机文化,要着眼于思维这一"内在化"的关键来提高对计算机的认识,从人类"思维"和"能力"的高度来认识计算机的意义。

1.8 赋能加油站与扩展阅读

赋能加油站

扩展阅读

1.9 习题与思考

1. 什么是计算和计算机?什么是计算机科学和计算科学?什么是计算机学科?有什么差异?

2. 计算机的发展经历了哪几个阶段?各阶段的主要特征是什么?

3. 简述计算机的几种主要类型,它们的主要应用领域是什么?

4. 举出两个实例,说明如何在未来应用人工智能提高人们生活质量。

5. 什么是可计算性?请举出两个不可计算的问题。

6. 简述通过计算机基础课程培养计算思维能力的方法和过程。

7. 简述"像计算机科学家一样思考"的含义。

8. 举一个计算机与某个学科结合而开辟出新的研究领域的例子,并简述该研究领域的发展历程。

9. 在上网时,为什么一定要遵守文明公约,怎样做才是文明上网?

10. 近年来,为什么 CPU 技术的发展不再单单追求提高主频了,而将关注点放在控制 CPU 的功耗上? 导致这个变化的因素很多,请尽可能多地简述。如何综合平衡 CPU 的性能和功耗是当今计算机技术的前沿问题,查找资料,思考并分析该问题。

第2章　计算机信息表示

在对信息数据进行处理的过程中,无论输入、传输还是存储都是利用电子设备的电磁物理稳定特性,对信息数据进行数字化加工才能完成,所以需要规划统一的信息数据表示或编码。学习计算机信息表示的相关知识对理解计算机工作原理和有效地利用计算机进行数据处理有重要意义。本章针对计算机信息在计算机中是如何表示的,首先介绍了计算机中常用的数制及其相互转化规则;接着讲解了数值数据,包括正负数和小数在计算机中是怎样表示和存储的;然后讲解了字符、汉字的编码和图形图像、音频、视频的数字化;最后讲解了一维条形码、二维条形码等新型编码。

2.1　0与1的信息世界

2.1.1　信息表示的基础

信息社会重要的技术基础就是数字化。数字化的基本过程就是用二进制编码对文字、数值、图形图像、声音、影像等进行表达、存储、传输和处理。其核心思想和技术就是利用计算机的数字逻辑世界来映射现实物理世界。在学习计算机中的数据如何表示之前,首先要了解一些关于数据表示的基本概念。

1. 数据和信息

数据就是表示人、事件、事物和思想等的物理符号,如描述一个人时会以"身高160cm,体重50kg"来描述,通过160cm和50kg这两个数据可以得到对这个人的客观印象。为了描述更丰富的客观世界,需要多样化的数据,所以数据不仅指数字,而且包括字符、文字、图形等。而信息可以向人们或机器提供关于现实世界的新知识,它是人类可以理解的、有特殊含义的数据。

数据和信息之间是相互联系的。数据是信息的具体表现形式,数据经过加工处理后就成为信息;而信息要经过数字化转变成数据,才能存储和传输。数据和信息又是有区别的。数据是数据采集时提供的,而信息是从采集的数据中获取的有用信息。从信息论的观点来看描述信息的数据是信息和数据冗余之和;即数据＝信息＋数据冗余。

2. 模拟和数字

数字数据是指转换成离散数字(如0和1的序列)的数据。与之相反,模拟数据是使用无限的数值范围进行表示的。例如,传统电灯开关只有开或关两种离散状态,没有任何中间状态,这种电灯开关是数字的;而调光器开关有一个可旋转刻度盘,可以控制连续范围内的亮度,这种开关就是模拟的。现实生活中的图像、声音和视频,都是连续的,是模拟数据,要想让计算机存储和处理,需要对其离散化和数字化。

3. 编码

在计算机硬件中,为了数据存储、管理和分析,将信息转换为编码值的过程(最典型的是转换为数字)称为编码。在数字化社会,人们生活中处处可见编码的存在,如邮政编码、电话号码、身份证号码、学号、工号等都属于编码。

编码具有 3 个主要特征,即唯一性、规律性和公共性。唯一性是指每种组合都有确定的唯一的含义;规律性是指编码应有一定的规律和一定的编码规则;公共性是指所有相关者都认同、遵守和使用这种编码。

合理的编码可以节省存储空间提高使用效率,不合理的编码会带来巨大的麻烦。例如曾经的"千年虫"事件,最开始为了节约空间,计算机中用两位数存储年份,但到了 2000 年时,这种方法无法唯一地识别年份,当系统进行跨世纪的日期处理运算时(比如两个日期之间的计算),就会出现错误的结果,进而引发系统功能紊乱甚至崩溃。这就是一个编码设计不当,后期让人们付出了大量的人力物力来解决的典型例子。

2.1.2　0 和 1

二进制数制系统只允许数字设备使用 0 和 1 的序列来表示任意数字。那么,为什么一定要经过一个进制转换过程呢? 为什么只能用二进制而不能用人们日常生活中熟悉的十进制呢? 原因如下所述。

1. 电路中容易实现

当计算机工作时,电路通电工作,于是每个输出端都有了电压。电压的高低通过模数转换即转换成了二进制:高电平用 1 表示,低电平用 0 表示。也就是说将模拟电路转换成数字电路。电路只要能识别高、低就可以用 1 和 0 来表示。

2. 便于进行加、减运算和计数编码

二进制被具有两种稳定状态的元件表示,如电脉冲电平的高低、晶体管的导通和截止、继电器的接通和断开等都可以用于表示二进制,而要找到具有 10 种稳定状态的元件来对应十进制的 10 个数就很难了。此外,与十进制数相比较,二进制数运算规则更简单,有利于简化计算机内部结构,提高运算速度。

3. 适合逻辑运算

逻辑运算的理论基础是逻辑代数,二进制只有两个数码,正好与逻辑代数中的真和假相吻合。

4. 物理上最易实现存储

二进制在物理上最易实现存储,通过表面的凹凸、磁极的取向、光照的有无等都可实现

二进制的记录。例如,对于只写一次的光盘,可以用激光束依靠热的作用融化盘片表面上的碲合金薄膜,在薄膜上形成小洞(凹坑),记录为1,原来的位置表示记录为0。

5. 抗干扰能力强

因为每位数据只有高低两个状态,当受到一定程度的干扰时,仍能可靠地分辨出它是高还是低。

综上所述,计算机内部采用二进制是最好的选择。进入计算机的各种数据都要先进行二进制"编码"的转换;从计算机输出的数据要进行逆向的"解码"的转换。

2.2 计算机中的数制与运算

要使计算机能够运算,必须对信息数据进行可行的编码表示,在这个过程中必然要使用到进位计数制。二进制数据与十进制数据是一一映射的,不同进制数据间可以转换。

2.2.1 计算机中的数制

1. 数制的概念

以表示数值所用的数字符号的个数来命名,并按一定进位规则进行计数的方法叫作进位计数制,简称为数制。在日常生活中,通常以十进制进行计数,"逢十进一"(向高位)。此外,还有许多非十进制的计数方法。例如,计算时间60s为1min、60min为1h,使用的是六十进制;7天为1个星期,使用的是七进制计数法;中国老秤十六市两进为1市斤,使用的是十六进制等。

每一种数制都有它的基数和各数位的位权。所谓某进位制的基数是指该进制中允许使用的基本数码的个数。例如,十进制数由十个数字组成,即0、1、2、3、4、5、6、7、8、9,十进制的基数就是10,"逢十进一"。而数制中每一个数值所具有的值称为数制的位权。例如,十进制中整数部分第1位位权为1,第2位位权为10,第3位位权为100。

在采用进位计数的数制系统中,如果用 R 个基本符号,例如:0、1、2、$R-1$ 表示数值,则称其为基 R 数制,R 成为该数制的基。例如取 $R=2$,即基本符号为0、1,则为二进制数。

2. 常用进位计数制

计算机内部使用的是二进制,而二进制也有它的缺点。首先,二进制数书写起来很长,读起来也不方便;其次,二进制与生活中的十进制的转化过程比较麻烦。为了克服这些问题,在计算机中引入了八进制和十六进制。

1) 二进制

二进制由0和1两个数码表示,二进制的基数就是2,"逢二进一"。二进制的位权是 2^i(i 为小数点前后的位序号,以下同)。

2) 八进制

八进制由8个数码表示,即0,1,2,3,4,5,6,7这8个数字组成,八进制的基数就是8,"逢八进一",八进制的位权是 8^i。因为 $8=2^3$,即1位八进制数对应3位二进制数,所以八进制在计算机中作为过渡数制使用。

3）十进制

十进制由 10 个数码表示，即 0,1,2,3,4,5,6,7,8,9 这 10 个数字组成，十进制的基数就是 10，"逢十进一"。十进制的位权是 10^i。

4）十六进制

十六进制由 16 个数码表示，而常用的阿拉伯数字只有 10 个，即 0～9。所以用英文字母 A,B,C,D,E,F 代表另外 6 个数码，对应十进制中的 10,11,12,13,14,15。即十六进制的基数就是 16，"逢十六进一"。十六进制的位权是 16^i。因为 $16=2^4$，即 1 位十六进制数对应 4 位二进制数。

需要注意的是，尽管计算机中涉及的进制有二进制、八进制、十进制和十六进制等不同的进制，但在学习过程中一定要明确计算机硬件能够直接识别和处理的进制是二进制。

各种数制表示的相互关系如表 2-1 所示。

表 2-1　各种数制表示的相互关系

二进制数	十进制数	八进制数	十六进制数
0	0	0	0
1	1	1	1
10	2	2	2
11	3	3	3
100	4	4	4
101	5	5	5
110	6	6	6
111	7	7	7
1000	8	10	8
1001	9	11	9
1010	10	12	A
1011	11	13	B
1100	12	14	C
1101	13	15	D
1110	14	16	E
1111	15	17	F
10000	16	20	10

2.2.2　不同数制之间的转换

同一个数在不同进位制中的表示形式是不同的。由于计算机采用二进制，而日常生活或数学中人们习惯采用十进制，所以在实际应用中，有时需要将数在不同进制之间进行转化。这种将一种进位计数制转换成另一种进位计数制的过程，称为数制转换。

不同的数制具有共同的特点。首先，每一种数制都有固定的符号集，称为数码；其次，都是用位置表示法，即处于不同位置的数码所代表的值不同，与它所在位置的权值有关。

例如，十进制数 $(123.45)_D$ 可以用如下形式表示。

$$(123.45)_D = 1 \times 10^2 + 2 \times 10^1 + 3 \times 10^0 + 4 \times 10^{-1} + 5 \times 10^{-2}$$

在此例中,1 在百位,表示 100(即 1×10^2);2 在十位,表示 20(即 2×10^1);3 在个位,表示 3(即 3×10^0);4 在小数点后的第 1 位,表示 0.4(即 4×10^{-1});5 在小数点后第 2 位,表示 0.05(即 5×10^{-2})。

可以看出,进位计数制中的权值恰好是基数的某次幂。因此,对任何一种进位计数制表示的数都可以写出按其权展开的多项式之和,任意一个 R 进制数 N 可表示如下:

$$N = a_n \cdots a_1 a_0 . a_{-1} \cdots a_{-m} (R)$$

$$= a_n \times R^n + \cdots + a_1 \times R^1 + a_0 \times R^0 + a_{-1} \times R^{-1} + \cdots + a_{-m} \times R^{-m} \qquad (2\text{-}1)$$

式(2-1)中的 a_i 是数码,R 是基数,R^i 是权;不同的基数,表示是不同的进制;n 为整数部分的位数,m 为小数部分的位数。在基数为 R 的进位计数制中,是根据"逢 R 进一"或"逢基进一"的原则进行计数的。表 2-2 所示的是计算机中常用的几种进位计数制。

表 2-2 计算机中常用的几种进位计数制

进位计数制	二 进 制	八 进 制	十 进 制	十 六 进 制
规则	逢二进一	逢八进一	逢十进一	逢十六进一
基数	2	8	10	16
数码	0,1	0,1,2,…,7	0,1,2,…,9	0,1,2,…,9,A,B,C,D,E,F
位权	2^i	8^i	10^i	16^i
右下角标识	2 或 B	8 或 O	10 或 D 或不写	16 或 H

1. 二、八、十六进制数(非十进制数)转换为十进制数

R 进制转化成十进制的方法:将 R 进制数按照(式 2-1)写成按权展开式,各位数码乘以各自的权值,累加后得到该 R 进制数对应的十进制数。

【例 2-1】 将二进制数 $(1101.011)_B$ 转换成十进制数。采用按权展开法,过程如下:

$$(1101.011)_B = 1 \times 2^3 + 1 \times 2^2 + 0 \times 2^1 + 1 \times 2^0 + 0 \times 2^{-1} + 1 \times 2^{-2} + 1 \times 2^{-3}$$

$$= 8 + 4 + 0 + 1 + 0 + 0.25 + 0.125$$

$$= (13.375)_D$$

说明:由于二进制每位的位权是 2^i,整数部分从低位向高位的位权分别为 1,2,4,8,16,32,64,128…;而且,每位的数符只有 0 和 1,0 乘以任何数都等于 0,1 乘以任何数都等于它本身。所以,二进制向十进制转化时,可以将每位的位权标注在每个二进制数码下方,然后将所在位数码为 1 的位权进行累加,这样可以快速将二进制数转化为对应十进制数。

【例 2-2】 将八进制数 $(5675)_O$ 转换成十进制数。

$$(5675)_O = 5 \times 8^3 + 6 \times 8^2 + 7 \times 8^1 + 5 \times 8^0$$

$$= 2560 + 384 + 56 + 5$$

$$= (3005)_D$$

【例 2-3】 将十六进制数 $(3B)_H$ 转换成十进制数。

$$(3B)_H = 3 \times 16^1 + 11 \times 16^0$$

$$= 48 + 11$$

$$= (59)_D$$

2. 十进制数转换为二、八、十六进制数（非十进制数）

十进制转化成 R 进制的方法：将整数部分和小数部分分别进行转换，然后再组合起来。

整数部分除以 R 取余数，即将十进制整数不断除以 R 取余数，直到商为 0 为止；余数自右向左排列，第一次得到的余数排在最右侧，这种方法称为"除 R 取余"法。

小数部分乘以 R 取整数，即将十进制小数不断乘以 R 取整数，直到小数部分为 0 或达到所求精度为止；得到的整数从小数点自左到右排列，首次获得的整数在最左侧，这种方法称为"乘 R 取整"法。

【例 2-4】 将十进制数$(25.3125)_D$转换为二进制数。

整数部分的转换（除 2 取余法）：除以 2 取余数，直到商为 0，余数从右到左排列。

```
整数部分：    除数  被除数    余数
              2  |  25
              2  |  12  ──→ 1    低位
              2  |   6  ──→ 0
              2  |   3  ──→ 0
              2  |   1  ──→ 1
                 |   0  ──→ 1    高位
```

$(25)_D = (11001)_B$ 先取的余数为低位，后取的余数为高位。

小数部分的转换（乘 2 取整法）：乘以 2 取整数，整数从左到右排列。

```
小数部分：      乘2         整数
              0.3125
          ×       2
              0.6250  ──→ 0    高位
          ×       2
              1.2500  ──→ 1
          ×       2
              0.5000  ──→ 0
          ×       2
              1.0000  ──→ 1    低位
```

$(0.3125)_D = (0.0101)_B$ 先取的整数为高位，后取的整数为低位。

则$(25.3125)_D = (11001)_B + (0.0101)_B = (11001.0101)_B$

说明： 小数部分转化每次都是将整数部分取出，用剩余的小数部分继续"乘 R 取整"；本题中最后小数部分为 0，转化终止，而有些数据转化时可能小数部分永远不会为 0，这时小数转化后是不精确的，保留几位小数应根据用户需要而定。

【例 2-5】 将十进制数$(166)_D$转换为十六进制数。

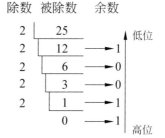

```
整数部分：    除数   被除数   余数
            16  |  166                    低位
            16  |   10  ──→ 6
                |    0  ──→ 10(A)         高位
```

$(166)_D = (A6)_H$

说明：十六进制数据中用数符 A 表示 10。

3．二进制和八进制、十六进制间的转换

八进制的基数 $8 = 2^3$，十六进制的基数 $16 = 2^4$，都是 2 的整数次幂，由于这种特性八进制、十六进制同二进制之间的转换极为方便。

因为八进制最大数 $(7)_O$ 可以写成 3 位二进制数 $(111)_B$，所以二进制数和八进制数转换时，可以按"3 位并 1 位"的方法进行，每位八进制数可以直接对应 3 位二进制数。同理，十六进制最大数 $(F)_H$ 可以写成 4 位二进制数 $(1111)_B$，所以二进制数和十六进制数转换时，按"4 位并 1 位"的方法进行，每位十六进制数可以直接对应 4 位二进制数。

1）二进制转化成八进制和十六进制

转换方法：从小数点开始，按整数部分自右向左、小数部分自左向右分组，若是要转化为八进制则 3 位二进制一组，若是要转化为十六进制则 4 位二进制为一组，位数不足的整数部分高位补零，小数部分低位补 0。然后按照对应位置写出每组二进制数对应的八进制或十六进制数值，小数点位置不变。

【例 2-6】　将二进制数 $(1101101110.110101)_B$ 转换为八进制数和十六进制数。

$$(\underline{001}\quad\underline{101}\quad\underline{101}\quad\underline{110}.\underline{110}\quad\underline{101})_B = (1556.65)_O$$
$$\quad\ 1\qquad 5\qquad 5\qquad 6\ .\ 6\qquad 5$$

$$(\underline{0011}\quad\underline{0110}\quad\underline{1110}.\underline{1101}\quad\underline{0100})_B = (36E.D4)_H$$
$$\quad\ \ 3\qquad\ \ 6\qquad\ \ E\ .\ D\qquad 4$$

说明：分组时如果高位或低位不足位数时要用"0"补齐，如例 2-6 中二进制向十六进制转换时，最右端"01"不足 4 位，要填 0 补为"0100"，对应的十六进制数为 4。切不可不补齐，直接得出"01"对应的十六进制数 1。

2）八进制和十六进制转化成二进制

转换方法：将每位八进制数用对应的 3 位二进制数取代。同理，将每位十六进制数用对应的 4 位二进制数取代。小数点位置不变。

【例 2-7】　分别将十六进制数 $(2C.1D)_H$ 和八进制数 $(71.23)_O$ 转换为二进制数。

$$(2C.1D)_H = (\underline{0010}\ \underline{1100}.\underline{0001}\quad\underline{1101})_B$$
$$\qquad\qquad\quad\ 2\quad\ C\ .\ 1\qquad\ D$$

$$(71.23)_O = (\underline{111}\ \underline{001}.\underline{010}\ \underline{011})_B$$
$$\qquad\qquad\ \ 7\quad 1\ .\ 2\quad 3$$

说明：转换后整数前的高位 0 和小数后的低位 0 无意义，在最后整理结果时可以取消。

2.2.3　二进制数的算术运算和逻辑运算

1．算术运算

二进制的算术运算与十进制的算术运算一样，包括加、减、乘、除四则运算。而且二进制数只有 0 和 1 两个数码，所以运算规则比十进制数运算规则简单许多。

1）加法运算

规则：$0+0=0$；$0+1=1$；$1+0=1$；

$1+1=10$（被加数和加数都为 1，结果本位为 0，"逢二进一"，向高位进位 1）。

【例 2-8】　二进制数$(1101)_B$ 和$(1011)_B$ 相加。

$$(1101)_B + (1011)_B = (11000)_B$$

被加数　　　　　　$(1\ 1\ 0\ 1)_B$……$(13)_D$

加数　　　　　　　$(1\ 0\ 1\ 1)_B$……$(11)_D$

进位　　　　　$+\ 1\ 1\ 1\ 1$

和数　　　　　　　$(1\ 1\ 0\ 0\ 0)_B$……$(24)_D$

说明：两个二进制数相加时，与计算两个十进制数的加法相似，列出加法算式，末位对齐，按照由低位到高位的顺序，根据二进制求和法则把两个数逐位相加。下面减法运算过程与其相似。

2）减法运算

规则：$0-0=0$；$1-0=1$；$1-1=0$；$10-1=1$。

【例 2-9】　二进制数$(1101)_B$ 和$(0110)_B$ 相减。

$$(1101)_B - (0110)_B = (0111)_B$$

被减数　　　　　　$(1\ 1\ 0\ 1)_B$……$(13)_D$

减数　　　　　　　$(0\ 1\ 1\ 0)_B$……$(6)_D$

借位　　　　　$-\ 1\ 1\ 0$

差数　　　　　　　$(0\ 1\ 1\ 1)_B$……$(7)_D$

3）乘法运算

规则：$0\times0=0$；$0\times1=0$；$1\times0=0$；$1\times1=1$。

【例 2-10】　二进制数$(1101)_B$ 和$(110)_B$ 相乘。

$$(1101)_B \times (110)_B = (1001110)_B$$

被乘数　　　　　　　$(1\ 1\ 0\ 1)_B$……$(13)_D$

乘数　　　　　　$\times(\ \ \ 1\ 1\ 0)_B$……$(\ 6)_D$

部分积　　　　　　$0\ 0\ 0\ 0$

　　　　　　　$1\ \ 1\ 0\ 1$

　　　　　　$1\ 1\ \ 0\ 1$

乘积　　　$(1\ \ \ 0\ 0\ \ 1\ 1\ 1\ 0)_B$……$(78)_D$

说明：乘法运算时，末位对齐列出乘法运算式，用乘数的每一位去乘被乘数，乘得的中间结果的最低有效位与相应的乘数位对齐。最后把各部分积累加，得到最后乘积。计算机内的乘法运算一般是由"加法"和"移位"两种操作结合实现的。

4）除法运算

规则：$0\div1=0$；$1\div1=1$。

【例 2-11】　二进制数$(11011)_B$ 和$(101)_B$ 相除。

$$(11011)_B \div (101)_B = (101)_B \text{ 余 } 10$$

$$\begin{array}{r} 101 \qquad\qquad \cdots\cdots\text{商}(5)_D \\ \text{除数}(5)_D\cdots\cdots \quad 101\overline{)11011} \qquad \cdots\cdots\text{被除数}(27)_D \\ \underline{101}\qquad\qquad\qquad \\ 111 \qquad\qquad\quad \\ \underline{101}\qquad\qquad \\ 10 \qquad\quad \cdots\cdots\text{余数}(2)_D \end{array}$$

说明：除法运算时,从除数的最高位开始检查,找到超过除数的数位,商标记为1,用被除数减除数,然后把被除数的下一位移到余数上,再次判断余数是否能够减除数,余数够减除数商为1,不够商为0。如此重复将被除数下一位移到余数上的操作,直到所有被除数的位都移完为止。除法其实就是乘法的逆运算。

2. 逻辑运算

计算机中除了进行加、减、乘、除基本算术运算外,还可进行逻辑运算,又称为布尔运算。19世纪的英国数学家布尔用数学方法研究针对"因果关系"进行分析的逻辑问题,这一理论被称为布尔代数,它的产生为数字计算机的电路设计提供了理论基础。逻辑代数以表示"真"和"假"的逻辑量为研究对象,与普通代数相似,有一套运算规则,但普通代数演算的是数值关系,而逻辑代数演算的是逻辑关系。

计算机中一般使用二进制的"1"和"0"来表示逻辑量"真"和"假",若干位二进制数组成逻辑数据。对两个逻辑数据进行运算时,位与位之间相互独立,运算是按位进行的,没有进位和借位,运算的结果也是逻辑数据。常用的逻辑运算有"与"运算、"或"运算、"非"运算。任何其他复杂的逻辑关系,如异或、同或、或非等都可由这3种基本关系组成。

1）逻辑"与"

逻辑"与"也称为逻辑乘,使用的运算符有"$\wedge$"或者"$\cap$",均读为"与"。它的运算规则是只有当参加运算的两个数都是1时,"与"的结果才为1;否则,结果为0。

规则：$0\wedge1=0$；$0\wedge0=0$；$1\wedge1=1$；$1\wedge0=0$。

【例2-12】 1100与1011运算过程。

$$1100\wedge1011=1000$$

$$\begin{array}{r} 1\ 1\ 0\ 0 \\ \underline{\wedge\ 1\ 0\ 1\ 1} \\ 1\ 0\ 0\ 0 \end{array}$$

2）逻辑"或"

逻辑"或"也称为逻辑加,使用的运算符有"$\vee$"或者"$\cup$",均读为"或"。它的运算规则是当参加运算的两个数中至少有一个为1时,"或"的结果为1;当两个数同时为0时,结果为0。

规则：$0\vee0=0$；$0\vee1=1$；$1\vee0=1$；$1\vee1=1$。

【例2-13】 1001或1101运算过程。

$$1001\vee1101=1101$$

$$\begin{array}{r} 1\ 0\ 0\ 1 \\ \underline{\vee\ 1\ 1\ 0\ 1} \\ 1\ 1\ 0\ 1 \end{array}$$

3）逻辑"非"

逻辑"非"也称为取反。当逻辑数位的值为 1 时,"非"运算的结果为 0;逻辑数位的值为 0 时,"非"运算的结果为 1。使用的运算符为"～",称为"非"号。

规则:～0＝1;～1＝0。

【例 2-14】　X＝1001,非 X 运算过程。

　　　　　　　　X＝1001,则～X＝0110。

逻辑值又称为真值,在逻辑运算中,把逻辑量的各种可能组合与对应的运算结果列成表格,这样的表格叫作真值表。上述"与""或""非"运算的逻辑运算真值表如表 2-3 所示。

表 2-3　逻辑运算真值表

a	b	～a	a∧b	a∨b
1	1	0	1	1
1	0	0	0	1
0	1	1	0	1
0	0	1	0	0

2.3　数值的表示

在现实生活中经常用到数值型数据,如学生成绩、教师人数、实发工资等,这些数值有整数和小数,正数和负数之分。然而计算机中只能存取"0"和"1",那么,负数和小数在计算机中该怎么表示呢?

2.3.1　数据存储单位

1. 位(b)

在计算机的内部,信息的最小单位是一个二进制位。一位可存储一个二进制数 0 或 1。

2. 字节(B)

通常将 8 个二进制位编成一组称为 1 字节。字节是计算机中数据处理的基本单位,计算机中以字节为单位存储和解释信息。随着大数据时代的到来,对数据存储的容量要求越来越高。

数据存储单位按从小到大的顺序分别为 b(位)、B(字节)、KB(千字节)、MB(兆字节)、GB(吉字节,又称为千兆字节)、TB(太字节)、PB(拍字节)、EB(艾字节)、ZB(泽字节)、YB(尧字节)、BB(一千亿亿亿字节)等。它们按照进率 1024(2^{10})来计算,换算关系如下所述。

8b＝1B

1KB＝1 024B

1MB＝1 024KB＝1 048 576B

1GB＝1 024MB＝1 048 576KB

1TB＝1 024GB＝1 048 576MB

1PB＝1 024TB＝1 048 576GB

1EB＝1 024PB＝1 048 576TB

1ZB＝1 024EB＝1 048 576PB

1YB＝1 024ZB＝1 048 576EB

1BB＝1 024YB＝1 048 576ZB

一般情况下,1字节存放一个西文字符,2字节存放一个中文字符;一个整数占2字节或4字节,一个双精度实数占8字节。例如,西文字符"A"二进制编码为"01000001",即编码值为65,占8个二进制位,即1字节。

传输速率一般用位表示,而存储空间一般用字节表示。例如,使用光纤连接上网的数据传输速率大概是10Gb/s左右;而购买手机时,机身存储容量有64GB、128GB等多个版本。

2.3.2 整数的表示

整数有正、负之分,通过正号和负号标识。而在计算机中,只能存取"0"和"1"两种符号。为了表示正号和负号,通常将一个数的最高位定义为符号位,用"0"表示正号,"1"表示负号,称为数符;除最高位之外的数位仍表示数值。这样转换后,一个数的符号部分和数值部分就全都数字化为0和1。

为了将一般书写表示的数和机器中这些编码表示的数区别开来,这种符号数值化了的数被称为机器数,而机器数所代表的数值被称为真值。

设有一个十进制数$(-9)_D$,它在计算机中若用1字节来表示,$(-9)_D$的机器数如图2-1所示。

数符:0为正,1为负

图2-1 $(-9)_D$的机器数

此时,10001001为机器数,而−0001001为此机器数的真值。

将正号和负号用"0"和"1"数字化表示后,计算机可以识别和表示数符了,但又带来新的问题。如果符号位同时和数值参与运算,有时会产生错误的结果。为了解决此类问题,计算机中对有符号数常采用3种表示方法,即原码、反码和补码。下面假定字长为8位,仅以整数为例,描述原码、反码和补码的表示。

1. 原码

原码编码规则:符号位用0表示正,用1表示负,数值部分不变。

例如,$[+7]_原＝00000111$　　　　$[+0]_原＝00000000$

　　　　$[-7]_原＝10000111$　　　　$[-0]_原＝10000000$

原码简单易懂,与真值之间转换方便,但也存在一些问题。

在原码表示中,0有两种表示形式。0的二义性给机器判断带来了麻烦。

使用原码进行两个异号数相加或两个同号数相减时都不方便。

【例 2-15】 34+(−33)转换为原码运算。

转换为原码后的求解过程如下：

$[34]_原=00100010$ $[-33]_原=10100001$

$$
\begin{array}{r}
0\ 0\ 1\ 0\ 0\ 0\ 1\ 0\cdots\cdots34\text{ 的原码}\\
+\quad 1\ 0\ 1\ 0\ 0\ 0\ 0\ 1\cdots\cdots-33\text{ 的原码}\\
\hline
1\ 1\ 0\ 0\ 0\ 0\ 1\ 1\cdots\cdots-67\text{ 的原码}
\end{array}
$$

计算结果符号位为"1"表示是负数；真值为"1000011"，相当于 67。所以转换成原码计算的结果为−67，而 34+(−33)的正确结果应为−1，使用原码计算，会出现错误。

为了使原码在如上情况下运算也能得出正确结果，需要将符号位提出来单独处理。当两个数做加法运算时，如果两数码符号相同，则数值相加，符号不变；如果两数符号不同，数值部分相减，绝对值大的数决定结果的符号位。这使得原码运算变得复杂。为了弥补原码的这些不足之处，引入了反码和补码。

2. 反码

反码编码规则：正数的反码与原码相同；负数的反码为其原码除符号位外的各位按位取反(0 变 1，而 1 变 0)。

例如：$[+7]_原=00000111$ $[+0]_原=00000000$

        $[-7]_原=11111000$ $[-0]_原=10000000$

使用反码表示时，数值"0"仍然有两种表示方法，数据表示的二义性仍然存在。反码运算不方便，一般不单独使用，仅作为求补过程的中间形式。

3. 补码

补码编码规则：正数的补码与其原码相同；负数的补码为其反码在其最低位加 1。

与原码和反码不同，在补码表示中，0 有唯一的编码，避免了 0 的二义性问题。

例如：$[+7]_原=00000111$ $[+0]_原=00000000$

        $[-7]_原=11111001$ $[-0]_原=00000000$

为了便于理解补码这个概念，以钟表为例。时钟有 12 个表示小时的刻度，时针沿着刻度周而复始的旋转。当时针超过 12 后，理应为 13，但因为表盘上没有 13 这个刻度，所以仍用 1 来表示，实际上时针把 12"丢掉"了，因为它把 12 作为 0 重新开始计时。当钟表时间不准了，需要"对时"。若显示为 11 点，实际时间为 3 点，可以将时针回拨 8 个格(−8)，或者顺拨 4 个格(+4)。相当于加上 4 和减去 8 可以得到相同的数值，即(−8)是 4 的补数。这就是模的概念，模数即被丢掉的数值，一般用 mod 来表示。

数学上称这种关系表达式为同余式，常表示为：

$$4\equiv-8\ (\bmod\ 12)$$

其中，mod 12 表示是以 12 为模。

根据同余式的概念可以得出：

$$11-8\equiv3\ (\bmod\ 12)$$

$$11+4\equiv15\equiv3\ (\bmod\ 12)$$

即利用"补数"可以把减法转化为加法。如果是加上一个正数,直接做加法就行;而如果要加上一个负数,要用"模"减去这个负数的值,求出对应的"补数",然后将问题转化为加上求得的补数。

【例 2-16】 将 34+(−33)转换为补码。

$[34]_原=00100010$　　　$[34]_反=00100010$　　　$[34]_补=00100010$

$[-33]_原=10100001$　　$[-33]_反=11011110$　$[-33]_补=11011111$

$$
\begin{array}{r}
0\,0\,1\,0\,0\,0\,1\,0\cdots\cdots34\,的补码 \\
+\quad 1\,1\,0\,1\,1\,1\,1\,1\cdots\cdots-33\,的补码 \\
\hline
0\,0\,0\,0\,0\,0\,0\,1\cdots\cdots1\,的补码
\end{array}
$$

计算结果符号位为"0"表示是正数,真值为"0000001",所以转换成补码计算的结果为+1,结果正确。

综上所述,原码、反码、和补码的转换规律总结如下:对于正数,原码=反码=补码;对于负数,补码=反码+1;引入补码后,使减法统一为加法。

【分析与探索】

　　补码的编码思想是把负数转化为正数,使减法变为加法,从而使正负数的加减运算转化为简单的正数相加运算。此外,用补码表示的数相加时,如果最高位(符号位)有进位,则进位被舍弃,不会改变符号位。

---

4. 取值范围

由于机器数所占的字节数是有限的,所以能表示的数值的取值范围也是有限的。例如,用 1 字节即 8 个二进制位存放机器数,第 1 位为符号位,剩下 7 位表示数值,则它能表示的最小负数是 $(1\,0000000)_B$,能表示的最大正数是$(0\,1111111)_B$。

因为　　$[1\,0000000]_补=(-128)_D$

　　　　　$[0\,1111111]_补=(127)_D$

所以,用补码表示时 1 字节存放的机器数的取值范围是−128~127($-2^7 \sim 2^7-1$),共 256 个数。如果存放的数超过了这个范围,将不能正确表示,这种错误称为"溢出"。

【例 2-17】 计算 127+1 的运算结果。

$$
\begin{array}{r}
0\,1\,1\,1\,1\,1\,1\,1\cdots\cdots127\,的补码 \\
+\quad 0\,0\,0\,0\,0\,0\,0\,1\cdots\cdots1\,的补码 \\
\hline
1\,0\,0\,0\,0\,0\,0\,0\cdots\cdots-128\,的补码
\end{array}
$$

说明:两个正整数相加,结果却变成了一个负数,原因就是结果"128"超出了该数的有效存放范围。所以存储机器数时,要根据数据的大小分配合理的内存空间。在程序设计时,一般是根据数据类型来指定数据占几字节。

2.3.3 浮点数的表示

解决了正负数的符号表示和计算问题,下面介绍小数的表示和存放问题。在计算机系

统中不是采用某个二进制位来表示小数点,而是用隐含小数点位置的方式来表达。根据小数点所在的位置是否固定,将数分为定点数和浮点数。

1. 定点数

小数点隐含在固定位置的数称为定点数。定点数分为定点整数和定点小数。定点整数是将小数点位置固定在机器数的最右边,定点整数是纯整数,如图 2-2 所示。定点小数约定小数点位置在符号位、有效数值部分之间,定点小数是指纯小数,即绝对值均小于 1 的数,如图 2-3 所示。

| 符号位 | 数值部分 |

小数点位

图 2-2　定点整数表示

| 符号位 | 数值部分 |

小数点位

图 2-3　定点小数表示

由此可见,如果单看定点整数和定点小数在计算机中的表示形式,两者是相同的,都是由符号位与数值部分组成,小数点根据事先约定而隐含在不同位置。

实际应用中定点数表示的数值范围较小,如果仅用定点数表示数据,其运算结果容易超出计算机所能表示的范围,产生溢出错误;而且当一个很大的数和一个很小的数进行“和”运算时,容易丢失精度。为了解决这些问题,引出了浮点数。

2. 浮点数

浮点数是指小数点位置不固定的数。它既有整数部分又有小数部分,其最大的特点是当用同样的字节存储数据时,浮点数比定点数表示的数值范围大。

浮点数由阶码和尾数两部分组成。阶码用定点整数来表示,阶码所占的位数决定了数能表示的范围;尾数用定点小数表示,尾数所占的位数确定了数能表示的精度。为了唯一地表示浮点数在计算机中的存放,规定尾数的最高位为 1,通过阶码进行调整。

浮点数:$N = 数符 \times 尾数 \times 2^{阶符 \times 阶码}$

计算机内浮点数的存储形式:尾数为二进制纯小数;阶码为二进制纯整数;数符和阶符用“0”表示正号,“1”表示负号。底数 2 是事先约定好的,在机器里不出现。

浮点数的格式有多种,在程序设计语言中,最常见的有如下两种类型的浮点数。

单精度浮点数(float 或 single)用 4 字节表示,阶码部分为 7 位补码定点整数,尾数部分为 23 位补码定点小数,阶符和数符各占 1 位。

双精度浮点数(double)占 8 字节,共 64 位。阶码部分占 10 位,尾数部分占 52 位,阶符和数符各占 1 位。与单精度浮点数相比,双精度浮点数占用内存空间更大,表示数的精度更高,取值范围更大。

【例 2-18】 $(6.125)_D$ 作为单精度浮点数在计算机内的表示。

十进制转化为二进制:$(6.125)_D = (110.001)_B$

格式化:$110.001 = +0.110001 \times 2^{+11}$

其单精度浮点数表示形式,如图 2-4 所示。

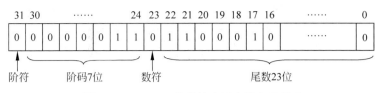

图 2-4 (6.125)$_D$ 的单精度浮点数表示形式

2.4 字符编码

字符型信息包括数字、字母、符号和汉字,即所有不可做算术运算的数据。它们在计算机中都是用二进制数编码的形式来表示的,并为此制定了标准。

2.4.1 西文与符号的编码

1. ASCII 码

计算机中常用的字符编码是 ASCII 码(American Standard Code for Information Interchange,美国标准信息交换代码),它是基于罗马字母表的一套计算机编码系统,是目前最通用的单字节编码系统,尤其在微型计算机中获得广泛应用。标准的 ASCII 码表如表 2-4 所示(其排列次序为 $D_6D_5D_4D_3D_2D_1D_0$,其中 D_0 为低位)。

表 2-4 标准的 ASCII 码表

$D_3D_2D_1D_0$	$D_6D_5D_4$							
	000	001	010	011	100	101	110	111
0000	NUL	DLE	SP	0	@	P	、	p
0001	SOH	DC1	!	1	A	Q	a	q
0010	STX	DC2	"	2	B	R	b	r
0011	ETX	DC3	#	3	C	S	c	s
0100	EOT	DC4	$	4	D	T	d	t
0101	ENQ	NAK	%	5	E	U	e	u
0110	ACK	SYN	&	6	F	V	f	v
0111	BEL	ETB	'	7	G	W	g	w
1000	BS	CAN	(	8	H	X	h	x
1001	HT	EM	)	9	I	Y	i	y
1010	LF	SUB	*	:	J	Z	j	z
1011	VT	ESC	+	;	K	[	k	{
1100	FF	FS	'	<	L	\	l	|
1101	CR	GS	—	=	M	]	m	}
1110	SO	RS	.	>	N	↑	n	~
1111	SI	US	/	?	O	↓	o	DEL

ASCII 码采用 7 位二进制数进行编码,可以组成 128(即 2^7)种不同的二进制码,每个二进制码对应代表一个字符,其中的 94 个编码分别对应键盘上可输入,并可以显示和打印的

94 个字符(包括大、小写各 26 个英文字母,0～9 共 10 个数字,32 个通用运算符和标点符号等)及 34 个控制代码。要确定某个字符的 ASCII 码时,可以在表中先找到想要查询的字符,然后确定它所在位置对应的列和行,根据列确定高位码($D_6D_5D_4$),根据行确定低位码($D_3D_2D_1D_0$),最后将高位码和低位码合在一起就是该字符的 ASCII 码。

计算机内部存储和操作常以字节为单位,即 8 个二进制位,因此一个字符在计算机内实际是以 8 位表示的,最高位置为 0。例如,'a'字符的编码为 01100001,对应的十进制数是 97。常用字符 ASCII 码值对应的十六进制数值和十进制数值如表 2-5 所示。

表 2-5　常用字符 ASCII 码值对应的十六进制数值和十进制数值

常 用 字 符	十六进制数值	十进制数值
空格	20H	32
'0'～'9'	30H～39H	48～57
'A'～'Z'	41H～5AH	65～90
'a'～'z'	61H～7AH	97～122

可以看出,这些字符中,'0'～'9'、'A'～'Z'、'a'～'z'都是顺序递增的,而且每个小写字母比对应的大写字母大 32,即所有小写字母第 5 位 D_5 为 1,所有大写字母第 5 位 D_5 为 0,这样编码有助于大、小写之间的转换。

由于采用 ASCII 码没有用到最高位 D_7,很多系统就利用这一位作为校验码,以便提高字符信息传输的可靠性。而扩展的 ASCII 码采用 8 位,取最高位为 1,又可以表示 128 个符号,表示数的范围为 128～255。8 位 ASCII 码主要用于表示一些制表符或是用作各国国家语言字符的代码。

2. EBCDIC 码

西文字符除了常用的 ASCII 码外,还有另外一种 EBCDIC 码(Extended Binary Coded Decimal Interchange Code,扩展的二-十进制交换码),主要用在 IBM 公司的计算机中。采用 EBCDIC 码编码时一个字符占 1 字节,用 8 位二进制码表示信息,最多可以表示 256 个不同代码,但只选用其中的一部分。

例如,数字'0'的 EBCDIC 码为 1111 0000,即十六进制 F0H;字母'A'的 EBCDIC 码为 1100 0001,即十六进制 C1H。

2.4.2　中文与符号的编码

汉字是象形文字,而且汉字集非常庞大。由于汉字的特殊性,计算机在处理汉字时,汉字在输入、处理和输出过程中对汉字编码的要求各不相同,需要进行一系列的汉字编码及转换。

1. 汉字输入码

汉字与英文字母不同,键盘上没有汉字,不能直接利用键盘输入,这就需要利用键盘输入汉字时对汉字编码。汉字输入码(即外码)就是利用计算机键盘进行汉字输入的一种编码方案,一般认为有如下 4 种。

（1）数字编码：如电报码、区位码。它的优点是无重码，缺点是难记忆，使用范围很小。

（2）字音编码：字音编码是一类以汉字拼音为基础的编码方案，这也是目前的主流汉字输入法（如全拼输入法、微软拼音输入法、搜狗拼音输入法等）。它易学易用，但重码率高。

（3）字形编码：字形编码是按照汉字的字形特点进行分解，对汉字的构字部件进行编码，如五笔字型法、郑码输入法等。五笔字型是一种典型的字形编码，其特点是经过训练后输入汉字的速度最快，但需经过较长时间的学习和训练。

（4）混合编码：现代许多输入法为了获取良好的汉字输入效率和市场占有率，结合上述编码方式的优点，形成混合类型的编码方案。如自然码，综合了字音和字形两种方案的特点。

在输入汉字之前，用户选定一种汉字输入法，即启动了一种汉字输入驱动程序，计算机即可识别相应的输入码。

2．汉字存储和处理的编码

输入码被接受后就由汉字操作系统的"输入码转换模块"转换为机内码，与所采用的输入法无关。机内码是汉字最基本的编码，不管是什么汉字系统和汉字输入法，汉字外码输入到机器内部时，都要转换成机内码，才能被存储和进行各种处理。

西文字符较少，用7个二进制编码就可以表示了，而常用的汉字有4 000～5 000个，因此汉字字符集至少要用2字节进行编码。

1）国标码和区位码

1980年，由中国国家标准总局发布的《信息交换用汉字编码字符集—基本集》（标准号为GB 2312—1980），是中文信息处理的国家标准，简称为国标码，也称为GB码。国标码使用每字节的低7位，2字节可以表示$128 \times 128 = 16\ 384$个不同符号。在国标码表中，共收录了一、二级汉字和图形符号7 445个，分为两级。其中，一级汉字3 755个，二级汉字3 008个，图形符号682个。

将全部国标汉字和图形符号排列在94×94的矩阵内，把行号称为区号，把列号称为位号，并用十进制表示，即组成了区位码。区位码可以唯一地确定某一个汉字或符号；相应地，任何一个汉字或符号都对应一个唯一的区位码，没有重码。如"保"字在第17区第3位，区位码即为1 703。

国标码和区位码是两个不同的概念，国标码是一个4位十六进制数，区位码是一个4位的十进制数，但因为十六进制数很少使用，所以大家熟悉的是区位码。由区位码转换为国标码的方法为：先将十进制区码和位码转换为十六进制的区码和位码，这样就得了一个与国标码有一个相对位置差的代码，再将这个代码的第一个字节和第二个字节分别加上20H，就得到对应的国标码。

2）机内码

机内码是指计算机系统内部用于处理和存储汉字的代码。在汉字输入时，根据输入码通过计算或查找输入码表，完成输入码到机内码的转换。

国标码的每字节最高位为"0"，而英文字符的机内码是7位ASCII码，最高位也为"0"。两种编码容易冲突，计算机内部处理时就会有二义性，难以判断到底是一个汉字，还是两个英文字母。因此，国标码不可以在计算机内部直接采用，而要经过变换。将国标码的每字节都加上128,即将2字节最高位由0改为1,其余7位不变,转换成汉字机内码,简称为机内码。转换后的每字节都大于128,这就解决了与西文字符的冲突问题。

综上所述,汉字机内码、国标码和区位码三者之间的关系为:区位码(十进制)的2字节分别转换为十六进制后加20H得到对应的国标码;机内码是汉字交换码(国标码)2字节的最高位分别加1,即汉字交换码(国标码)的2字节分别加80H得到对应的机内码;区位码(十进制)的2字节分别转换为十六进制后加A0H得到对应的机内码。

以汉字"中"和"华"为例,汉字机内码、国标码和区位码三者之间的转换如表2-6所示。

表 2-6　汉字机内码、国标码和区位码三者之间的转换

汉字	区位码	国标码	汉字机内码
中	5448 即 3630H	5650H 即(01010110 01010000)$_B$	(11010110 11010000)$_B$
华	2710 即 1B0AH	3B2AH 即(00111011 00101010)$_B$	(10111011 10101010)$_B$

3. 汉字输出编码

汉字在屏幕或打印机上输出时需要字形信息,汉字字型码就是保存汉字字形信息的一类编码,主要分为两大类,点阵式和矢量式。

用点阵表示字形时,汉字字型码指的是这个汉字字型点阵的代码。根据输出汉字的要求不同,点阵的多少也不同。简易型汉字为16×16点阵,提高型汉字为24×24点阵,32×32点阵,48×48点阵等。点阵规模越大,字形越清晰美观,所占存储空间也越大。16×16点阵的汉字字形如图2-5所示。

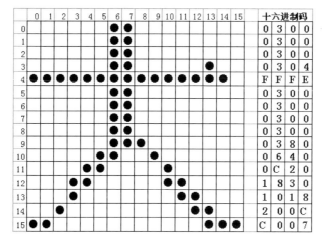

图 2-5　16×16 点阵的汉字字形

采用点阵式时编码、存储方式简单、无须转换直接输出,但字形放大后产生的效果较差,而且同一种字体的不同点阵需要不同的字库。而矢量方式的特点正好与其相反。矢量表示方式存储的是描述汉字字形的轮廓特征。当要输出汉字时,通过计算机的计算,由汉字字型描述生成所需大小和形状的汉字点阵。矢量化字型描述与最终文字显示的大小、分辨率无关。因此,可以实现高质量的汉字输出。

2.5　多媒体信息的数字化

2.5.1　声音信息的数字化

人类接收的声音是以波的形式传输的,这种波传到人们的耳朵,引起耳膜震动,使人听到声音。声音振幅的大小表示了声音音量的强弱,声音的频率决定了音调的高低。由于计算机能处理的信息只能是数字信号,需要将声音以数字形式进行处理,这种技术就是数字音频技术。

1. 模拟音频

自然的声音是连续变化的,它是一种模拟量,人类最早记录声音的技术是利用一些机械的、电的或磁的参数随着声波引起的空气压力的连续变化而变化来模拟和记录自然的声音,并研制了各种各样的设备。其中应用最普遍的设备就是麦克风。当人们对着麦克风讲话时,麦克风能根据它周围空气压力的不同变化而输出相应连续变化的电压值,这种变化的电压值便是对人类讲话声音的模拟,是一种模拟量,称为模拟音频。它能把声音的压力变化转化成电压信号,电压信号的大小正比于声音的压力。当把麦克风输出的连续变化的电压值输入到录音机时,通过相应的设备将它转换成对应的电磁信号,记录在录音磁带上。但以这种方式记录的声音不利于计算机存储和处理,因为计算机存储的是一个个离散的数字。要使计算机能存储和处理声音,就必须将模拟音频数字化。

2. 数字音频的采样、量化和编码

音频信息数字化的优点是传输时抗干扰能力强,存储时重放性能好,易处理,能进行数据压缩,可纠错,容易混合。要将音频信息数字化,其关键的步骤是采样、量化和编码。

1）采样

采样是指时间轴上连续的信号每隔一段时间间隔抽取出一个信号的幅度样本,把连续的模拟量用一个个离散的点来表示,使其成为时间上离散的脉冲序列。采样频率即对声音每秒钟采样的次数。目前常用的采样频率为16kHz、22.05kHz、37.8kHz、44.1kHz、48kHz等。采样频率越高,音质越好,相应的存储数据量越大。22.05kHz只能达到FM广播的声音品质,44.1kHz则是理论上的CD音质界限,48kHz则更加精确。根据Harry Nyquist采样定律,采样频率高于输入的声音信号中最高频率的两倍就可从采样中恢复原始波形。由于人耳所能听到的频率范围为20Hz～20kHz,在实际采样过程中,将44.1kHz作为高质量声音采样频率。如果达不到这么高的频率,声音还原的效果就要差一点。

声音采样的过程为:声波→模拟信号→数字信号→保存为文件。声音数字化过程如图2-6所示。

2）量化

采样后得到的音频信息数字化的过程称为量化。量化是指将采样得到的样本值在幅值上以一定的级数离散化,将幅值分成若干等级,再用足够的二进制位对量化的等级进行表示,然后把落入某个等级内的样本值归为一类,并用相同的量化二进制来表示的过程。

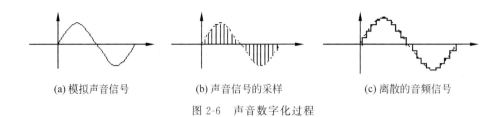

(a) 模拟声音信号　　　　　(b) 声音信号的采样　　　　　(c) 离散的音频信号

图 2-6　声音数字化过程

量化位数(即采样精度)表示每个采样点的数据表示范围。目前常用的有 8 位、16 位和 32 位,分别表示有 2^8、2^{16}、2^{32} 个等级。不同的采样数据位数决定了不同的音质,采样位数越高,存储数据量越大,音质也越好。

3) 编码

编码是指把量化后的信号转换成代码的过程,也就是将已经量化的信号幅值用二进制数码表示。编码后,每一组二进制数码代表一个采样的量化等级,然后把它们排列起来,得到由二进制脉冲组成的信息流。数码率又称为比特率,是单位时间内传输的二进制序列的比特数,通常以 kb/s 为单位。显然,采样频率越高,量化比特数越大,数码率就越高,所需要的传输带宽就越宽。常见的如电话质量的音频信号采用 8kHz 采样,8b 量化,数码率为 64kb/s;AM 广播采用 16kHz 采样,14b 量化,数码率为 224kb/s;CD 播放器音频标准为 48kHz、44.1kHz、32kHz 采样,16b 量化,每声道数码率为 768～705.6kb/s。

3. 数字音频的技术指标

声音表示的 3 个重要参数为采样频率、量化位数和声道数。这三者与数字音频质量的关系如表 2-7 所示。

表 2-7　声音表示的 3 个重要参数与数字音频质量的关系

参　数	采样频率	量化位数	声道数
定义	每秒钟抽取声波幅度样本的次数	每个采样点用多少二进制位表示数据范围	使用声音通道的个数
关系	采样频率越高,音质越好,数据量也越大	量化位数越多,音质越好,数据量也越大	立体声比单声道的表现力丰富,但数据量翻倍

其中,采样频率和量化位数如前所述。声音表示的第 3 个参数是声道数,指的是在存储、传送或播放时相互独立的声音数目。例如,普通电话和老式唱片机是单声道的,即只有一个喇叭发声;CD 播放器一般是双声道的(也称为立体声),有两个喇叭发声;而家庭影院支持 5.1、6.1,甚至 7.1 声道(也称为环绕立体声)。其中"0.1"是由其他声道计算出来的低音声道,不是独立声道。声道越多,声音立体感越强,数字化后声音的数据量也会成倍的增加。

未经压缩,声音数据量可由下式推算:

声音数据量＝(采样频率×每个采样位数×声道数)×时间/8(单位为 B/s)

例如,一分钟声音、单声道、8 位采样位数、采样频率为 11.025kHz,数据量为每分钟 0.66MB;若采样频率为 22.05kHz,则数据量每分钟为 1.32MB;若为双声道,则每分钟数据量为 2.64MB。

2.5.2　图像信息的数字化

图像是由大量的不同颜色的点来表示信息的。与文本相比,图像的信息量更大,也是多媒体领域研究的重点。

1. 数字图像的分类

目前,计算机绘制的数字图像有两大类:一类为位图;另一类为矢量图。前者是以点阵形式描述图像的,后者是以数学方法描述的一种由几何元素组成的图像。一般说来,后者对图像的表达更加细致、真实,而且缩放后图像的分辨率不变,在专业级的图像处理中运用较多。

1) 位图图像

位图图像是目前最常用的图像表示方法,可用于任何图像。位图图像是指在空间和亮度上已经离散化了的图像。可以把一幅位图图像理解为一个矩阵,矩阵中的任一元素都对应图像上的一个点,在内存中对应于该点的值为它的灰度。这个数字矩阵的元素就称为像素,像素的灰度层次越多则图像越逼真。一般数码照片都是用位图图像来表示。

位图图像的主要优点是只要有足够多的不同色彩的像素,就可以制作出比较复杂的图像,色彩丰富、清晰、美观、逼真,能很好地表现自然界的景象。显示位图图像要比显示矢量图形快,位图可装入内存直接显示。位图图像的主要缺点是存储容量大,因为位图必须把屏幕上显示的每一个像素的信息存储起来。一般同样的一幅画,位图的容量往往是矢量图的3倍以上,甚至好几倍。分辨率对位图图像的影响也是比较大的,图像在放大过程中会失真。

2) 矢量图像

矢量图像并不存储图像数据的每一个点,而是存储图像数据的轮廓部分。显示图像时从文件中读取指令并转化为屏幕上的形状。例如,一个圆形图案只存储圆心的坐标位置和半径长度,以及圆形边线和内部颜色。

矢量图像的主要优点是在进行放大、缩小或旋转等操作时不会失真,因为它是通过执行一条一条的指令,生成图形。此外,与位图图像相比,矢量图像需要的内存空间相对较小。矢量图像的主要缺点是色彩梯度和表现力远远比不上位图图像。位图图像可与原始图像达到几乎完全一致,而矢量图像则须经过人工处理。

2. 图像的数字化过程

图像数字化是指把真实的图像转变成计算机能够接受的存储格式。与声音信息的数字化过程相似,图像的数字化也分为采样、量化和编码。

采样就是指要用多少个点来描述一张图像。先将二维空间上连续的图像离散化,也就是将图像从水平、垂直方向划分为若干个小格,每一个小格被称为一个像素或像素点。一幅图像就被采样成由有限个像素点构成的集合。将单位尺寸内的像素点数目称为分辨率。它是表示图像大小的一个参数,一般表示为"水平分辨率×垂直分辨率"的形式。例如分辨率为640×480的图像就表示为这幅图像由307 200个像素点组成。分辨率越高,图像越清晰。图像的采样如图2-7所示。

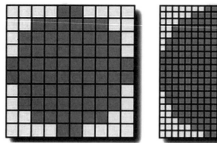

图 2-7　图像的采样

量化是指要用多大范围的数值来表示一个像素点。每个像素呈现不同的颜色(彩色图片)或层次(黑白图片)。如果是一个黑白图像,则每个像素点只需要 1 位,即可以用 0 或 1 表示黑或白;如果是彩色图像,则每个像素点可采取 3 字节,每字节 8 个二进制位,来分别表示一个像素的三原色:红、绿、蓝,这就是常说的 24 位真彩色图像,总共能够表示 2^{24} 种不同颜色。

最后,对每个像素进行编码,也就是用一串 01 数字来表示像素点,然后按行组织起一行中所有像素的编码,再按顺序将所有行的编码连起来,就构成了整幅图像的编码。一幅图像占用的存储空间为"分辨率×像素点位数",如一张分辨率为 3264×2448 的 24 位真彩图像占用的存储空间是 3264×2448×24÷8÷1024÷1024≈22.86MB。这个数据是很大的,因此图像存储需要考虑压缩的问题。

2.5.3　视频信息的数字化

随着计算机网络和多媒体技术的发展,视频信息技术已经成为生活中不可或缺的一部分,渗透到工作、学习、娱乐等各个方面。与图像不同,视频是活动的图像,是由一系列的帧组成,每帧是一幅静止的图片,并且每幅图像都是使用位图文件形式表示。正如像素是一幅数字图像的最小单元一样,帧是视频的最小和最基本的单元。当以一定的速率将一幅幅图像投射到屏幕上时,由于人眼的视觉暂留效应,视觉就会产生动态画面的感觉。

1. 数字视频

数字视频就是先用摄像机之类的视频捕捉设备,将外界影像的颜色和亮度信息转变为电信号,再记录到存储介质(如内置硬盘)。播放时,视频信号被转变为帧信息,并以每秒约 30 幅的速度投影到显示器上,使人类的眼睛认为它是在连续不间断地变化。电影播放的帧率大约是每秒 24 帧。如果用示波器(一种测试工具)来观看,未投影的模拟电信号看起来就像脑电波的扫描图像,由一些连续的、锯齿状的"山峰和山谷"组成。为了存储视觉信息,模拟视频信号的"山峰和山谷"必须通过数字/模拟(D/A)转换器来转变为数字的"0"或"1"。这个转变过程就是视频捕捉(或采集过程)。如果要在电视机上观看数字视频,则需要一个从数字到模拟的转换器将二进制信息解码成模拟信号,才能进行播放。

2. 视频图像压缩技术

数字视频的数据量非常大,例如,一段时长为 1min,分辨率为 640×480 的视频(30 帧/

分,真彩色),未经压缩的视频数据量为:

$$视频数据量=640×480×3×30×60B$$
$$=1\ 658\ 880\ 000B$$
$$≈1.54GB$$

如此庞大的数据量,无论是存储、传输还是处理都是很困难的,所以必须要对视频数据进行压缩。视频压缩是计算机处理图像和视频以及网络传输的重要基础。目前 ISO 制订了两个压缩标准即 JPEG 和 MPEG。

JPEG 是静态图像的压缩标准,适用于连续色调彩色或灰度图像。它包括两部分:一个是基于 DPCM(空间线性预测)技术的无失真编码,另一个是基于 DCT(离散余弦变换)和哈夫曼编码的有失真算法。前者图像压缩无失真,但是压缩比很小。目前,主要应用的是后一种算法,虽图像画质有损失但压缩比很大,当把其压缩为原来的 1/20 时,基本不失真。

在非线性编辑中最常用的是 MJPEG,即 Motion JPEG。它是将视频信号 50 帧/秒(PAL 制式)变为 25 帧/秒,然后按照 25 帧/秒的速度使用 JPEG 算法对每一帧压缩。通常压缩倍数在 3.5～5 倍时可以达到 Betacam 的图像质量。MPEG 是适用于动态视频的压缩算法,它除了对单幅图像进行编码以外,还利用图像序列中的相关原则,将帧间的冗余去掉,这样大大提高了图像的压缩比例。通常保持较高的图像质量而压缩比高达 100 倍。MPEG算法的缺点是压缩算法复杂,实现很困难。

2.6　条形码的编码

条形码或条码是将宽度不等的多个黑条(简称为条)、空白(简称为空)以及相应字符,按照一定的编码规则排列,用以表达一组信息的图形标识符。"条"指对光线反射率较低的部分,"空"指对光线反射率较高的部分这些条和空组成的图形信息能够用特定的设备——阅读器,快速识别扫描,转换成与计算机兼容的二进制和十进制信息,供计算机处理。条形码一般印刷在商品包装上,成本几乎为零。与键盘输入相比,条形码具有输入速度快、可靠性高、易于操作、采集信息量大的优点,因而在商品流通、图书管理、邮政管理、银行系统管理等许多领域都得到了广泛的应用。

条形码从结构的维度上看,可分为一维条形码、二维条形码和混合条形码。目前在商品上的条形码仍以一维条形码为主,故一维条形码又被称为商品条形码。它的信息存储量小,仅能存储一个代号,使用时通过这个代号调取计算机网络中的数据。二维条形码是近几年发展起来的,它能在有限的空间内存储更多的信息,包括文字、图像、指纹、签名等,并可脱离计算机使用。此外,条形码还可以根据条和空的排列规则分为不同的码值。

2.6.1　一维条形码

一维条形码是一组宽窄不同、黑白相间的平行线图案。这组图案只是在一个方向(一般是水平方向)表达信息,而在垂直方向则不表达任何信息。通常为了便于阅读器的对准,一维条形码的高度是一致的。一维条形码通常是对物品的标志,所谓对物品的标志,就是给某物品分配一个代码,代码以条形码的形式标志在物品上,用来标志该物品以便扫描设备的识读。代码或一维条形码本身不表示该产品的描述性信息。当条形码的数据传到计算机上时,由计算机上的应用程序对数据进行操作和处理。因此,它的意义是从计算机的数据库中提取相应的信息。

1. 一维条形码的结构

一个完整的一维条形码一般是由空白区、起始符、数据码、校验码、终止符所组成。一维条形码的基本结构如图 2-8 所示。

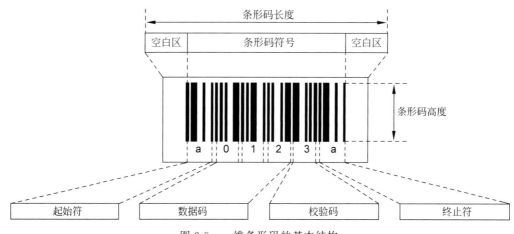

图 2-8　一维条形码的基本结构

1) 空白区

空白区也叫静区,是指条形码左右两端外侧与空的反射率相同的限定区域,主要用来提示扫描器准备扫描。当两个条形码相距较近时,静区则有助于对它们加以区分。静区的宽度通常应不小于 6mm(或 10 倍最小窄条宽度)。

2) 起始符和终止符

起始符和终止符指位于条形码开始和结束的若干条与空,标志条形码的开始和结束,同时提供了码制识别信息和阅读方向的信息。条形码的种类不同,起始符和终止符也不一样。

3) 数据码

数据码位于条形码中间的条、空结构,它包含条形码所表达的特定信息。条形码的黑色条表示二进制的 1,白色代表 0,有的黑色条很宽,说明连着多个二进制 1。

4) 校验码

校验码是用来判定此次阅读是否有效的字码,通常是一种算术运算的结果。扫描器读入条形码进行解码时,先对读入各字码进行运算,如运算结果与检查码相同,则判定此次阅读有效。

2. 常用一维条形码介绍

一维条形码种类很多,常见的大概有二十多种码制。目前,国际广泛使用的一维条形码有以下 5 种。

1) EAN、UPC 码

商品条形码,仅为数值,用于在世界范围内唯一标志一种商品。超市中最常见的就是

EAN 和 UPC 条形码。其中,EAN 码全名为欧洲商品条形码,是由欧洲 12 个工业国家共同发展出来的一种条形码,我国采用的就是 EAN 码。UPC 码主要为美国和加拿大使用。

2) Code39 码

Code39 码因其可采用数字与字母共同组成的方式而在各行业内部管理上被广泛使用,如汽车工业行动组(AIAG)、美国电子工业协会(EIA)等工业组织普遍使用 Code39 码。

3) ITF 码

ITF 码仅为数值,在同样位数情形下,条形码的大小小于其他条形码,主要用于运输包装。它适合于印刷条件较差,不允许印刷 EAN-13 和 UPC-A 条形码时,而选用的一种条形码。

4) Codabar 码

Codabar 码可以表明字母和符号,多用于血库,图书馆和照相馆的业务中。由于其缺乏校验,可靠性较差,在很多领域中逐渐被 Code39 码或 ITF25 所替代。

5) Code128 码

Code128 码是 1981 年引入的一种高密度条形码,可表示从 ASCII 0 到 ASCII 127 共128 个数字、字母和符号字符,故称为 128 码。由于其具有优良的特性,广泛应用在企业内部管理、生产流程、物流控制系统等方面。

下面以 EAN-13 码为例来说明一维条形码的构造。EAN-13 码是 13 位阿拉伯数字,每位数字可以任取 0~9 值,用一组 7 位二进制数表示。这 13 位阿拉伯数字由国家/地区代码、厂商代码、产品代码和校验码组成。EAN-13 码的基本组成如图 2-9 所示。

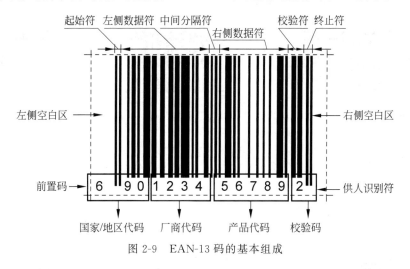

图 2-9　EAN-13 码的基本组成

国家/地区代码,也称为前置码,用于标志国家或地区的代码,占 3 位,由国际商品条形码总会授权。中国的"国家号码"为"690~699",凡由中国核发的号码,均须冠上"690"为字头,以别于其他国家。

厂商代码,占 4 位。

产品代码,代表申请厂商的代码,占 5 位,代表单项产品的号码,由厂商自由编定。

校验码,占 1 位,通过一定的算法,检验之前的 12 位数字,是一种为防止条形码扫描器误读的自我检查。

3．一维条形码的优缺点

一维条形码可以提高信息录入的速度，减少差错率，但是一维条形码也存在一些不足之处。数据容量较小，只能表示 30 个字符左右；只能包含字母和数字；条形码尺寸相对较大（空间利用率较低）；条形码遭到损坏后便不能阅读。

2.6.2 二维条形码

在水平和垂直方向的二维空间存储信息的条形码，称为二维条形码。二维条形码技术是在一维条形码无法满足实际应用需求的前提下产生的，它不但可以标志物品，而且还可以描述物品。

1．二维条形码的结构

按照结构形式，二维条形码可以分为线性堆叠式二维码、矩阵式二维码和邮政码。

1）线性堆叠式二维码

线性堆叠式二维码是在一维条形码编码原理的基础上，将多个一维码在纵向上堆叠而产生的。它在编码设计、校验原理、识读方式等方面继承了一维条形码的一些特点，识读设备与条形码印刷与一维条形码技术兼容。但由于行数的增加，需要对行进行判定，其译码算法和软件与一维条形码也不完全相同。典型的行排式二维条形码有 PDF 417、Code 16K 等。线性堆叠式二维码如图 2-10 所示。

图 2-10 线性堆叠式二维码

2）矩阵式二维条形码

矩阵式二维条形码符号在结构形体及元素排列上与代数矩阵具有相似的特征。它是在一个矩形空间由特定的符号功能图形及图形模块（如正方形、圆形、正多边形等图形模块）构成。用深色模块单元表示二进制的"1"，用浅色模块单元表示二进制的"0"，通过分布在矩阵元素位置上的深色模块，表示 01 代码。矩阵式二维码如图 2-11 所示。

图 2-11 矩阵式二维码

3）邮政码

邮政码通过不同长度的条进行编码，主要用于邮件编码，如 BPO4-Stateo。

2．二维条形码的编码格式

与一维条形码一样，二维条形码也有许多不同的编码方法，或称为码制。其中，线性堆叠式二维码还是基于一维条形码的，如线性堆叠式二维码 PDF 417 的编码格式如图 2-12所示。

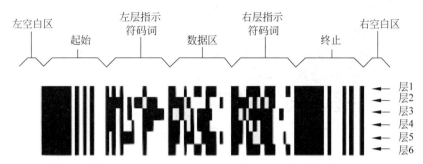

图 2-12　线性堆叠式二维码 PDF 417 的编码格式

要理解二维条形码的原理，主要还是要了解矩阵式二维条形码的编码。下面以应用广泛的 QRCode 码为例，介绍矩阵式二维条形码的编码格式。QRCode 码是一个正方阵列，除空白区外，可以分为功能图形和编码区两大部分。

1）功能图形

位置探测图形和位置探测图形分隔符：这两种图形形成黑白间隔的矩形块，很容易被扫描器检测，以便对二维条形码进行定位。对于每个 QRCode 码来说，都要有 3 个这种图形，并且位置都是固定在 3 个直角上。

定位图形：用于充当二维条形码的坐标轴，确定符号的密度和版本。

校正图形：主要用于对定位图形的增强，以便进行 QRCode 码形状的矫正，尤其是当QRCode 码印刷在不平坦的面上或者拍照时候发生畸变等。根据尺寸的不同，矫正图形的个数也不同。

2）编码区

格式信息：格式信息存在于所有的尺寸中，用于存放一些格式化数据，表示该二维码的纠错级别，分为 L、M、Q、H。

版本信息：QRCode 码符号共有 40 种规格的矩阵（一般为黑白色），版本信息即二维码的规格。

数据区域：使用黑白的二进制网格编码内容。8 个格子可以编码 1 字节。

纠错码字：用于修正因二维码损坏带来的错误。

QRCode 码如图 2-13 所示。

3．二维条形码的特点

与一维条形码相比，二维条形码有着明显的优势，归纳起来主要有以下 4 个方面。

（1）信息密度高，信息容量大，比普通条形码的信息量约高几十倍。

（2）编码范围广，不但能表示数字、字符，而且对于图片、声音、指纹、多种语言文字等可以数字化的信息都可以进行编码，用二维条形码表示。

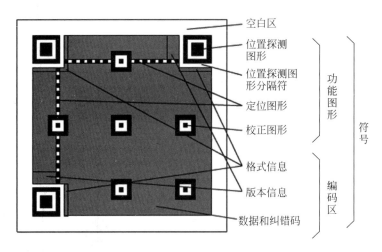

图 2-13　QRCode 码

（3）具有错误校验和抗损毁能力，当二维条形码局部损坏时，照样可以识读，即使损毁面积达 50%，仍可恢复信息。

（4）二维条形码符号形状、尺寸大小比例可变。

4. 一维条形码和二维条形码的结合

结合一维条形码和二维条形码的优点，出现了一种新的码值类型，称为复合条形码，如图 2-14 所示。复合条形码是将线性符号（即一维条形码）和堆叠式/矩阵式（即二维条形码）复合符号组合起来的一种码制。线性部分对项目的主要标志进行编码；相邻的 2D 复合部分增加了用以表示附加信息的应用标识符单元数据串。例如，UCC. EAN 复合条码，主要用于如医药等行业，它可以同时包含产品标识及附加信息（如批次号、有效期）。

13112345678906

图 2-14　复合条形码

2.7　本章小结

本章主要针对计算机中信息是如何表示的进行讲解。通过本章的学习，希望学生能够掌握二进制和十进制、十六进制、八进制及它们之间的相互转换；了解二进制的算术运算和逻辑运算；掌握原码、反码和补码的转换方法；了解数值型数据的定点和浮点的表示方法；了解新型编码的编码方法与应用。其中，二进制和不同进制间的转换以及数值在计算机中的表示是学习的重点。

本章的学习目的是使学生对计算机中数据的表示方法有初步的了解和整体的认识，加深对计算机系统知识和工作原理的理解，并为后续学习打下基础。

2.8　赋能加油站与扩展阅读

（1）2字节的内存空间保存的无符号数（即只表示正数）的取值范围是多少？有符号数（即正负数）取值范围是多少？

有如下 C 语言程序，声明了整型变量 x（整型变量占 2 字节），并给 x 赋值为 32768，结果输出 x 的值时，输出的并不是 32768，而是 -32768，你知道是为什么吗？

```
int x = 32768;          //给整型变量 x 赋值为 32768
printf(" % d",x)        //输出 x 的值
```

输出结果：-32768

（2）举例说明身边的某一编码（如学号、汽车牌照等），说明其编码方式、规则与取值范围，以及为何这样编码？并分析编码时要注意哪些事项。

扩展阅读

2.9　习题与思考

1. 举例说明什么是进位计数制。
2. 假定某台计算机的机器数占 8 位，试写出十进制数 -67 的原码、反码和补码。
3. 如果一个有符号数占 n 位二进制位，那么它的最大值是多少？
4. 对于 8 位补码，如果 $[X]_{补}=01111111$，则 $[X]_{补}+[1]_{补}=10000000=[-128]_{补}$，请解释其原因。
5. 计算机系统中为什么用二进制计数和编码？
6. 什么是 ASCII 码？查一下 'D' 'd' '3' 和空格的 ASCII 码值。
7. 简述视频和图像的数字化过程。
8. 利用"画图"程序，观察.bmp 和.jpg 文件的大小区别。

第 3 章 计算机系统

从简单的数学运算到航天飞机的设计制造,计算机都能帮助人们更好地完成工作。然而这个伟大的设计是如何产生的,又是遵循着怎样的运行原理,这些都是应当了解和学习的重要知识。

3.1　计算机的工作原理

最早的计算机器只包含固定用途的程序。它既不能拿来当作文字处理软件,也不能拿来玩游戏。若想要改变此机器的程序,必须更改线路和结构甚至重新设计此机器。存储程序型计算机的概念改变了这一切。这种思想促成了现代计算机工作原理的完善与发展。简言之,计算机的基本原理就是存储程序和程序控制。根据这一原理,科学家与设计者有针对性地提出了计算机的设计思想,并且据此开发出了不同功能的部件。下面就来介绍在计算机发展史上最具有影响力的设计思想。

3.1.1　图灵机简介

图灵机,又称为图灵计算、图灵计算机,1936 年由数学家阿兰·麦席森·图灵(1912—1954 年)提出的一种抽象的计算模型,能将人们使用纸笔进行数学运算的过程进行抽象,由一个虚拟的机器替代人们进行数学运算。

图灵机被公认为现代计算机的原型,这台机器可以读入一系列的 0 和 1,这些数字代表了解决某一问题所需要的步骤,按这个步骤走下去,就可以解决某一特定的问题。这种观念在当时是具有革命性意义的,因为即使在 20 世纪 50 年代的时候,大部分的计算机还只能解决某一特定问题,不是通用性的,而图灵机从理论上却是通用机。在图灵看来,这台机器只用保留一些最简单的指令,一个复杂的工作只须把它分解为这几个最简单的操作就可以实现了。在当时他能够具有这样的思想确实是很了不起的。

图灵机是指一个抽象的机器,它有一条无限长的纸带,纸带分成了一个一个的小方格,每个方格有不同的颜色。有一个机器头在纸带上来回移动。机器头有一组内部状态,还有一些固定的程序。图灵机示意图如图 3-1 所示。在每个时刻,机器头都要从当前纸带上读入一个方格信息,然后结合其内部状态查找程序表,根据程序输出信息到纸带方格上,并转换其内部状态,然后进行移动。

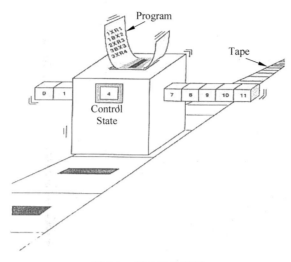

图 3-1　图灵机示意图

图灵的基本思想是用机器来模拟人们用纸笔进行数学运算的过程,为了模拟人的这种运算过程,图灵构造出一台假想的机器,该机器由以下 4 部分组成。

1．一条无限长的纸带

纸带(Tape)被划分为一个接一个的小格子,每个格子上包含一个来自有限字母表的符号,字母表中有一个特殊的符号表示空白。纸带上的格子从左到右依此被编号为 0,1,2,……,纸带的右端可以无限长地伸展。

2．一个读写头

该读写头(Head)可以在纸带上左右移动,它能读出当前所指的格子上的符号,并能改变当前格子上的符号。

3．一套控制规则

它根据当前机器所处的状态以及当前读写头所指的格子上的符号,来确定读写头下一步的动作,并改变状态寄存器的值,令机器进入一个新的状态。

4．一个状态寄存器

它用来保存图灵机当前所处的状态。图灵机的所有可能状态的数目都是有限的,并且有一个特殊的状态,称为停机状态。

不难看出,图灵机的核心思想是通过抽象机器模拟人的思维过程。图灵将人解决数学问题的过程抽象为两个步骤。

一是在纸上写上或擦除某个符号;二是把注意力从纸的一个位置移动到另一个位置。而这两个步骤在图灵机中是通过读写头的擦写和左右移动来实现的,读写头的动作又由纸带上记录的内容和内部控制规则共同决定。控制者要做的就是改变控制规则以实现不同的功能。这个机器的每一部分都是有限的,但它有一个潜在的无限长的纸带,因此这种机器只是一个理想的设备。图灵认为这样的一台机器就能模拟人类所能进行的任何计算过程。然而一套控制规则一旦实现,就可以让机器按人的思想进行重复计算和自动运行。尽管当时存在拥有更多功能的计算工具,但图灵机这种朴素的"程序"思想,使其大大超越其他计算工具。

图灵机的思想与运行原理看起来似乎并不深奥,可能有些人会觉得它不能解决高深而复杂的问题,只能对比较简单的问题进行求解。但从原理上讲,可以通过组合若干图灵机完成更大、更多的计算,如果把一个图灵机对纸带信息变换的结果又输入给另一台图灵机,然后再输入给别的图灵机,不断地重复这一过程,就是把计算进行了组合。实际上,面对可能出现的无限多的内部状态、无限复杂的程序,并不需要写出无限复杂的程序列表,而仅仅将这些图灵机组合到一起就可以产生复杂的行为了。图灵机的产生一方面奠定了现代数字计算机的基础;另一方面,根据图灵机这一基本简洁的概念,还可以看到可计算的极限是什么,即实际上计算机的本领从原则上讲是有限制的。这里说到计算机的极限并不是指它硬件方面的极限,而是仅仅就从信息处理这个角度,计算机也存在着极限。

现代计算机之父冯·诺依曼生前曾多次谦虚地说:如果不考虑查尔斯·巴贝奇等人早先提出的有关思想,现代计算机的概念当属于阿兰·麦席森·图灵。冯·诺依曼能把"计算机之父"的桂冠戴在比自己小 10 岁的图灵头上,足见图灵对计算机科学影响之巨大。虽然计算机并不是图灵发明的,但计算机发展的基石就是"图灵机模型",其基础性的作用最为重要。

3.1.2 冯·诺依曼系统

冯·诺依曼的核心思想是采用二进制作为计算机数值计算的基础,以 0、1 代表数值。不采用人类常用的十进制计数方法,而采用二进制,这使计算机容易实现数值的计算。程序或指令按照顺序执行,即预先编好程序,然后交给计算机按照程序中预先定义好的顺序进行数值计算。

根据冯·诺依曼体系结构构成的计算机,必须具有如下功能。

(1) 把需要的程序和数据送至计算机中。

(2) 必须具有长期记忆程序、数据、中间结果及最终运算结果的能力。

(3) 能够完成各种算术运算、逻辑运算和数据传送等数据加工处理。

(4) 能够根据需要控制程序走向,并能根据指令控制机器的各部件协调操作。

(5) 能够按照要求将处理结果输出给用户。

为了实现计算机的上述功能,计算机必须具备五大基本组成部件,包括运算器、控制器、存储器、输入设备和输出设备。

五大基本组成部件之间通过指令进行控制,并在不同部件之间进行数据的传递,冯·诺依曼计算机结构如图 3-2 所示。

计算机的发展也应大大归功于冯·诺依曼的这种构造思想。现代计算机中存储与基本指令的选取以及线路之间相互作用的设计,都深深受到冯·诺依曼思想的影响。

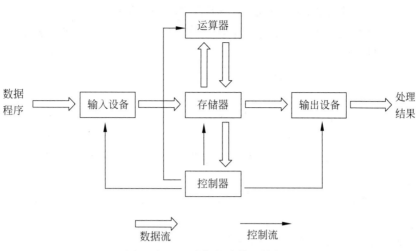

图 3-2 冯·诺依曼计算机结构图

3.2 计算机系统的组成

一个完整的计算机系统由硬件系统和软件系统组成。其具体结构如图 3-3 所示。

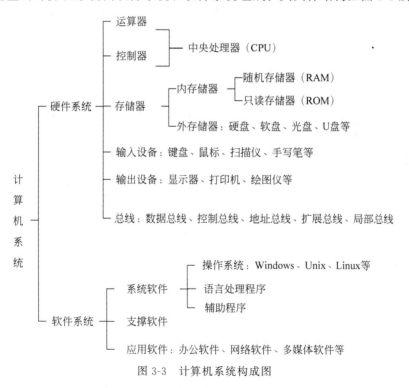

图 3-3 计算机系统构成图

3.2.1 计算机硬件系统

计算机硬件系统是指构成计算机的所有实体部件的集合。通常这些部件由电路(电子元件)、机械等物理部件组成,它们都是能看得见、摸得着的,因此称为"硬件",是进行一切工作的基础。计算机的硬件系统一般由运算器、控制器、存储器、输入设备和输出设备,以及起到连接与传送信息作用的总线共同组成。

1. 运算器

运算器亦称为算术逻辑部件(ALU),是计算机中执行各种算术和逻辑运算操作的部件。运算器的基本操作包括加、减、乘、除四则运算;与、或、非、异或等逻辑操作;算术和逻辑移位操作;比较数值、变更符号、计算主存地址等。运算器中的寄存器用于临时保存参加运算的数据和运算的中间结果等。运算器中还要设置相应的部件,用来记录一次运算结果的特征情况,如是否溢出、结果的符号位、结果是否为零等。一般计算机都采用二进制运算器,随着计算机广泛应用于商业和数据处理,越来越多的机器都扩充了十进制运算的功能,使运算器既能完成二进制的运算,也能完成十进制运算。运算器是计算机的核心部件,它的技术性能的高低,直接影响着计算机的运算速度和性能。

2. 控制器

控制器是指挥计算机的各个部件按照指令的功能要求协调工作的部件,是计算机的神经中枢和指挥中心,它按照人们事先给定的指令步骤统一指挥各部件有条不紊地协调工作。控制器的主要功能是从内存中取出一条条指令,并指出当前所取指令的下一条指令在内存中的地址,对所取指令进行译码和分析,并产生相应的电子控制信号,启动相应的部件执行当前指令规定的操作,周而复始地使计算机实现程序的自动执行。控制器的功能决定了计算机的自动化程度。

随着大规模集成电路技术的发展,运算器和控制器通常集成在一块半导体芯片上,称为中央处理器或微处理器简称为 CPU。CPU 是计算机的核心和关键,计算机的性能主要取决于 CPU。

3. 存储器

在计算机的组成结构中,有一个很重要的部分,就是存储器。存储器是用来存储程序和数据的部件。对于计算机来说,有了存储器,才有记忆功能,才能保证正常工作。计算机在运行过程中所需要的大量数据和计算程序,都以二进制编码形式存于存储器中。存储器分为许多小的单元,称为存储单元。每个存储单元都有一个编号,称为地址。存储器中的数据被读出以后,原存储器中的数据仍能保留,只有重新写入,才能改变存储器存储单元的存储状态。

存储器的种类很多,按其用途可分为主存储器和辅助存储器。主存储器又称为内存储器,简称为内存;辅助存储器又称为外存储器,简称为外存。内存是程序存储的基本要素,存取速度快,但价格较贵,容量不可能配置的非常大,目前市场上的内存条,单条容量以8GB、16GB 为主流产品。而外存响应速度相对较慢但容量可以做得很大,比如目前的主流硬盘容量为 500GB~2TB。外存价格比较便宜并且可以长期保存大量程序或数据,是计算机中必不可少的重要设备。

4. 输入设备

计算机在与人进行会话、接收人的命令或是接收数据时需要的设备叫作输入设备。常用的输入设备有键盘、鼠标、扫描仪、游戏杆等。

5. 输出设备

输出设备是将计算机处理的结果以人们能够认识的方式输出的设备。常用的输出设备有显示器、音箱、打印机、绘图仪等。

6. 总线

总线(Bus)是计算机各种功能部件之间传送信息的公共通信干线,它是由导线组成的传输线束,按照计算机所传输的信息种类,计算机的总线可以划分为数据总线、地址总线和控制总线,分别用来传输数据、数据地址和控制信号。总线是一种内部结构,它是 CPU、内存、输入设备、输出设备传递信息的公用通道,主机的各个部件通过总线相连接,外部设备通过相应的接口电路再与总线相连接,从而形成了计算机硬件系统,微型计算机是以总线结构来连接各个功能部件的。

3.2.2 计算机软件系统

只有硬件系统而没有软件系统的计算机称为裸机,它是无法工作的。要想让计算机完成某项工作必须配备相应的软件系统。软件是一系列按照特定顺序组织的计算机数据和指令的集合,是计算机中的非有形部分。计算机中的有形部分称为硬件,由计算机的外壳及各零件及电路所组成。计算机软件需有硬件才能运作,反之亦然。即软件和硬件需要在二者互相配合的情形下,才能进行实际的运作。软件不分架构,有其共通的特性,在运行后可以让硬件运行设计时要求的机能。软件存储在存储器中,软件不是可以碰触到的实体,可以碰触到的都只是存储软件的零件(存储器)或是媒介(光盘或磁片等)。

计算机的软件系统分为系统软件、支撑软件和应用软件。

1. 系统软件

各种应用软件,虽然完成的工作各不相同,但它们都需要一些共同的基础操作,例如都要从输入设备取得数据,向输出设备送出数据,向外存写数据,从外存读数据,对数据的常规管理等。这些基础工作也要由一系列指令来完成。人们把这些指令集中地组织在一起,形成专门的软件,用来支持应用软件的运行,这种软件称为系统软件。

一般来讲,系统软件包括操作系统和一系列基本的工具(如编译器、数据库管理、存储器格式化、文件系统管理、用户身份验证、驱动管理、网络连接等),是支持计算机系统正常运行并实现用户操作的软件。系统软件一般是在计算机系统购买时随机携带的,也可以根据需要自行安装。

有代表性的系统软件有以下 3 种。

1) 操作系统

在计算机软件中最重要且最基本的系统软件就是操作系统(Operating System,OS)。

它是最底层的软件,它控制所有计算机运行的程序并管理整个计算机的资源,是计算机裸机与应用程序及用户之间的桥梁。没有它,用户也就无法使用某种软件或程序。

2) 语言处理程序

语言处理程序的工作就是将用高级程序设计语言编写的源程序转换成机器语言的形式,以保证计算机能够运行,这一转换是由翻译程序来完成的。翻译程序除了要完成语言间的转换外,还要进行语法、语义等方面的检查,翻译程序统称为语言处理程序,共有 3 种:汇编程序、编译程序和解释程序。通常情况下,它们被归入系统软件。

3) 辅助程序

系统辅助处理程序也称为"软件研制开发工具""支持软件""软件工具",主要有编辑程序、调试程序、装备和连接程序。

2. 支撑软件

支撑软件是在系统软件和应用软件之间,给应用软件提供设计、开发、测试、评估、运行、检测等辅助功能的软件,有时以中间件的形式存在。随着计算机科学技术的发展,软件的开发和维护代价在整个计算机系统中所占的比重较大,远远超过硬件。因此,支撑软件的研究具有重要意义,直接促进软件的发展。

常见支撑软件有以下 3 种。

(1) 软件开发环境是指在基本硬件和宿主软件的基础上,为支持系统软件和应用软件的工程化开发和维护而使用的一组软件。

(2) 数据库管理系统(Database Management System,DBMS)是一种操纵和管理数据库的大型软件,用于建立、使用和维护数据库。它对数据库进行统一的管理和控制,以保证数据库的安全性和完整性。

(3) 网络软件是指在计算机网络环境中,用于支持数据通信和各种网络活动的软件。连入计算机网络的系统,通常根据系统本身的特点、能力和服务对象,配置不同的网络应用系统。

3. 应用软件

应用软件是为了为满足用户不同领域、不同问题的应用需求而被开发的软件。它可以拓宽计算机系统的应用领域,放大硬件的功能。它可以是一个特定的程序,比如一个图像浏览器;也可以是一组功能联系紧密,能够互相协作的程序的集合,比如微软公司的Office 软件;还可以是一个由众多独立程序组成的庞大的软件系统,比如数据库管理系统。

较常见的应用软件一般包括文字处理软件,如 Microsoft Office、WPS Office;数据管理软件,如 Oracle Database 数据库、SQL Server 数据库;辅助设计软件,如 AutoCAD;图形图像软件,如 Adobe Photoshop、Maya;网页浏览软件,如 Internet Explorer、360 浏览器;网络通信软件,如 QQ、微信;影音播放软件,如 Media Player、腾讯视频;音乐播放软件,如酷我音乐、酷狗音乐;下载管理软件,如迅雷;信息安全软件,如 360 安全卫士、金山毒霸;输入法软件,如 Google 拼音输入法,搜狗拼音输入法。

3.3 微型计算机系统

微型计算机是由大规模集成电路组成的、体积较小的电子计算机。它是以微处理器为基础,配以内存储器及输入输出(I/O)接口电路和相应的辅助电路而构成的裸机。这类计算机的另一个普遍特征就是占用很少的物理空间。微型计算机使用的设备大多数都紧密地安装在一个单独的机箱中,也有一些设备可能短距离地连接在机箱外,如显示器、键盘、鼠标等。一般情况下,一台微型计算机可以很容易地摆放在大多数桌面上。相对地,更大的计算机像大型计算机和超级计算机可以占据部分机柜或者整个房间。这里介绍给大家的微型计算机主要是指 Personal Computer。它除了可以做简单的办公数据处理,也可以被应用于艺术创作、制作文稿以及播放多媒体文件。

3.3.1 微型计算机系统的发展

自 1981 年美国 IBM 公司推出第一代微型计算机 IBM-PC 以来,微型计算机以其执行结果精确、处理速度快捷、性价比高、轻便小巧等特点迅速进入社会各个领域,且技术不断更新、产品快速更新换代,从单纯的计算工具发展成为能够处理数字、符号、文字、语言、图形、图像、音频、视频等多种信息的多媒体工具。如今的微型计算机产品无论从运算速度、多媒体功能、软硬件支持还是易用性等方面都比早期产品有了很大飞跃。

微型计算机的发展通常以微处理器芯片 CPU 的发展为基点。当一种新型 CPU 研制成功,一年之内,相应的软硬件配套产品就会推出,进而使微型计算机系统的性能得到进一步完善,这样只需两至三年的时间就会形成新一代的微型计算机产品。美国 Intel 公司在微处理器的生产方面一直处于领先地位。

3.3.2 微型计算机系统的组成

从外观上看,微型计算机的基本配置包括主机箱、键盘、鼠标和显示器 4 个部分。另外,微型计算机还常常配置打印机和音箱。通常情况下,一台微型计算机的外观,如图 3-4 所示。一台完整的微型计算机系统由硬件系统和软件系统两部分组成。

在前面章节中介绍的硬件系统,是从计算机工作原理的角度出发,说明一台计算机要想运行起来,有哪些硬件是必不可少的。而现在,所谈论的硬件系统是针对微型计算机而言的,每种设备拥有自己详尽的功能与特定的名称。比如,前面提到的运算器和控制器,在微型计算机系统中它们被封装到一起,叫作 CPU。微型计算机不需要共享其他计算机的处理器、磁盘和打印机等资源也可以独立工作。从台式机、笔记本电脑到平板电脑以及超级本等都属于微型计算机的范畴。

微型计算机的硬件系统是指其内部的物理设备,即由机械、电子器件构成的具有输入、存储、计算、控制和输出功能的实体部件。台式微型计算机机箱的内部零件众多。不管是台式机还是笔记本电脑,还是体积更小的微

图 3-4 微型计算机

型计算机,其内部都要包含具有这些功能的硬件设备,只是在体积大小上存在差异。

微型计算机中包含的硬件主要有电源、主板、CPU、内存、硬盘、声卡、显卡、网卡、光驱、显示器、键盘、鼠标、打印机、移动存储设备等。下面将对各种硬件进行详细介绍。

3.3.3　微型计算机的基本配置及性能指标

计算机机箱内部的各种零部件如图 3-5 所示。

下面来介绍一下个人计算机主机的各个部件。

1. 电源

电源是计算机中不可缺少的供电设备。它通常被封装在一个金属盒里,在盒子里面,一个变压器把标准插座传送来的 220V 交流电转换为电脑中使用的 5V、12V、3.3V 直流电。其他所有部件,从主板到磁盘驱动器,都通过彩色导线传来的电源获得动力,这些导线的两端是塑料保护的连接器。计算机电源如图 3-6 所示。

图 3-5　计算机机箱内部　　　　　　　图 3-6　计算机电源

电源性能的好坏,直接影响到其他设备工作的稳定性,进而会影响整机的稳定性。可以想象一下:计算机系统里的每个部件的电能都有同一个来源——电源。电源必须为所有的设备不间断地提供稳定的、连续的电流。如果电源过量或不足,所连接的设备就有可能不能正常运作,看来像坏了一样。计算机中很难发现的问题之一就是电源故障,症状可能是主板"不能用",软件导致的系统崩溃,这些症状可能由主板、CPU 或内存的异常的形式表现出来,甚至有时看来好像是硬盘、软盘等的问题。比如,内存不能刷新造成数据丢失(导致软件错误),CPU 可能死锁,随机地重新启动,硬盘可能不转或硬盘可转动但不能正常处理控制信号。一部理想的电源供应器,除了要输出稳定的、准确的电源之外,保护机制电路的设计也相当重要。若预算许可,应尽量挑选保护机制完整的电源供应器,特别是过电流保护(OCP),确保电源供应器发生损坏时,不会伤害到其他零件。

2. 主板

主板是构成复杂电子系统如电子计算机的中心或者主电路板,是计算机中各个部件工作的一个平台,它把计算机的各个部件紧密连接在一起,典型的主板能提供一系列接合点,供处理器、显卡、声卡、硬盘、存储器、对外设备等设备接合。这些设备通常可以直接插入有关插槽,或用线路连接。

所有主板都有固定的主板结构,所谓主板结构就是根据主板上各元器件的布局排列方式、尺寸、形状,所使用的电源规格等制定出的通用标准,所有主板厂商都必须遵循这个通用标准。主板外观如图 3-7 所示。

主板是微机中最大的印刷线路板。印刷线路无须使用单根导线来连接部件,由于省去了多数连接工作中的手工焊接,极大地降低了制造时间和成本。人们不再使用导线,而是把金属轨迹,通常是铝或铜印刷到硬塑料板上。轨迹非常窄,扩展卡和内存芯片合在一起插接在主板上,在狭小的线路板上建立单列直插式内存模块。从外部来看,部件似乎没有线路板,它们通常被罩在外壳下,磁盘驱动器和一些 CPU 把内部部件与印刷线路连在一起。也就是说,计算机中重要的"交通枢纽"都在主板上,它工作的稳定性影响着整机工作的稳定性。如果开机时,主板发出蜂鸣音,往往意味着某些硬件出现了错误或问题。

3. CPU

中央处理器(Central Processing Unit,CPU)是一块超大规模的集成电路,是一台计算机的运算核心和控制核心,时常被人们称为计算机的"大脑"。其功能主要是解释计算机指令以及处理计算机软件中的数据。CPU 由运算器、控制器、寄存器、高速缓存及实现它们之间联系的数据、控制及状态的总线构成。作为整个系统的核心,CPU 也是整个系统的最高的执行单元,因此 CPU 已成为决定计算机性能的核心部件,很多用户都以它为标准来判断计算机的档次。Intel 酷睿 i9 型号的 CPU 如图 3-8 所示。

图 3-7　主板外观　　　　　　　　图 3-8　Intel 酷睿 i9 型号的 CPU

计算机的性能在很大程度上由 CPU 的性能决定,而 CPU 的性能主要体现在其运行程序的速度上。影响运行速度的性能指标包括 CPU 的工作频率、Cache 容量、指令系统和逻辑结构等参数。

【案例思考】

2019 年 12 月 24 日,龙芯中科发布了自主研发的新一代通用处理器(CPU)3A4000/3B4000,芯片所有源代码均为自主设计,使用 28nm 工艺,主频为 1.8~2.0GHz,采用 4 核处理器。

在一大批"国之重器"上,龙芯正扮演着越来越重要的角色。龙芯 1E 和龙芯 1F 作为宇航级国防芯片,已经成功地运用在我国自主研制的北斗系列卫星上。这标志着我国卫星导航系统在自主可控的征程上迈出了关键一步。除了卫星芯片,中国兵器工业集团也基于龙芯 2F+1A 研发了的四余度火控计算机系统。龙芯 3B1000 则被用于 KD-90 高性能计算机和曙光 6000 超级计算机。这是在中国超算中具有里程碑意义的计算机,实际运算能力可达每秒 1271 万亿次,是中国首台、世界第三台可以实现每秒过万亿次的超级计算机。

4. 内存

内存(Memory)也被称为内存储器,是计算机中重要的部件之一,它是外存与 CPU 进行沟通的桥梁。计算机中所有程序的运行都是在内存中进行的,因此内存的性能对计算机的影响非常大。

内存是 CPU 能直接寻址的存储空间,由半导体器件制成。内存的特点是存取速率快。内存是电脑中的主要部件,它是相对于外存而言的。平常使用的程序,如 Windows 操作系统、打字软件、游戏软件等,一般都是安装在硬盘等外存上的,但这些软件仅在外存上是不能使用其功能的,必须把它们调入内存中运行,才能真正地使用其功能。输入一段文字或玩一个游戏,其实都是在内存中进行的。就好比在一个书房里,存放书籍的书架相当于计算机的外存,而工作的办公桌就是内存。通常的做法是把要永久保存的、大量的数据存储在外存上,而把一些临时的或少量的数据和程序放在内存上,当然内存的好坏会直接影响电脑的运行速度。内存要存放所有待用数据,也就是说内存很容易被大量占用,容易饱和。因此,计算机一般需要比较大的内存。工作越复杂,需要的内存越多。电脑系统本身也需要占用内存空间。目前 1GB 内存是能运行 Windows 10(32 位)的最低要求。在前面讲到存储器时,曾为大家介绍了 ROM 与 RAM。注意,在自己购置微型计算机时,需要选购的内存条就是 RAM,而不是 ROM。

内存有电可存,无电清空,即电脑在开机状态时内存中可存储数据,关机后将自动清空其中的所有数据。另外,随机存取存储器对环境的静电荷非常敏感。静电会干扰存储器内电容器的电荷,导致数据流失,甚至烧坏电路。因此,在触碰随机存取存储器前,应先用手触摸接地的金属。内存条外观如图 3-9 所示。

图 3-9   内存条外观

5. 硬盘

硬盘是微型计算机最主要的存储设备,由一个或者多个铝制或者玻璃制的碟片组成,碟片外覆盖有铁磁性材料,在这些硬而薄的盘片上以电磁的方式录制信息。盘片数和涂层材料的精细度决定了硬盘的容量。在微型计算机系统里,硬盘是"工作最努力"的一个部件。硬盘的盘片能以高达每分钟 10 000 转的速度高速旋转,硬盘每读或写一个文件时,读写头都要有一阵繁忙的转动,并且这些转动要求其具有极高的精确度。硬盘被密封在一个金属外壳里,以保护内部的盘片与磁头,避免灰尘微粒进入读写头与盘片之间的微小缝隙,因为在盘片上的一点灰尘都可能在盘片的磁性涂层上刻下划痕,造成硬盘损坏。某品牌硬盘及其内部构造如图 3-10 所示。

图 3-10 某品牌硬盘及其内部构造

6. 显卡

显卡全称为显示接口卡(Video Card 或 Graphics Card),它能将计算机系统所需要的显示信息进行转换,并向显示器提供逐行或隔行扫描信号,控制显示器的正确显示,是连接显示器和主板的重要组件,是"人机"的重要设备之一,其内置的并行计算能力现阶段也用于深度学习等运算。对于喜欢玩游戏和从事专业图形设计的人来说显卡非常重要。

配制较高的计算机,都包含显卡计算核心。在科学计算中,显卡被称为显示加速卡。显卡所支持的各种 3D 特效由显示芯片的性能决定,采用什么样的显示芯片大致决定了这块显卡的档次和基本性能。显示芯片是显卡的主要处理单元,因此又称为图形处理器(GPU)。在处理 3D 图形时,尤其体现出 GPU 使显卡减少了对 CPU 的依赖,并完成部分原本属于 CPU 的工作。

衡量显卡性能的一项重要指标就是显存。显存是显示存储器的简称,也称为帧缓存,顾名思义,其主要功能就是暂时储存显示芯片处理过或即将提取的渲染数据,功能类似于安插在主板上的内存。显存与系统内存一样,其容量也是越多越好,图形核心的性能越强,需要的显存也就越大,因为显存越大,可以存储的图像数据就越多,支持的分辨率与颜色数也就越高,如游戏运行或图形渲染这些工作,做起来就更加流畅。主流显卡基本上具备的是6GB 显存容量,一些中高端显卡则配备了 8GB 或以上的显存容量。核心显卡如图 3-11 所示,独立显卡如图 3-12 所示。

7. 声卡

声卡是多媒体技术中最基本的组成部分,是实现声波与数字信号相互转换的一种硬件。声卡的基本功能是把来自话筒、磁带、光盘的原始声音信号加以转换,输出到耳机、扬声器、扩音机、录音机等声响设备,或通过音乐设备数字接口发出合成乐器的声音。

声卡发展至今,保留下来的主流产品类型,分为板卡式声卡和集成声卡。

板卡式:卡式产品是现今市场上的中坚力量,产品涵盖低、中、高各档次,售价从几十元至上千元不等。它们拥有更好的性能及兼容性,支持即插即用,安装使用都很方便。

图 3-11　核芯显卡

图 3-12　独立显卡

集成式：声卡只会影响到电脑的音质。对于那些对声音要求不高的用户，更为廉价与简便的集成式声卡就可以满足他们的需求。此类产品集成在主板上，具有不占用 PCI 接口、成本更为低廉、兼容性更好等优势，能够满足普通用户的需求，自然就受到市场的青睐，占据了声卡市场的大半壁江山。集成声卡如图 3-13 所示，独立声卡如图 3-14 所示。

图 3-13　集成声卡

图 3-14　独立声卡

8．网卡

网卡是一块用于允许计算机在网络上进行通信的硬件设备，是网络中连接计算机和传输介质的接口。

网卡以前是作为扩展卡插到计算机总线上的，但是由于其价格低廉而且以太网标准普遍存在，大部分计算机都在主板上集成了网络接口。还有一种无线网卡，就是不通过有线连接，采用无线信号进行连接的网卡。无线网卡的作用、功能跟普通网卡一样，是用来连接到局域网上的。有了无线网卡，还需要一个可以连接的无线网络，如果你在家里或者所在地有无线路由器或者无线接入点的覆盖，就可以通过无线网卡以无线的方式连接无线网络。无线网卡可以根据不同的接口类型来区分，第一种是 USB 无线上网卡，是最常见的；第二种是台式机专用的 PCI 接口无线网卡；第三种是笔记本电脑专用的 PCMCIA 接口无线网卡；第四种是笔记本电脑内置的 MINI-PCI 无线网卡。普通网卡如图 3-15 所示，USB 接口无线网卡如图 3-16 所示。

每一个网卡都有一个 MAC 地址，即一个独一无二的 48 位串行号，它是一个用来确认网络设备位置的地址，被写在一块 ROM 中。在网络上，每一个计算机都必须拥有一个独一无二的 MAC 地址，它是生产厂商在制作网卡的过程时就已录制好的，一般不能改动。形象地说，MAC 地址就如同身份证上的身份证号码，具有唯一性。

图 3-15　普通网卡

图 3-16　USB 接口无线网卡

9．光驱

光驱是计算机用来读写光盘内容的机器，也是在台式机和笔记本电脑里比较常见的一个部件。随着多媒体的广泛应用，光驱在计算机诸多配件中已经成为标准配置。光驱可分为 CD-ROM、DVD-ROM、COMBO、BD-ROM 等。光驱的外观以及其内部结构如图 3-17 所示。

图 3-17　光驱的外观以及其内部结构

光驱是一个结合光学、机械及电子技术的产品。在光学和电子结合方面，激光光源来自一个激光二极管，它可以产生波长约 $0.54 \sim 0.68 \mu m$ 的光束，经过处理后光束更集中且能得到精确的控制。光束首先打在光盘上，再由光盘反射回来，经过光检测器捕捉信号。激光头是光驱的心脏，也是最精密的部分。它主要负责数据的读取工作，因此在清理光驱内部的时候要格外小心。

10．显示器

显示器通常也被称为监视器。显示器是属于电脑的 I/O 设备，即输入输出设备。从早期的黑白世界到彩色世界，显示器走过了漫长而艰辛的历程。随着显示器技术的不断发展，显示器的分类也越来越细化。根据制造材料的不同，可分为阴极射线管显示器 CRT、液晶显示器 LCD、等离子显示器 PDP，另外还有一类特殊的 3D 显示器。

针对目前广泛使用的 LCD 显示器，在使用过程中有一些注意事项。

（1）如果在不使用显示器的时候，一定要关闭显示器或者降低显示器的显示亮度，以免造成永久性的损坏。

（2）注意防潮，长时间不用的显示器，可以定期通电使其工作一段时间，让显示器工作时产生的热量将机内的潮气驱赶出去。

（3）避免冲击，避免对 LCD 显示表面施加压力，以免造成 LCD 屏幕以及其他一些单元的损坏。

各种各样的显示器如图 3-18 所示。

图 3-18　各种各样的显示器

11. 键盘

键盘是最常用也是最主要的输入设备,通过键盘可以将英文字母、数字、标点符号等输入计算机中,从而向计算机发出命令、输入数据等。如果说 CPU 是计算机的"心脏",显示器是计算机的"脸",那么键盘就是计算机的"嘴",因为它实现了人和计算机的顺畅沟通。

从外观上来看,键盘分为打字键区、功能键区、编辑键区和数字键区。键盘也用来输入计算机命令。现在的 Microsoft Windows 的版本中,按 Ctrl+Alt+Del 组合键,将出现一个对话框,包括当前任务、关机等选项。而 Linux、MS-DOS 和 Windows 早期版本中,按 Ctrl+Alt+Del 组合键对应的命令就是重新启动。键盘也是计算机游戏的主要控制方式之一,用来控制游戏角色的移动。

键盘按制作工艺可以分为薄膜键盘、机械键盘、静电容式键盘三大类。随着科技的不断进步与发展,也出现了硅胶软体键盘、激光镭射虚拟键盘、人体工学键盘等。各种有趣的键盘如图 3-19 所示。

12. 鼠标

鼠标是一种很常见、常用的计算机输入设备,它可以对当前屏幕上的游标进行定位,并通过按键和滚轮装置对游标所经过位置的屏幕元素进行操作。鼠标的使用是为了代替键盘那些烦琐的指令,从而使计算机的操作更加简便快捷。

鼠标按工作原理可分为以下 3 种。

(1)滚球鼠标:橡胶球传动至光栅轮带发光二极管及光敏三极管晶元脉冲信号传感器。

图 3-19 各种有趣的键盘

（2）光电鼠标：红外线散射的光斑照射粒子带发光半导体及光电感应器的光源脉冲信号传感器。

（3）无线鼠标：利用 DRF 技术把鼠标在 X 或 Y 轴上的移动、按键按下或抬起的信息转换成无线信号并发送给主机。

应用的进步让人们对鼠标开始提出更多的要求，包括舒适的操作手感、灵活的移动和准确定位、可靠性高、无须经常清洁等。鼠标的美学设计和制作工艺也逐渐为人所重视。现在越来越多的新功能鼠标也层出不穷，如轨迹球鼠标、手指鼠标、人体工学鼠标、多点触控鼠标等，为使用者带来丰富的操作体验。各种有趣的鼠标如图 3-20 所示。

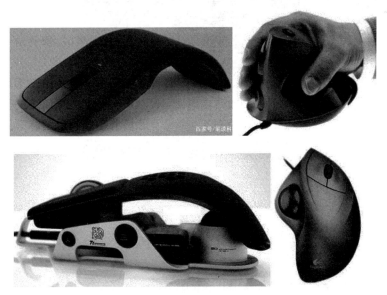

图 3-20 各种有趣的鼠标

13. 打印机

打印机是计算机的输出设备之一,用于将计算机处理结果打印在相关介质上。不论是哪种打印机,在本质上都是实现同一个任务:在相关介质上建立自由点组成的"图案"。所有的文本和图形构成的图案都是由点组成的,点的尺寸越小,打印出来的图像品质越高。激光打印机与喷墨打印机如图 3-21 所示。

图 3-21　激光打印机与喷墨打印机

当前还有一类新型的打印技术正在流行,那就是 3D 打印。

3D 打印技术最突出的优点是无须机械加工或任何模具,就能直接将计算机图形数据生成任何形状的零件,从而极大地缩短产品的研制周期,提高生产率和降低生产成本。而且,它还可以制造出传统生产技术无法制造出的外形,如 3D 打印技术可以更有效地设计出飞机机翼或热交换器。另外,在具有良好设计概念和设计过程的情况下,3D 打印技术还可以简化生产制造过程,快速有效又廉价地生产出单个物品。3D 打印机与计算机上设计的模型如图 3-22 所示。

图 3-22　3D 打印机与计算机上设计的模型

14. 扫描仪

扫描仪是利用光电技术和数字处理技术,以扫描的方式将图形或图像信息转换为数字信号的装置。

扫描仪通常被用作计算机外部仪器设备,通过捕获图像并将之转换成计算机可以显示、编辑、存储和输出的数字化输入设备。扫描仪可以扫描照片、文本页面、图纸、美术图画、照相底片,甚至纺织品、标牌面板、印制板样品等。各种不同样式的扫描仪如图 3-23 所示。

图 3-23　各种不同样式的扫描仪

15. 移动存储设备

移动存储设备就是可以在不同终端间移动的存储设备,使文件存储更加方便。常用的移动存储设备包括 U 盘、光盘、移动硬盘、SD 卡等,它们不仅可以连接微型计算机,还可用于手机、数码相机等电子设备中。一般来说,移动存储产品都采用了 USB 接口方式。USB接口设备的最大优势是它使移动存储变得极为简单。各种移动存储设备如图 3-24 所示。

图 3-24　各种移动存储设备

3.3.4　移动智能终端产品

移动智能终端拥有接入互联网的能力,通常搭载各种操作系统,可根据用户需求定制各种功能。现代的移动智能终端已经拥有极为强大的处理能力、内存、固化存储介质以及像计算机一样的操作系统,可以说功能上近似一个完整的超小型计算机系统。移动终端也可以通过无线局域网、蓝牙和红外进行通信。生活中常见的智能终端有以下 4 种。

1. 智能手机

智能手机是具有独立的操作系统和独立的运行空间,可以由用户自行安装软件、游戏、导航等第三方服务商提供的程序,并可以通过移动通信网络来实现无线网络接入手机类型的总称。智能手机如图 3-25 所示。

图 3-25　智能手机

2. 平板电脑

平板电脑(Tablet Personal Computer,Tablet PC),是一种小型、方便携带的个人计算机,以触摸屏作为基本的输入设备。该触摸屏允许用户通过触控笔或数字笔来进行作业而不是传统的键盘或鼠标。多数的平板电脑更支持手指操作,可以使用手指触控、书写、缩放画面与图案。用户可以通过手写识别、屏幕上的软键盘、语音识别或者一个真正的键盘(如果该机型配备的话)实现输入。平板电脑如图 3-26 所示。

图 3-26　平板电脑

3. 智能车载终端

智能车载终端,又称为卫星定位智能车载终端,它融合了 GPS 技术、里程定位技术及汽车黑匣技术,能用于对运输车辆的现代化管理。GIS(Geographic Information System,地理信息系统)平台可以实时、准确地显示车辆的动态运行状态,对运行车辆的动态定位进行跟踪和监控,对公交及长途枢纽站实现运行车辆的集中调度;具有驾乘人员身份识别功能,只有确认驾乘人员的真实身份后,驾乘人员才能启动车辆。在长途客运和物流车辆管理中,如当班驾驶员连续长时间驾车,车载终端会自动提示驾驶员休息;还配备有应急事件处理装置,如遇应急事件(交通事故、火警等),驾乘人员或乘客可启动智能终端特定装置,车载终端自动发送求救信息到急救中心,能实时、准确地对事故车辆进行救援。车载智能终端界面如图 3-27 所示。

4. 可穿戴设备

可穿戴设备是可以直接穿戴在身上或能整合到用户的衣服或配件的一种便携式设备。

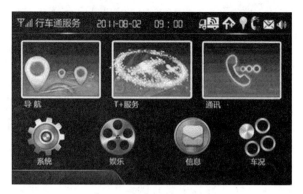

图 3-27　车载智能终端界面

可穿戴设备不仅仅是一种硬件设备,更是一种通过软件支持以及数据交互、云端交互来实现强大功能的设备,可穿戴设备将会给人们的生活带来很大的转变。

2012 年谷歌眼镜 Google Project Glass 亮相。这款眼镜集智能手机、GPS、相机于一身,可在用户眼前展现实时信息,只要眨眼就能完成拍照上传、收发短信、查询天气路况等操作。同时,戴上这款"拓展现实"眼镜,用户可以执行用自己的声音控制拍照、视频通话和辨明方向等操作。但是,由于谷歌眼镜的开发成本过高,还有侵犯用户隐私、应用场合较少以及设备本身存在一定的漏洞等问题,谷歌公司在 2015 年就停止了 Explorer 项目。谷歌眼镜有 Explorer 版和企业版,在停止支持 Explorer 版后,企业版还是可以继续使用的。谷歌眼镜如图 3-28 所示。

另一种比较引人注目的可穿戴设备是智能手表、手环,最为典型的当数 Apple Watch。2014 年 9 月 9 日,苹果公司 2014 年秋季新品发布会上,CEO 对外公布了全新的产品——Apple Watch。该设备支持接打电话、语音回短信、连接汽车、查询天气、航班信息、地图导航、播放音乐、测量心跳、计步等几十种功能,是一款全方位的健康和运动追踪设备。另外新版设备增加了地图导航、时间轴等功能,适配 Apple Watch 的第三方 App 也已经达 1 000 个。Apple Watch 如图 3-29 所示。

图 3-28　谷歌眼镜

图 3-29　Apple Watch

3.3.5　微型计算机的启动过程

学习了以上各种和计算机相关的计算机硬件设备,再一起来看一下,微型计算机在启动的时候是如何工作的。

在按下计算机电源开关时,开始的几秒钟内的时间里,计算机已经完成了一系列复杂的动作,这能够确保所有的部件均工作正常,而且遇到问题时会提出警告。

3.4　操作系统

操作系统(Operating System,OS)是管理和控制计算机硬件与软件资源的计算机程序,任何其他软件都必须在操作系统的支持下才能运行,它是计算机系统的内核与基石。

操作系统和其他所有类型的软件是不同的。计算机没有办公软件、图形处理软件或者游戏也是可以工作的,但每台计算机必须要有操作系统。当启动计算机时,它能够自动地完成一些任务,寻找一些引导文件。计算机引导的时候,它拥有的代码只够在磁盘上寻找少数的至关重要的操作系统文件。在把这些文件加载到内存后,它们轮流装载操作系统的剩余部分。载入的操作系统建立了计算机加载其他程序的规则,并且协调各部分硬件,从而共同完成工作。

3.4.1　操作系统概述

操作系统位于底层硬件与用户之间,是两者沟通的桥梁。用户可以通过操作系统的用户界面输入命令,操作系统则可以对命令进行解释,驱动硬件设备,实现用户要求。下面从3个方面来介绍操作系统。

1. 操作系统的发展与意义

操作系统与电脑硬件的发展息息相关。从1946年诞生第一台电子计算机以来,它的每一代进化都以减少成本、缩小体积、降低功耗、增大容量和提高性能为目标,随着计算机硬件的发展,同时也加速了操作系统的发展。

如果没有操作系统,每个程序员将不得不从头开始开发程序,以便在屏幕上显示文本或图形、向打印机传送数据、读写磁盘文件及使软件与硬件紧密配合。操作系统为用户使用的所有软件创建了一个通用的平台。因为每个程序都有自己的存储格式。如果没有操作系统,就不可能在同一个磁盘上保存由两个不同程序创建的文件。操作系统也提供了一个工具,用来完成需要在应用程序外部执行的所有任务,即在一个批处理文件中,可以包括一个在磁盘上删除、复制、打印和运行文件的命令的集合。

2. 操作系统的功能

以现代标准而言,一个标准计算机的操作系统应该提供以下的功能:进程管理、内存管理、文件系统、网络通信、安全机制、用户界面、驱动程序。

3. 操作系统的分类

目前操作系统种类繁多,很难用单一标准来统一分类,可以从不同角度来看待操作系统的分类问题。

在讲解过这些分类后,可能有同学会好奇,在计算机上最经常使用的 Microsoft

Windows 10 操作系统是属于哪种分类呢？其实，Windows 系统现在已形成一个多系列、多用途的操作系统集合。严格来说，它的本质应该是多种集合的操作系统，它在运行过程中，会有实时响应和分时响应。在部分功能中，它也可以实现分布式操作。同时，根据它的版本和用途不同，它也有个人计算机操作系统和网络操作系统之分。

3.4.2 常用计算机操作系统简介

操作系统多种多样，不同机器安装的操作系统可从简单到复杂，可从非智能型手机的嵌入式系统到超级电脑的大型操作系统。许多操作系统制造者对它涵盖范畴的定义也不尽一致，如有些操作系统集成了图形用户界面，另一些仅使用命令行界面，而将图形用户界面视为一种非必要的应用程序。下面介绍一些典型的主流操作系统。

1. Microsoft Windows

Microsoft Windows 是微软公司推出的一系列操作系统。它问世于 1985 年，一开始 Windows 并不是一个操作系统，只是一个应用程序，其背景还是纯 MS-DOS 系统，这是因为 BIOS 设计以及 MS-DOS 的架构不是很完善，而后其后续版本逐渐发展成为计算机和服务器用户设计的操作系统，并最终获得了世界计算机操作系统软件的垄断地位。Windows 操作系统可以在几种不同类型的平台上运行，如计算机、服务器和嵌入式系统等，其中在计算机领域应用最为普遍。自 Windows 95 和 Windows NT 4.0 问世以来，这个系统最明显的特征是"桌面"。微软设计的桌面大大优化了人机交互的界面，使得更多人只需要少许简单的知识就可以胜任操作计算机的工作了。历代 Windows 操作系统标志图如图 3-30 所示。

图 3-30　历代 Windows 操作系统图形标志

Windows 采用了图形化模式 GUI，比起从前的 DOS 需要输入指令使用的方式，更为人性化。随着计算机硬件和软件的不断升级，微软的 Windows 也在不断升级，从架构的 16 位、32 位再到 64 位，甚至 128 位，系统版本从最初的 Windows 1.0 到 Windows 95、Windows 98、Windows ME、Windows 2000、Windows 2003、Windows XP、Windows Vista、Windows 7、Windows 8、Windows 8.1、Windows 10 和 Windows Server 服务器企业级操作

系统,目前仍在不断更新。截至 2019 年 11 月 18 日,最新的计算机版本操作系统,Windows 10 正式版已更新至 Windows 10.0.18363 版本。

　　Windows 10 的兼容性在微软推出的操作系统中是最好的。它打通了台式机、笔记本、平板电脑和手机之间的障碍,使应用可以同时在这些设备上运行;在同样计算机配置基础上,Windows 10 系统比其他版本的开机速度领先 10s,可见在速度上有很大的飞跃。Windows 10 在界面美观方面有着更精美的设计,同时可将不常用的软件收进开始菜单中,留给桌面一个纯净的壁纸面板;Windows 10 内置 DirectX 12 技术,性能相比 DirectX 11 提升了近 20%。因此,Windows 10 在游戏上的表现比以往最受欢迎的 Windows 7 还要出色。Windows 10 新增了一款 Windows 7 和 Windows 8 都没有的语音助手——Cortana,通过语音控制一些操作更简单、方便;Windows 10 还拥有全新的虚拟桌面,可以实现多个桌面运行不同的软件而又相互不影响,Windows 10 的虚拟桌面如图 3-31 所示;这些功能大大提高了效率,用户体验也提升了。在安全性方面,Windows 10 支持指纹识别、虹膜识别、面部识别等方式,既安全又方便。Windows 10 界面如图 3-32 所示。

图 3-31　Windows 10 的虚拟桌面

　　Windows 是开放的平台,由系统统筹整体 IT 产业链条。硬件需要根据系统来配置。因为其开放性,Windows 成为最普及和用户最多的系统。它就像规划师,安排好硬件、软件,使其匹配 Windows 的各项标准,然后相互协调,完成工作。这种模式的优点就是成本低、市场成熟度快。缺点就是稳定性与性能发挥稍有不足。

　　2. UNIX

　　UNIX 操作系统,是一个强大的多用户、多任务操作系统,能支持多种处理器架构。按照操作系统的分类,属于分时操作系统,最早由 Ken Thompson、Dennis Ritchie 和 Douglas McIlroy 于 1969 年在 AT&T 的贝尔实验室开发。由于 UNIX 具有技术成熟、可靠性高、网络和数据库功能强、伸缩性突出和开放性好等特点,可满足各行各业的实际需要,特别能满

图 3-32　Windows 10 界面

足企业重要业务的需要。目前,已经成为主要的工作站平台和重要的企业操作平台。UNIX 标志如图 3-33 所示。

图 3-33　UNIX 标志

　　最基本的 UNIX 的操作界面是黑底白字的,包含各种命令的窗口型界面,类似于 DOS 系统。不过在 UNIX 上可以搭建桌面环境,桌面环境有很多种,它们就是运行在 UNIX 上的一套软件,不同的桌面环境会有不同的界面。UNIX 应用界面如图 3-34 所示。

　　苹果公司的 Mac OS 系统就是经过优化改动的 UNIX 系统,属于 UNIX 家族,是 UNIX 最好的桌面系统,其比较重要的特点就是有"终端操作"。Mac OS 在 UNIX 的基础上,根据苹果公司的理念修改,与硬件更加完美地结合,使系统更加稳定,操作方面也更加人性化。

3. Linux

　　Linux 是一种自由和开放源代码的类 UNIX 操作系统。简单地说,Linux 是一套免费

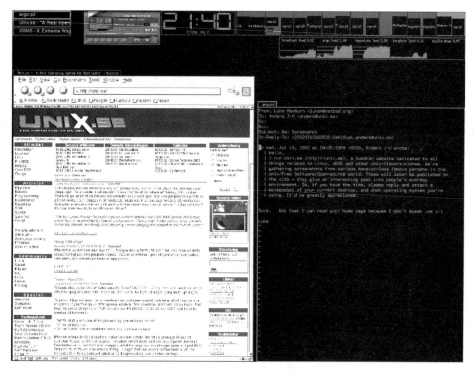

图 3-34　UNIX 应用界面

使用和自由传播的类 UNIX 操作系统。这个系统是由世界各地的成千上万的程序员设计和实现的。其目的是建立不受任何商品化软件的版权制约的、全世界都能自由使用的 UNIX 兼容产品。

　　Linux 的基本思想有两点：第一，一切都是文件；第二，每个软件都有明确的用途，同时它们都尽可能地被编写得更好。

　　Linux 之所以受到广大计算机爱好者的喜爱，主要原因有两个：一是它属于自由软件，用户不用支付任何费用就可以下载和获得它的源代码，并且可以对它进行必要的改动，无约束地继续传播；另一个原因是它具有 UNIX 的全部功能，任何使用 UNIX 操作系统或想要学习 UNIX 操作系统的人都可以从 Linux 中获益。Linux 上的绝大多数应用程序也是可以免费获得的。

　　目前 Linux 已经被移植到更多的计算机硬件平台，远远超出其他任何操作系统。Linux 是一个领先的操作系统，可以运行在服务器和其他大型平台之上，如大型主机和超级计算机。世界上 90% 以上的超级计算机都采用 Linux 操作系统，包括最快的前 10 名超级计算机运行的都是基于 Linux 内核的操作系统。Linux 也广泛应用在嵌入式系统上，如手机、平板电脑、路由器、电视和电子游戏机等。在移动设备上广泛使用的 Android 操作系统就是在 Linux 内核之上创建的。Linux 界面如图 3-35 所示。

4. Mac OS

　　Mac OS 是一套运行于苹果 Macintosh 系列电脑上的操作系统。Mac OS 是首个在商用领域成功应用的图形用户界面操作系统。

图 3-35　Linux 界面

Mac OS 由苹果公司自主开发,是一种基于 UNIX 内核的图形化操作系统;一般情况下在非苹果品牌的计算机上无法安装该操作系统。Mac OS 非常独特,突出了形象的图标和人机对话。全屏幕窗口是 Mac OS 中最为重要的特点。一切应用程序均可以在全屏模式下运行。由于 Mac OS 的架构与 Windows 不同以及 Mac OS 系统没有开源,Mac OS 系统很少受到病毒的攻击,安全性相对于 Windows 来说有很大提高。另外,在该操作系统上能安装的软件都是经过 App Store 过滤的,所以兼容性和安全性能得到很好的保证。Mac OS系统非常简单,系统的运行也很稳定,不会有许多无用的功能,也不会像 Windows 系统那样,有很多的漏洞补丁。

Mac OS 界面如图 3-36 所示。

图 3-36　Mac OS 界面

3.4.3 智能移动设备上的操作系统

智能移动设备拥有独立的操作系统,能够像计算机一样,用户可自行安装第三方服务商提供的应用程序,如游戏、导航、金融等服务软件,并且能够通过无线网络使手机接入互联网。近年来随着硬件的不断发展,手机、平板电脑等设备的智能化程度也越来越高,支配智能手机的大脑——智能手机操作系统,也曾"百家争鸣、各有千秋",但经过大浪淘沙之后,如今剩下来的绝对赢家就是 iOS 和 Android。

1. iOS

iOS 是由苹果公司开发的移动操作系统。苹果公司最早于 2007 年 1 月 9 日的 Macworld 大会上公布这个系统,最初的名称为 iPhone Runs OS X。最初是为 iPhone 设计的,后来陆续应用到 iPod touch、iPad 以及 Apple TV 等产品上。iOS 与苹果的 Mac OS X 操作系统一样,属于类 UNIX 的商业操作系统。原本这个系统名为 iPhone OS,因为 iPad、iPhone、iPod touch 都使用 iPhone OS,所以 2010WWDC 大会上宣布改名为 iOS。iOS 13 界面如图 3-37 所示。

图 3-37　iOS 13 界面

2. Android

Android 是一个以 Linux 为基础的开源移动设备操作系统,主要用于智能手机和平板电脑。Android 系统标志如图 3-38 所示。

大部分的国产手机系统都是基于 Android 系统定制的。小米 MIUI、魅族 Flyme、VIVO 的 Funtouch OS、华为 EMUI 都是目前较好的系统。Android 手机操作系统界面如图 3-39 所示。

图 3-38　Android 系统标志

图 3-39　Android 手机操作系统界面

3.5　本章小结

　　本章主要介绍了计算机系统中的相关理论知识。首先从最早的计算机概念：图灵机讲起,介绍了图灵机的概念与历史意义。介绍了计算机的各部分组成与计算机的工作原理,其中包括冯·诺依曼理论以及计算机的硬件系统与软件系统等知识要点。详细讲解了日常生活中经常用到的微型计算机,介绍了其内部的所有常用硬件,也介绍了各种新兴的移动智能终端设备以及计算机相关方面的重要技术。介绍了计算机从启动开始的详细运行过程以及操作系统与各部件间协调工作的基本原理。详细描述了操作系统的相关概念并介绍了目前主流应用的操作系统。在本章的最后,介绍了各种常用的应用软件以及如何进行软件的安装和卸载。希望通过这一章的学习,大家能深入了解给人们的生活带来切实而神奇改变的计算机。

3.6　赋能加油站与扩展阅读

　　同学们,你们是否有机会,打开一台电脑的主机箱,查看内部的各种零部件是如何组装在一起的? 你是否有兴趣按照自己的个人需求,选购最合适自己的计算机零件,然后亲自动手组装一台计算机? 在众多的电脑品牌和各种硬件设备中,有哪些你了解的品牌? 在当前科技高速发展和国际激烈竞争的条件下,有哪些中国拥有完全自主知识产权的计算机硬件? 中国有哪些正在自主研发的操作系统? 请查阅相关书籍或资料后,进行相关的交流讨论。希望借助于资料的共同学习和对知识的深度查找,大家能对计算机的组成有更多的了解。

扩展阅读

3.7 习题与思考

1. 请写出冯·诺依曼计算机的基本功能。
2. 简述 ROM 与 RAM 的联系和区别。
3. 简述 CPU 的组成与作用。
4. 简述系统软件与操作软件的区别与联系。
5. 简述操作系统的主要功能。
6. 列举微型计算机中常见的硬件设备。
7. 简述一台计算机是怎样开始工作的。
8. 试列举生活中常用的智能移动终端，并说明它们的用途。
9. 谈谈你经常使用的应用软件，以及在同类型软件中选择它的理由。

第 4 章

算法与程序设计

计算机之所以功能强大并能够处理复杂的问题,主要依靠程序的运行。在日常生活中,人们通常都知道做任何事情有个先后次序,这些按照一定顺序的工作及操作序列,就称为程序,而程序设计其实是给出解决特定问题方案的过程,高效程序设计的核心是优秀的算法。

本章主要介绍算法、算法的设计与分析、程序设计语言、程序设计方法与过程、Python语言基础。通过本章的学习,希望大家了解程序设计在解决实际问题过程中的地位和作用,并能初步学会使用一种程序设计语言编写简单的程序。

4.1 算法

日常生活中,使用计算机处理各种不同的问题,首先要对各类问题进行分析,确定解决问题的方法和步骤,再编好一组让计算机执行的指令即程序,最后交给计算机,让计算机按人们指定的步骤有效地工作。这些具体的方法和步骤,实质就是解决一个问题的算法。对于同一个问题,可能有多种不同的算法。

4.1.1 算法的概念

广义的算法是指为完成某项工作的方法和步骤。本书所指的只限于"计算机算法"。所谓的计算机算法,就是使用计算机来解决一个问题时所采取的特定方法和步骤。算法是解决问题的基本方法,是一系列清晰准确的指令。这些指令可以用一种编程语言或者自然语言来表示。狭义的算法是为解决一个问题而采取的方法和步骤。

【例 4-1】 统计一个人在一次选举中的得票数。算法如下:

第一步,获取选票。

第二步,获取要统计的人的名字。

第三步,将计数器置为 0。

第四步,对每张选票都采取以下操作:将选票中的名字和要统计的人的名字进行比较。如果两个名字相同,就将计数器的值加 1。

第五步,输出结果:计数器的值。

算法设计完成后,用某种程序设计语言描述出来就是计算机程序了。算法、程序设计语言及程序之间的关系如图 4-1 所示。

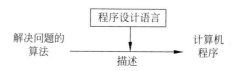

图 4-1　算法、程序设计语言及程序之间的关系

4.1.2　算法的基本特征

编程的第一步是设计算法,但不是任意写出一些执行步骤就能构成一个算法,一个算法应该具有以下 5 个特征。

(1) 有穷性:算法的有穷性是指一个算法必须能在执行有穷步骤之后结束,且每一步骤都在有穷时间内完成。

(2) 确定性:算法的每一步骤必须有确切的定义,对于每种情况,等待执行的动作必须严格地定义,即不能有二义性。并且在任何条件下算法只能有唯一的执行路径,即对相同的输入只能得出相同的结果。

(3) 输入:一个算法有 0 个或多个输入,就是在算法开始前,对算法给出最初的量,以刻画运算对象的初始情况。

(4) 输出:一个算法有 1 个或多个输出,输出是同输入有某些特定关系的量,以反映对输入数据加工后的结果。

(5) 可行性:算法中所有待实现的步骤必须是相当基本的,也就是说,算法中描述的基本步骤都是可以通过已经实现的基本运算执行有限次来实现。

例 4-1 满足算法的 5 个特征。

有穷性:算法由 5 步组成,每一步都会在有限时间内完成。特别地,对于第四步"比较"和"计数器加 1"都会在有限的时间内完成,该步骤重复的次数是选票数,所以第四步能在有限时间内完成。

确定性:每一步骤都有明确的含义。

输入:选票和要统计的人的名字。

输出:得票数。

可行性:每一步骤都是基本的指令,都能够实现。

4.1.3　算法的评价

对于同一问题,如果设计了不同算法来解决,有必要评价哪一种算法更好,不同的算法从质量上来讲必然是不同的,一个算法的质量优劣将直接影响程序的效率。在保证算法正确性的前提下,评价一个算法主要有两个指标:时间复杂度和空间复杂度。

1. 时间复杂度

算法的时间复杂度是从算法效率的角度来考虑的,指执行算法所需要的时间。一般来说,计算机算法是问题规模 n 的函数 $f(n)$,算法的时间复杂度记作 $T(n)=O(f(n))$。因此,问题的规模 n 越大,算法的执行时间越长。算法执行时间的增长率与 $f(n)$ 的增长率正相关,称作算法的渐进时间复杂度,简称为时间复杂度。

2．空间复杂度

算法的空间复杂度是指算法需要消耗的内存空间。其计算和表示方法与时间复杂度类似，通常也用算法所占辅助存储空间大小的数量级来表示算法的空间复杂度，记作 $S(n)$。与时间复杂度相比，空间复杂度的分析要简单得多。

时间复杂度和空间复杂度往往是相互矛盾的，通常要降低算法的执行时间就要以使用更多的空间作为代价，而要节省空间则往往要以增加算法的执行时间作为成本，二者很难兼顾。因此，只能根据具体情况有所侧重。

4.2　算法的设计与分析

4.2.1　问题求解步骤

人与计算机的沟通方式主要通过程序控制指令。那么，程序指令应该怎么写才能让计算机能够正确地理解并完成预期的任务呢？这当中最重要的是程序的算法，而算法是构建在问题求解的数学模型等很多知识基础上的。

求解问题的过程是什么？周以真教授提出了计算思维的本质是抽象和自动化。换言之，求解问题的过程大致可分为两步：一是问题抽象，把实际问题用符号来表示；二是自动化，一步一步自动执行，即编写程序。

用计算机如何求解问题？先从问题的求解框架开始，使用计算机解决一个具体问题时，大致需要经过下列步骤：首先从实际问题中抽象出一个适当的数学模型，然后寻找解决问题的途径和方法即设计算法，最后编写程序（将算法翻译成计算机程序设计语言）并上机运行和测试，直至问题解决。问题求解过程如图 4-2 所示。

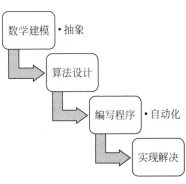

图 4-2　问题求解过程

4.2.2　数学建模

简单来说，把一个实际问题转化成一个纯数学问题，这个纯数学问题就称为数学模型，而建立数学模型的整个过程就称为数学建模。数学建模是指经过分析抽象，将具体问题转化为形式化、符号化和公式化的数学语言描述问题的过程。

数学建模是基于数学的方法，运用数学语言描述清楚问题的条件、最终目标以及达到目标的过程。寻求数学模型的实质是分析问题，从中抽象提取操作的对象，并找出这些操作对象间蕴含的关系，然后用数学的语言加以描述。

4.2.3　算法的描述

为解决每一个具体问题而设计的算法，必须用适当的方法把它描述出来。表示一个算法,可以用不同的方法。算法的描述方法有自然语言描述算法、流程图描述算法、N-S 图描述算法、伪代码描述算法等多种不同的方法。

1. 自然语言描述算法

用人们日常使用的语言来描述或表示算法的方法,即自然语言描述算法。

【例 4-2】　输入 10 个数,打印出其中最大的数,可设计如下的自然语言描述算法。

第一步,输入一个数,存入变量 A 中,将记录数据个数的变量 N 赋值为 1,即 $N=1$。

第二步,将变量 A 存入表示最大值的变量 Max 中,即 Max $=A$。

第三步,再输入一个值给 A,如果 $A>$ Max,则 Max $=A$,否则 Max 不变。

第四步,将记录数据个数的变量增加 1,即 $N=N+1$。

第五步,判断 N 是否小于 10,若成立则转到第三步执行,否则转到第六步。

第六步,打印输出 Max。

最后得到 Max 的值就是要求的最大值。

用自然语言描述算法方便、易懂,比较容易接受,但也存在以下缺陷。

(1) 容易产生歧义,表示的含义往往不是很严格,要根据上下文才能判别其确切的含义。

(2) 语句烦琐、冗长,尤其是在描述包含选择和循环的算法时,不太方便。

因此,一般不用自然语言来描述算法,只有较简单的问题适合使用这种方法。

2. 流程图描述算法

描述算法的常用工具是流程图。流程图描述算法是一种传统的算法表示方法,用一组几何图形表示各种类型的操作,在图形上用扼要的文字和符号表示具体的操作,并用带有箭头的流程线表示操作的先后次序。

用于表示算法的流程图具有形象、直观,易于理解的特点,能够清楚地显示出各个框之间的逻辑关系和执行流程,便于交流,被广泛使用,成为程序员们交流的重要工具。当然,这种表示法也存在着占用篇幅大、画图费时、不易修改等缺点。

流程图的各种基本图形符号都是由美国国家标准化协会(American National Standards Institute,ANSI)统一规定的。标准流程图符号及其含义如表 4-1 所示。

表 4-1　标准流程图符号及其含义

图 形 符 号	名　称	说　明
▭	起止框	表示算法的开始或结束,框内填写"开始"或"结束"
▱	输入输出框	表示算法的输入输出操作,框内填写需要输入、输出的各项
▭	处理框	表示算法中的各种处理操作,框内填写指令或指令序列
◇	判断框	表示算法中的条件判断,框内填写判断条件
→↕	流程线	表示算法控制流的流向,箭头指向流程的方向
○	连接符	表示算法中流程图的转向,它是流程线的断点

例 4-2 的算法流程图如图 4-3 所示。

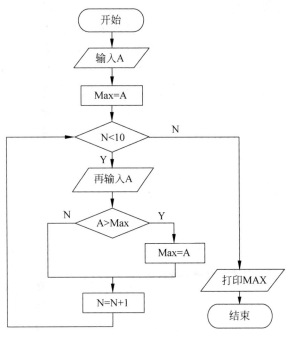

图 4-3 例 4-2 的算法流程图

3. N-S 图描述算法

尽管用流程图表示算法较为直观,但占篇幅大,随着结构化设计的兴起,简化了控制的流向,1973 年美国学者 I. Nassi 和 B. Shneiderman 提出了一种新的流程图,并以他们的姓名的第一个字母命名 N-S 图。它是一种简化的流程图,省去了流程图中的流程线,全部算法写在一个矩形框内,适用于结构化的程序设计,又称为 N-S 结构化流程图。N-S 图更为直观、形象,且比流程图紧凑、易画,在实际应用中经常被采用。结构化程序设计包含顺序结构、选择结构和循环结构,而循环结构又有当型和直到型两种类型。三种基本结构的 N-S 图如图 4-4 所示。

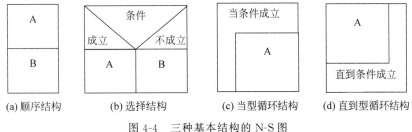

图 4-4 三种基本结构的 N-S 图

例 4-2 的算法的 N-S 图如图 4-5 所示。

4. 伪代码描述算法

用流程图和 N-S 图表示算法直观易懂,但画起来比较麻烦。为了设计算法时操作更为简便,常用一种被称为伪代码的工具。所谓"伪代码"就是用介于自然语言和计算机语言之间的文字和符号来描述算法。"伪"意味着假,因此用伪代码写的算法是一种假代码,不能被计算机所理解,但便于转换成用某种语言编写的计算机程序。

使用伪代码的目的是使被描述的算法可以容易地以任何一种编程语言(如 Pascal、C、Java 等)实现。因此,用伪代码写算法并无固定的、严格的语法规则,只要意思表达清楚,书写格式清晰易读即可,不用拘泥于具体实现。与程序语言相比,它更类似自然语言,将整个算法运行过程的结构用接近自然语言的形式描述出来。三种基本结构的伪代码表示如图 4-6 所示。

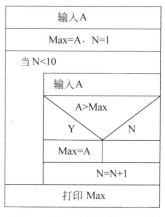

图 4-5　例 4-2 算法的 N-S 图

| 顺序结构:
action 1
action 2
…
action n | 分支结构:
if (condition)
{
　　action
　　action
　　…
}
else
{
　　action
　　action
　　…
} | 循环结构:
while (condition)
{
　　action
　　action
　　…
} |

图 4-6　三种基本结构的伪代码表示

例 4-2 的算法用伪代码表示如下所示。

```
Begin            /＊算法开始＊/
N = 1
Input A
Max = A
当 N <= 10 则
{ Input A
        If A > Max 则 Max = A
        N = N + 1}
Print Max
End              /＊算法结束＊/
```

计算机无法识别流程图和伪代码,只有用计算机语言编写的程序才能被计算机识别并执行。因而,在使用流程图或伪代码描述某个算法后,还需要将它转换为计算机程序,此时,必须严格遵守所采用语言的语法规则,这和伪代码是不同的。

4.2.4 典型算法举例

用计算机解决实际问题时,首先要进行算法设计。为了提高计算机的工作效率,人们通过长时间的研究开发,总结了一些典型算法如穷举法、递归法、排序法等。这些算法在应用中非常普遍。下面介绍一些最常用的、典型的算法。

1. 穷举法

穷举法是将所有组合依次尝试一遍,也叫试凑法、枚举法,该算法的基本思想是按问题本身的性质,通过多重循环,一一列举各种可能的情况(不能遗漏,也不能重复),并在逐一列举的过程中,检验每个可能的解是否是问题的真正解,若是真正解,则采用这个解,否则抛弃它。

穷举法的特点是不能用方程求解,只能一一列举各种情况,从多种可能中选取满足要求的一个(或一组)解。当然,也可能得出无解的结论。

用穷举法解题时,就是按照某种方式列举问题答案的过程,如"百鸡问题"。

求 1～100 中所有是 3 倍数的数。解决此数学问题的算法的步骤如下所述。

第一步,首先将 i 赋值为 1。

第二步,判断 i 是否小于等于 100,若条件为真,则执行循环体语句。

第三步,在每次循环时,判断 i 是否是 3 的倍数。若条件为真,则输出 i 的值;若条件为假,则将 i 加 1,重新进行条件测试,判断 i 是否小于等于 100。

第四步,退出循环,返回结果。

求 1～100 所有是 3 倍数的数算法如图 4-7 所示。

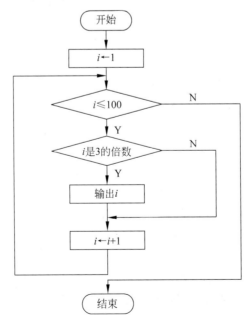

图 4-7 求 1～100 所有是 3 倍数的数算法

2. 递归法

用自身的结构来描述自身,称为递归法,是利用问题本身所具有的某种递推关系求解问题的一种方法。

设计递归法时应该具备两点:一是递归结束条件及结束时的值;二是能用递归形式表示,且递归向终止条件发展。递归处理一般用栈来实现,每调用一次自身,就把当前参数压栈,直到递归结束条件,然后从栈中弹出当前参数,直到栈空。

求出多个数相乘之积。多个数的乘积求法的积的初始值是 1,在循环中重复进行乘法运算。

乘积算法的步骤如下所述。

第一步,首先将乘积(product)初始化为 1。

第二步,循环,在每次循环时,将一个数与乘积(product)相乘。

第三步,退出循环,返回结果。

求乘积算法的流程图如图 4-8 所示。

将求乘积的算法进行较小的改动,就可以用来实现整数 n 的阶乘 $n!$ 运算。

$$n! = \begin{cases} 1 & \text{当 } n = 0 \text{ 时} \\ n * (n-1)! & \text{当 } n \geqslant 0 \text{ 时} \end{cases}$$

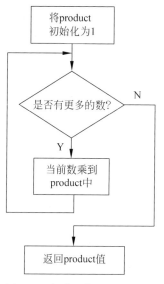

图 4-8　求乘积算法的流程图

上述公式给出了用递归分解阶乘。如果仔细研究该公式,便会发现用递归法解决问题有两条途径。首先将问题按从高至低的顺序进行分解,然后按从低到高的顺序解决它。

递归法体现了算法当中的一个重要思想——问题分解,也可以称为“分而治之”。

3. 排序法

在日常生活和工作中许多问题的处理都依赖于数据的有序性,如成绩单按学生的成绩高低来排序等。把无序的数据整理成有序数据的过程就是排序。排序就是把若干个数据按照其中的某个或某些关键字的大小,按递增或递减的顺序排列起来的操作,排序问题是在程序设计中经常出现的问题。可以设想一下,倘若字典中的词不是以字母的次序排列,那么使用这样的字典将是何等的困难。同样,在计算机存储器中对各项数据进行排序,有利于加快处理这些项目的算法的速度,也增加了简便性。

排序的算法有许多,常用的算法有选择排序法、冒泡排序法、插入排序法、合并排序法等。下面以整数的排序为例,介绍 3 种排序方法:选择排序法、冒泡排序法、插入排序法。

1) 选择排序法

基本思想是对整个序列扫描,每次在若干个无序数中找最小(大),将它与序列的第一个元素交换;再在剩下的元素中找出最小(大)数,与序列的第二个元素互相交换位置,以此类推,直到序列为空的停止。

已知 n 个数的序列,用选择法按递增次序排序的步骤如下所述。

第一步,从 n 个数中找出最小的数,经过一轮的比较,将最小数与第一个数交换位置;通过这一轮排序,第一个数已确定好。

第二步,除了已经排好序的数外,将其余数再按第一步的方法选出最小的数,与未排序数中的第一个数交换位置。

第三步,重复第二步,直到构成递增序列。

【例 4-3】 已知数组中存放 6 个数,要求按递增顺序排序,选择排序法的排序过程示意图如图 4-9 所示。

参与比较数据						原始数据	8	6	9	3	2	7
a(1)	a(2)	a(3)	a(4)	a(5)	a(6)	第1轮比较后的顺序	2	6	9	3	8	7
	a(2)	a(3)	a(4)	a(5)	a(6)	第2轮比较后的顺序	2	3	9	6	8	7
		a(3)	a(4)	a(5)	a(6)	第3轮比较后的顺序	2	3	6	9	8	7
			a(4)	a(5)	a(6)	第4轮比较后的顺序	2	3	6	7	8	9
				a(5)	a(6)	第5轮比较后的顺序	2	3	6	7	8	9

图 4-9 选择排序法的排序过程示意图

相应的关键伪代码如下:

```
For i = 0 to n − 2
    {   Min←i
    For j = i + 1 to n − 1
    If a[j] < a[Min]
        Min← j
        a[i]元素与a[Min]元素互换    }
```

2) 冒泡排序法

冒泡排序法与选择排序法相似,冒泡排序法是从一组数中选出最小(最大)数的一种方法。其基本思想是从第一个元素开始,对数组中两两相邻的元素进行比较,将值较小的元素放在前面,将值较大的元素放在后面,经过一轮的比较,一个最大的数成为数组中的最后一个元素,一些较小的数如同气泡一样上浮一个位置。n 个数,经过 $n-1$ 轮比较后完成排序。已知 n 个数的序列,用冒泡排序法按递增次序排序的步骤如下所述。

第一步,有 n 个数存放在数组中,第 1 轮将相邻两个数比较,小数调到前面,经过 $n-1$ 次两两相邻比较后,最大的数已"沉底",放在最后一个位置,小数上升"浮起"。

第二步,第 2 轮对余下的 $n-1$ 个数按上述方法比较,经过 $n-2$ 次相邻两数比较后得次大的数。

第三步,重复第二步,n 个数共进行 $n-1$ 轮的比较,在第 j 轮中要进行 $n-j$ 次两两比较,最后构成递增序列。

【例 4-4】 用冒泡排序法实现例 4-3,冒泡排序法的排序过程示意图如图 4-10 所示。

相应的关键伪代码如下:

参与比较数据						原始数据	8	6	9	3	2	7
a(1)	a(2)	a(3)	a(4)	a(5)	a(6)	第1轮比较后的顺序	6	8	3	2	7	9
a(1)	a(2)	a(3)	a(4)	a(5)		第2轮比较后的顺序	6	3	2	7	8	9
a(1)	a(2)	a(3)	a(4)			第3轮比较后的顺序	3	2	6	7	8	9
a(1)	a(2)	a(3)				第4轮比较后的顺序	2	3	6	7	8	9
a(1)	a(2)					第5轮比较后的顺序	2	3	6	7	8	9

图 4-10   冒泡排序法的排序过程示意图

```
For i = 0 to n − 2
For j = 0 to n − 2 − i
    If a[j] > a[j + 1]
        a[j]元素与 a[j + 1]元素互换
```

3) 插入排序法

插入排序法是最常用的排序方法之一,如经常在扑克牌游戏中使用。游戏人员将每张拿到手的牌插入手中合适的位置,以便手中的牌以一定的顺序排列。

插入排序法的基本思想是每次将一个待排序的记录,按其关键字大小插入到前面已经排好序的队列的适当位置,直到全部记录插入完成,使整个表有序为止,插入排序法的排序过程如图 4-11 所示。

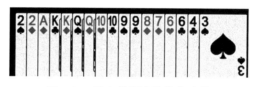

图 4-11   插入排序法的排序过程

已知 n 个数的序列,用插入法按递增次序排序的步骤如下所述。

第一步,首先查找待插入数据在数组中的位置 k。从第一个元素开始逐个与 k 比较,若第 k 个元素大于 x,则确定插入的位置为 k;若所有元素均小于 x,则确定插入的位置为 $n+1$。

第二步,重新定义数组大小,然后从最后一个元素开始往前,直到下标为 k 的元素依次往后移动一个位置。

第三步,把第 k 个元素的位置腾出,将数据插入。

【例 4-5】   数组中存放 5 个数,要求按递增顺序排序,插入排序法的排序过程示意图如图 4-12 所示。

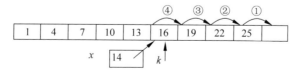

图 4-12   插入排序法的排序过程示意图

相应的关键伪代码如下:

```
Do while x > a[k] and k < = n
    k = k + 1
loop
For i = n to k step - 1
    a[i + 1] = a[i]
Next i
    a[k] = x
```

4.3 程序设计语言

为了让计算机解决实际问题,要进行算法设计,然后使用某种适合的程序设计语言来表示这一算法,即编写解决该问题的程序,运行该程序后获得结果。算法是程序的核心。程序设计语言是用于书写那些程序的语言,即一组用来定义计算机程序的语法规则。一种计算机语言能够准确地定义计算机所需的数据,并精确地定义在不同情况下应当采取的动作。

4.3.1 程序设计语言概述

人与计算机进行交流,必须掌握计算机能够懂得的语言,即计算机语言。计算机语言是人与计算机之间传递信息的媒介,是一个能完整、准确和规则地表达人的意图,并能指挥或控制计算机工作的“符号系统”。计算机系统最大的特征是能将指令通过一种语言传达给机器。为了使计算机完成各种工作,就需要有一套用以编写计算机程序的数字、字符和语法规则。由这些字符和语法规则组成计算机各种指令(或各种语句),就是计算机能接受的语言。程序设计语言按照语言级别可以分为低级语言和高级语言。低级语言有机器语言和汇编语言。

1. 机器语言

机器语言是与计算机硬件关系最为密切的一种计算机语言,是计算机诞生和发展初期使用的语言,在计算机硬件上执行的就是一条条用机器语言编写的指令。机器语言程序指令是由“0”和“1”的二进制数组成的,并能被机器直接理解和执行的指令集合。任何一个计算机程序,都需要先转换成机器指令的形式,然后才能够在计算机上运行。

每条指令一般具有一个操作码和一个地址码。其中操作码表示运算性质,地址码指出操作数在存储器中的地址。指令格式如图 4-13 所示。

操作码	地址码

图 4-13 指令格式

比如,一段机器语言代码,每一行表示一条指令,有的指令长,有的指令短。一段机器语言代码如图 4-14 所示。

【例 4-6】 计算 A=8+12 的机器语言程序如下所述。

```
10110000 0000011        //把 8 放入累加器 A 中
00101100 00001100       //12 与累加器 A 中的值相加,结果仍放入 A 中
11110100                //结束,停机
```

早期的程序代码是打在纸带或卡片上,"1"打孔,"0"不打
孔,再将程序通过纸带机或卡片机输入计算机,进行运算。显
然,对于那些不太熟悉机器语言的人来说,看到这些由"0"和"1"
组成的字符串,是根本就看不懂的,因而机器语言编写的程序不
仅难读、难懂、难修改,而且编写出来的代码,它的正确性也很难
保证。比如,在图 4-14 的某条指令中,如果不小心把其中的一个
"1"写成了"0",那么这条指令的含义可能就完全地被改变了,而

```
100010110100010111111100
001110110100010111111000
0000100001111110
100010110100110111111100
100010010100110111110100
1110101100000110
100010110101010111111000
100010010101010111110100
```

图 4-14　一段机器语言代码

整个程序的运行结果也可能就完全不同,所以现在已经没有人使用机器语言直接编程了。
当然,机器语言也有其优点,编写的程序代码不需要翻译,因此占用空间少,执行速度快。

2. 汇编语言

汇编语言诞生于 20 世纪 50 年代初。为了克服机器语言的缺点,人们提出了汇编语言
的概念。即将机器指令的代码用英文助记符来表示,如对于一条机器指令 00110101,有些
人可能不知道它是干什么的。但如果用符号 ADD 来代替它,那么这条指令的功能就很容
易猜到:它是一个加法运算。所以说,采用汇编语言来编写程序,就比机器语言要方便得
多,也容易得多。例如,对于图 4-14 当中的机器语言代码,把它翻译为相应的汇编语言,汇
编语言对应的代码如图 4-15 所示。

显然,这段代码就比刚才的机器指令要好理解得多。有些人虽然并不知道这种汇编语
言的语法,但是能够大致地猜测出每条指令的功能。例如,用 ADD 表示加,SUB 表示减,
MOV 表示数据传递,CMP 表示比较操作,JMP 和 JLE 表示程序跳转等。

这样一来,人们很容易读懂并理解程序的用途,这给纠错和维护带来了方便,这种程序
设计语言就称为汇编语言,即第二代计算机语言。然而计算机是不认识这些符号的,这就需
要一个专门的程序,专门负责将这些符号翻译成二进制数的机器语言,这种翻译程序被称为
汇编程序。

由汇编语言编写的程序(源程序),必须经过汇编程序翻译,转换成计算机所能识别的二
进制机器语言后,才能被计算机执行,汇编语言源程序的执行过程如图 4-16 所示。

```
mov     eax, dword ptr[ebp-4]
cmp     eax, dword ptr[ebp-8]
jle     00401048
mov     ecx, dword ptr[ebp-4]
mov     dword ptr[ebp-0Ch], ecx
jmp     0040104e
mov     edx, dword ptr[ebp-8]
mov     dword ptr[ebp-0Ch], edx
```

图 4-15　汇编语言对应的代码

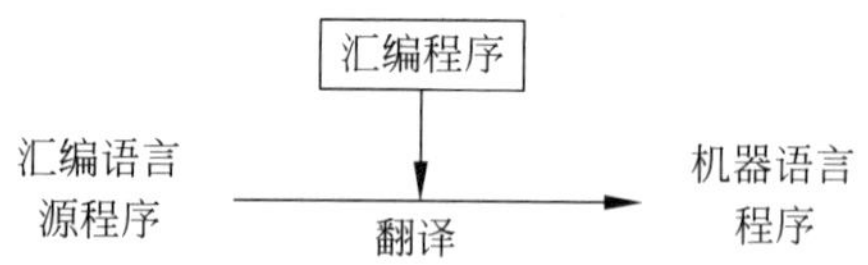

图 4-16　汇编语言源程序的执行过程

【例 4-7】　计算 A＝8＋12 的汇编语言程序如下所述。

```
MOV A,8              //把 8 放入累加器 A 中
```

```
ADD A,12                    //12 与累加器 A 中的值相加,结果仍放入 A 中
HLT                         //结束,停机
```

汇编语言克服了机器语言难读、难懂的缺点,同时又保持了其编程质量高、占存储空间少、执行速度快的优点,有着高级语言不可替代的用途。因此,在编写系统软件和过程控制软件时,仍经常采用汇编语言。不过即便如此,用汇编语言编写的代码看起来还是比较费劲,还是不太明白整段代码的功能是什么,它能解决什么问题。所以,对于汇编语言来说,它仍然是面向机器的语言,它的层次仍然太低。而且,它需要直接安排存储,规定寄存器和运算器的动作次序。这对于大多数人来说,并不是一件简单的事情。此外,不同计算机的指令长度、寻址方式、寄存器数目等都不一样,所以汇编语言程序的通用性较差。使用起来还是不太方便,程序开发和维护的效率还是比较低。为了更好地进行程序设计,人们又提出了高级程序设计语言的概念。

3. 高级语言

尽管汇编语言大大提高了编程效率,但其对硬件过分依赖,要求编写程序的人员必须在所使用的硬件上花费大部分精力。为了提高程序员的工作效率,人们意识到应该将注意力从关注计算机硬件转到关注要解决问题的方法上,即应该设计一种更自然、更符合人类语言习惯的符号形式(如数学公式)来编写程序,这样编写出来的程序更容易被理解和使用。高级语言接近于数学语言或自然语言,同时又不依赖于计算机硬件,而且编出的程序能在所有计算机上通用。

高级语言的表示形式近似于自然语言,对各种公式的表示近似于数学公式。而且,一条高级语言语句的功能往往相当于十几条甚至几十条汇编语言的指令,程序编写工作相对比较简单。因此,在工程计算、数据处理等方面,人们常用高级语言来编写程序。

【例 4-8】 计算 A＝8＋12 的 Visual Basic 语言程序如下所述。

```
Dim A %
A = 8 + 12
Print A
End
```

用高级语言编写的程序称为高级语言源程序,但不能直接执行,必须转换成机器语言才能由计算机执行,这个转换的过程可采用解释和编译两种方式。

解释方式是将高级语言编写的源程序作为输入,解释一句后就提交计算机执行一句,并由相应的语言解释器"翻译"成目标代码(机器语言),一边解释一边执行,因此效率比较低,而且不能生成可独立执行的可执行文件。

编译方式是指在源程序执行之前,就将程序源代码"翻译"成目标代码(机器语言),因此其目标程序可以脱离其语言环境独立执行,使之更加方便、高效。但一旦需要修改应用程序,必须先修改源代码,然后再重新编译生成新的目标文件后才能执行。高级语言源程序的执行过程如图 4-17 所示。

由于各种高级程序设计语言的语法和结构不同,它们的编译程序也不同。每种语言都有自己的编译程序,相互不能替代。

图 4-17　高级语言源程序的执行过程

4.3.2　程序设计语言的分类

根据其解决问题的方法及所解决问题的种类,程序设计语言分为面向过程化语言、面向对象语言、函数型语言、逻辑型语言、专用语言、脚本语言等。

1. 面向过程化语言

面向过程化语言又称为结构化程序设计语言,是一种为程序设计人员提供具有准确定义的任务执行步骤的语言。

在面向过程化语言中,程序设计人员可以指定计算机将要执行的详细的算法步骤。有时,也把面向过程化语言看成是指令式程序设计语言。不同的是,面向过程化语言中包含了过程调用。在面向过程化语言中,可以使用过程、例程或方法来实现代码的重用而不需复制代码,可以使用 GOTO、JUMP 等语句或其他控制结构来控制程序的执行。一般地,把删除了 GOTO、JUMP 等语句的过程化语言称为结构化语言。面向过程化语言包括 FORTRAN、COBOL、Pascal、C 和 Ada 等。

下面,给出一个面向过程化语言的示例。在该示例中,将计算整数从 1 加到 N 之和,要求根据输入的整数 N,把计算结果输出来。下面的代码详细地给出了计算过程的步骤:声明变量、输入参数、执行计算、输出计算结果。

```
Sub sumN( )
Dim Total as Integer, N as Integer
Input N
Total = N * (N + 1)/2
Print Total
End Sub
```

2. 面向对象语言

面向过程化语言存在较多的缺点。程序的执行过程是流水线式的,即在一个模块被执行完成前,不能执行其他模块,也无法动态地改变程序的执行方向。这与人们日常习惯的认识和处理事物的方式不一致。

人们认为客观世界是由各种各样的对象(或称为实体、事物)组成的,每个对象都有自己的内部状态和运动规律。不同对象间的相互联系和相互作用构成了各种不同的系统,进而构成整个客观世界。计算机软件主要就是为了模拟现实世界中的不同系统,如物流系统、银行系统、图书管理系统、教学管理系统等。因此,计算机软件可以被认为是"由现实世界中相互联系的对象所组成的系统,在计算机中的模拟实现"。

为了使计算机更易于模拟现实世界,1967 年挪威计算中心开发出了 Simula 67 语言,它提供了比子程序更高一级的抽象和封装,引入了数据抽象和类的概念,被认为是第一个面向对象语言。

目前,在程序设计过程中,采用面向对象技术是程序设计的一个发展趋势。大多数的程序设计语言都是面向对象语言或具备面向对象技术特征,如 Java、C++、Visual Basic .NET、C♯、Python、Ruby 等。

1) 面向对象的基本概念

对象指要研究的任何事物,由一组属性和对这组属性进行操作的一组方法构成。从一本书到一家图书馆都可看作对象,它不仅能表示有形的实体,也能表示无形的(抽象的)规则、计划或事件。对象的操作通常称为方法。

类是对象的模板是具有相同属性和方法的一组对象的抽象描述,是数据抽象和信息隐藏的工具。类是在对象之上的抽象。对象则是类的具体化,是类的实例。

消息是对象之间进行通信的一种规格说明。一般它由 3 部分组成,接收消息的对象、消息名及消息本身。

2) 面向对象的主要特征

封装性是对象的重要特性。封装是一种信息隐蔽技术,使数据和加工该数据的方法(函数)封装为一个整体,以实现独立性很强的模块,使用户只能见到对象的外特性,而对象的内特性对用户是隐蔽的。封装的目的在于把对象的设计者和对象的使用者分开,使用者不必知晓行为实现的细节,只须用设计者提供的接口来访问该对象。

继承性由类的派生功能体现。继承是子类自动共享父类数据和方法的机制。一个类可以直接继承其他类的全部描述,同时可修改和扩充。

多态性是指对象根据所接收的消息而做出动作。同一消息被不同的对象接收时可产生完全不同的行动,这种现象称为多态性。利用多态性,用户可发送一个通用的信息,而将所有的实现细节都留给接收消息的对象自行决定。

3. 函数型语言

在函数程序设计中,程序被当作数学函数来考虑。大多数函数型语言应用在学术领域而不是商业领域。不过,在一些商业领域中,如统计分析、金融分析、符号数学等,函数型语言的应用也越来越多。例如,微软公司发布的 F♯ 语言就是典型的函数型语言。有人把电子表格,如 Excel 也看成是一种函数型语言。

函数型语言和面向过程化语言相比,具有两方面优势:一是它鼓励模块化编程;二是它允许程序员用已经存在的函数来开发新的函数。这两个因素使得程序员能够从已经测试过的程序编写出庞大而且不易出错的程序。

4. 逻辑型语言

逻辑型语言依据逻辑推理的原则回答查询,是一种通过设定答案必须符合的规则来解决问题,而不是通过设定步骤来解决问题的程序设计语言。

与指令式程序设计语言相比,逻辑型语言运行在更高概念层次上。这些语言在难题解决、知识表示、人工智能等领域有着广泛的应用。Prolog 语言是一种典型的逻辑型语言。

逻辑推理以推导为基础,根据已知正确的一些论断(事实),运用逻辑推理的准则推导出新的论断(事实)。

逻辑学中著名的推导准则: if(A is B)and(B is C),then(A is C)

将此准则应用于下面的事实。

事实 1: Socrates is a human→A is B

事实 2: A human is mortal→B is C

可以推导出下面的事实。

事实 3: Socrates is mortal→A is C

程序员在学习相关领域的知识或向该领域的专家获取事实的同时,还应该精通如何编辑严谨的定义准则,这样写出的程序才能推导并产生新的事实。

5. 专用语言

专用语言是用于解决特殊领域中特殊问题表示技术和解决方案的程序设计语言。

6. 脚本语言

典型的专用语言包括正则表达式、层叠样式表(Cascading Style Sheets,CSS)、SQL 查询语句、标记语言(如 HTML、XML)等。

还有一种典型的语言是脚本语言。脚本语言是一种嵌入在另一种语言中,可以控制应用程序的程序设计语言。脚本语言一般都是解释执行的,具有程序设计语言的基本特征,它们总是嵌入将要控制的应用程序之中。例如,Firefox 是一个典型的浏览器应用程序,是由 C 语言或 C++语言编写的,该应用程序可以由 JavaScript 语言编写脚本程序来控制其某些行为。根据脚本语言的作用,可以把脚本语言分为作业控制脚本语言、GUI 脚本语言、Web 脚本语言、特定应用程序的脚本语言、文本处理脚本语言、嵌入式脚本语言、一般用途的脚本语言等。典型的 Web 服务器端脚本语言包括 ASP、ASP. NET、PHP、Perl、Python、Ruby 等。JavaScript 和 VBScript 都是典型的 Web 浏览器端脚本语言。

4.3.3　高级语言程序的执行

程序员的工作是写程序,然后将其转换为可执行(机器语言)程序。该过程分为以下几个步骤:编写和编辑程序→编译程序→用所需的库模块连接程序→执行程序。

1. 编写和编辑程序

用来编写程序的软件称为文本编译器。文本编译器可以帮助输入、替换及存储字符数据。使用系统中不同的文本编译器,可以写信、写报告或写程序。编写好程序后,将文件存盘。这个文件称为源文件,这时的程序称为源程序。

2. 编译程序

源程序必须翻译为机器语言计算机才能理解。一般使用编译器来实现高级语言到机器语言的翻译。

编译器实际上是两个独立的程序:预处理程序和翻译程序。预处理程序读源代码,扫描预处理命令。预处理命令使预处理程序能够查询特殊代码库,在代码库中做替换并且在其他方面为代码翻译成机器语言做准备。

当预处理程序为编译准备好代码后,翻译程序进行高级语言程序到机器语言程序的翻译工作。高级语言程序被称为源程序。被翻译成的机器语言程序称为目标程序。有两种方法用于翻译：编译和解释。

(1) 编译。编译程序通常把整个源程序翻译成目标程序,如 C、C++、Java。

(2) 解释。将源程序逐条转换成目标程序,同时逐条运行的过程,如 Python、JavaScript。目标程序以目标文件的形式存储。目标程序虽然是机器语言代码,但还是不能运行,因为还缺少程序运行需要的部分。

编译和解释的不同之处在于,编译在执行前翻译整个源代码,而解释是一次只翻译和执行源代码中的一行。

3. 连接程序

高级语言有许多的子程序。其中一些子程序是程序员编写的,并成为源程序的一部分。还有一些诸如输入输出处理和数学库的子程序存在于别处,必须附加到目标程序中,这个过程称为连接。

连接是将所有这些子程序加到可执行程序中的过程。

4. 执行程序

一旦程序被连接好后就可以执行了。为了执行程序,可以使用操作系统命令,将程序载入内存并执行。将程序载入内存是由操作系统的载入程序来完成的。它能定位可执行的程序,并将其读入内存。一切准备好后,控制被交给程序,然后开始执行。

在典型的程序执行过程中,程序读入来自用户或文件的数据并进行处理。处理结束后,输出处理结果。数据可以输出至用户的显示器或文件中。程序执行完后,它告诉操作系统,操作系统将程序移出内存。

程序中的错误通常称为 bug,因早期在计算机中发现导致一个继电器失灵现象的飞蛾而得名。消除程序中错误的过程称为调试(Debug)。

程序错误的分类有以下 3 种。

(1) 语法错误(Syntax Error)。

语法错误是指程序违反了编程语言的语法规则,比如遗漏了一个分号。编译器能捕捉特定类型的错误并在发现错误后输出一条错误消息(Error Message)。编译器有时只给一条警告消息(Warning Message),表示从技术角度说,代码没有违反编程语言的语法规则,但由于它出现异常,所以它可能是一个错误。

(2) 运行时错误(Run-time Error)。

某些错误只有在程序运行时,才会被计算机系统检测到,这种错误称为运行时错误。大多数计算机系统都能检测特定的运行时错误,并输出相应的错误消息。

许多运行时错误与数值计算有关。例如,假定计算机试图让一个数字除以 0,通常就会产生运行时错误。

(3) 逻辑错误(Logic Error)。

基本算法的错误或者将算法转换成高级语言时的错误称为逻辑错误。也就是说,即使编译器成功地编译程序而且程序运行后没有发生运行时错误,也并不能保证程序是正确的。例如,将乘号(＊)错误地写成了加号(＋),就属于逻辑错误。程序虽然能编译和正常运行,但答案是错误的。如果编译器成功地编译了程序,也没有产生运行时错误,但程序的结果不正确,那么程序肯定存在逻辑错误,逻辑错误是最难诊断的一种错误。

　　为了测试一个新程序是否存在逻辑错误,应该使用几组有代表性的数据集来运行程序,检查它在各种程序下的表现。如果程序通过了这些测试,表明程序对这些数据的运行结果是正确的,但这仍然不能保证程序是绝对正确的。用其他数据来运行时,它仍有可能表现异常。减少逻辑错误的最好办法就是防患于未然。在编程时就应该非常仔细,这样能避免大多数错误。

4.3.4　常见的程序设计语言

　　第一个高级程序设计语言是 FORTRAN 语言,它是由美国 IBM 公司在 20 世纪 50 年代开发出来的,该语言主要用于科学计算。之后,随着计算机应用的发展,先后出现了COBOL、BASIC、Pascal、C、C++、Java、Python 等高级语言。

1. FORTRAN 语言

　　FORTRAN 语言由美国著名的计算机先驱人物 John Wamer Backus 于 1954 年提出,因此他获得了 1977 年的图灵奖。FORTRAN 是 Formula Translator 的缩写,意思是"公式翻译机"。FORTRAN 语言自推出之日起,版本不断更新,功能不断增强,如今在工程应用领域 FORTRAN 语言仍然被广泛使用。

2. COBOL 语言

　　COBOL(Common Business Oriented Language 的缩写),通用事务处理语言,是一种用于商业和数据处理的程序设计语言,具有强大的文件处理功能,但它计算能力较弱,是一种通用而又极为冗长的语言,戏称为"八股文"。它于 1960 年正式推出,主要用于银行、金融等非常重要的商业数据处理领域。COBOL 语言曾经得到非常广泛的应用。20 世纪 70 年代近一半的程序是用 COBOL 语言编写的。当前,在商业领域,COBOL 语言仍然占有重要地位。

3. BASIC 语言

　　BASIC(Beginner's All-purpose Symbolic Instruction Code 的缩写),是 1964 年由美国的 John G. Kemeny 和 Thomas E. Kurtz 在 FORTRAN 语言的基础上开发的。由于简单易学,BASIC 语言得到了广泛的普及。

　　Microsoft 公司对 BASIC 语言可谓是一往情深,从早期微型计算机上内置的 BASIC,到 20 世纪 80 年代产生的第一个编译版本 Quick BASIC,直到目前非常流行的 Visual Basic,一直没有中断过对 BASIC 语言的改进。Visual Basic 是 Microsoft 公司在 20 世纪 90 年代开发的一个基于 Windows 平台的程序开发软件。它采用了可视化界面设计和事件驱动的编程机制,极易被非计算机专业人士掌握,因此得到了广泛的应用。

　　最新出现的 Visual Basic.NET,是采用 Microsoft 公司的.NET 技术的 Visual Basic 语言。

4. Pascal 语言

Pascal 语言是由瑞士计算机科学家 Niklaus Wirth 发明的一种语言,1968 年提出后被全世界广泛应用。这个语言的名字是为了纪念著名的法国数学家,也是计算科学的先驱 Blaise Pascal 而起的。由于其结构小巧、语法严谨、数据类型丰富,从 20 世纪 70 年代末往后的很长一段时间里,Pascal 语言成为世界范围的计算机专业教学语言。Pascal 语言提出了结构化程序设计这一革命概念以及"程序=数据结构+算法"这一著名公式。Niklaus Wirth 于 1984 年获得图灵奖。

20 世纪 80 年代,随着 C 语言的流行,Pascal 语言走向了衰落。目前,在商业上仅有 Borland 公司仍在开发基于 Pascal 语言系统的 Delphi,它使用了面向对象与软件组件的概念,主要用于开发商用软件。

5. C 与 C++ 语言

C 语言是由美国贝尔实验室的 Kennet L. Thompson 和 Dennis M. Ritchie 于 1972 年设计开发的,当时主要用于编写 UNIX 操作系统。后来由于其功能丰富、使用灵活、执行速度快、可移植性强的优点,C 语言迅速成为最广泛应用的程序设计语言之一。

C 语言既可以用来开发系统软件,也可以用来开发应用软件,应用领域十分广泛。例如,在计算机辅助设计软件 AutoCAD、数学软件系统 Mathematica 等,以及许多语言编译系统本身,其软件系统的全部或部分都是用 C 语言开发的。C 语言已经成为最重要的软件系统开发语言之一。

1980 年,贝尔实验室的 Bjarne Stroustrup 对 C 语言进行了扩充,加入了面向对象的概念,并于 1983 年改名为 C++ 语言。目前,C++ 语言已经成为应用最广的面向对象程序设计语言。Microsoft 公司的 Visual C++ 和 Borland 公司的 C++Builder 是 C++ 语言最常用的开发工具,利用这些开发工具,可以高效率地开发出复杂的 Windows 应用程序。

C♯ 语言使用了 C++ 的语法和语义,是基于 Microsoft 公司推出的软件开发环境. NET 平台的高级程序设计语言。

6. Java 语言

Java 语言是 Sun 公司开发的一种跨平台的网络编程语言,于 1995 年正式发布。其语言风格与 C++ 语言接近,但舍弃了 C++ 语言中一些不常用或容易被误用的成分,如指针等。Java 语言最主要的特点是同一个 Java 语言程序不用重新编译就可以在不同平台的计算机上运行。Java 语言以其在网络上的独特优势以及其跨平台的特点,目前已经成为 Internet 上最受欢迎的编程语言之一。

7. Python 语言

Python 语言是近年来流行的一种面向对象的程序设计语言,由荷兰人 Guido Van Rossum 于 1989 年发明,于 1991 年公开发行。Python 语言是开源的自由软件,语法简洁、清楚,具有丰富和强大的类库。Python 语言以其简洁的语法和对动态输入的支持以及解释性语言的本质,在很多领域中成为一个理想的脚本语言,特别适用于快速的应用程序开发。

Python 语言常被称为"胶水语言",能够把用其他语言制作的各种模块(尤其是 C 语言和 C++语言)很轻松地联结在一起。常见的一种应用情形是,使用 Python 语言快速生成程序的原型(有时甚至是程序的最终界面),然后对其中有特别要求的部分,用更合适的语言改写,比如 3D 游戏设计中的图形渲染模块,对性能要求特别高,就可以用 C 语言或 C++语言重写,而后封装为 Python 语言可以调用的扩展类库。

总而言之,程序设计语言就是一组用来定义计算机程序的语法规则。自 20 世纪 60 年代以来,世界上公布的程序设计语言已有上千种之多,但是只有很小一部分得到了广泛的应用。这些程序设计语言千差万别,每一种语言的特点和适用领域都不同,使用时需根据实际情况进行选择。

4.4　程序设计方法与过程

4.4.1　程序设计的方法

20 世纪 70 年代初,由于操作系统、数据库管理系统等大型软件系统的出现,给程序设计带来了新的问题,出现了"软件危机"。为了解决这些问题,荷兰科学家 E. W. dijkstra 首先提出了结构化程序设计的概念,被广泛应用。但是,随着程序设计的不断发展,结构化的程序设计已不能满足现代化软件开发的要求,一种全新的软件开发技术——面向对象程序设计应运而生。

1. 结构化程序设计方法

结构化的程序设计又称为面向过程的程序设计。在面向过程的程序设计中,问题被看作一系列需要完成的任务,这些任务主要由函数完成,解决问题的焦点集中于函数。其中函数是面向过程的,即它关注如何根据规定的条件完成指定的任务。

在计算机出现的早期,它的价格昂贵,内存很小,速度不高。程序员为了在很小的内存下解决大量的科学计算问题和节省昂贵的 CPU 机时费,不得不使用巧妙的手段和技术,手工编写各种高效的程序。其中显著的特点是程序中大量使用 GOTO 语句,带 GOTO 语句的程序结构如图 4-18 所示。但 GOTO 语言使程序结构混乱,可读性、可维护性差和通用性变得更差。

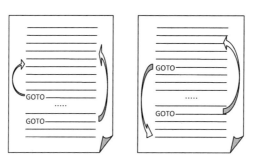

图 4-18　带 GOTO 语句的程序结构

早在 1966 年荷兰科学家 E. W. Dijkstra 指出,可以从高级语言中取消 GOTO 语句,任何程序都基于顺序、选择、循环三种基本的控制结构,三种控制结构流程图如图 4-19 所示。并且程序具有模块化特征,每个程序模块具有唯一的入口和出口。这为结构化程序设计的技术奠定了理论基础。

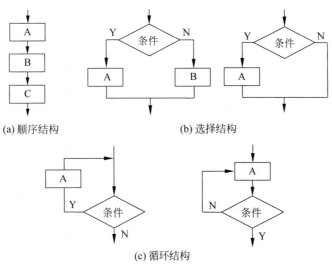

图 4-19　三种控制结构流程图

结构化程序设计主要包括两个方面。

(1) 程序模块化。在软件设计和实现过程中,提倡采用自顶向下、逐步细化的模块化程序设计原则。

(2) 语言结构化。在代码编写时,强调采用单入口、单出口的顺序结构、选择结构、循环结构三种基本控制结构,避免使用 GOTO 语句。

采用结构化程序设计方法设计的程序结构简单清晰,可读性强,模块化强,描述方式符合人们解决复杂问题的普遍规律,在软件重用性、软件的可维护性方面有所进步,可以显著提高软件开发的效率。因此,结构化程序设计方法在应用软件的开发中发挥了重要的作用。

2. 面向对象程序设计方法

面向对象的程序设计方法是 20 世纪 80 年初提出的,它的精髓就在于程序的组织与构造是对面向过程的程序设计方法的继承和发展,它吸取了面向过程的程序设计方法的优点,同时又考虑到现实世界与计算机之间的关系。

用结构化程序设计方法解决问题是将问题分解为过程。而用面向对象的方法解决问题,是将复杂系统抽象为一个个“对象”,以“对象”为思考问题的出发点。其中,涉及哪个对象的功能,便由哪个对象自己去处理,不同对象之间通过消息或事件发生联系,对象依据接收到的消息或事件进行工作。

目前,这种“对象+消息”的面向对象的程序设计模式有取代传统的“数据结构+算法”的面向过程的程序设计模式的趋势。当然,面向对象的程序设计并不是要抛弃结构化程序设计方法,而是站在比结构化程序设计更高、更抽象的层次上解决问题。当所要解决的问题被分解为低级代码模块时,仍需要结构化编程的方法和技巧。但是,面向对象的程序设计模式在把一个大问题分解为若干个小问题时,采取的思路与结构化方法是完全不同的。

采用面向对象技术的开发过程一般分为面向对象分析(Object Oriented Analyzing,OOA)、面向对象设计(Object Oriented Designing,OOD)和面向对象编程(Object Oriented Programming,OOP)三个阶段,面向对象技术的开发过程如图 4-20 所示。

图 4-20　面向对象技术的开发过程

(1) 面向对象分析。面向对象分析是一种软件开发过程分析的方法学。当使用 OOA 的时候,必须把软件开发过程中的每样东西都想成类。从类中建立的每个新的个体称为类的一个实例。OOA 的过程主要关心怎样导出系统需要的类。

(2) 面向对象设计。面向对象设计的焦点是软件系统的"如何/怎样"的问题。设计阶段的典型问题包括"这个类如何收集数据"和"这个类如何计算"以及"这个类如何打印报表"。

(3) 面向对象编程。面向对象编程是采用面向对象的语言具体实现面向对象设计。在 Windows 环境下常用的面向对象的程序设计语言有 C++、Java、Visual Basic 等。虽然它们风格各异,但都具有共同的思维和编程模式。

4.4.2　程序设计的过程

程序是为实现特定目标或解决特定问题而用计算机语言编写的,为实现预期目的而进行操作的一系列语句和指令。程序设计是给出解决特定问题程序的过程,是软件构造活动中的重要组成部分。程序设计往往以某种程序设计语言为工具,给出这种语言下的程序。

在用计算机解决问题时,最困难的就是如何将自己的思想转换成计算机能理解的一种语言。但这个观点是完全错误的。事实上,用计算机来解决问题时,最困难的是找出解决问题的方案。只要有了一个解决方案,将问题的解决方案转换成所需要的语言就会变得相对容易。所以,有必要暂时忽略编程语言,将重点放在拟定解决方案的步骤上,并用通俗易懂的方法将各个步骤记录下来,以这种方式表示的指令序列称为算法。因此,可以将程序设计分为两个阶段,即问题求解阶段和实现阶段,程序设计的两个阶段如图 4-21 所示。

将程序设计过程分为两个阶段,简化了算法设计过程。因为在问题求解阶段,完全不必关心一种编程语言的详细规则,使算法设计过程的复杂程度大大降低,而且不容易出错。对于非常小的程序,也同样受用。

1. 问题求解阶段

问题求解阶段的主要任务是得到解决问题的一个算法。包括问题定义和算法设计两个阶段。问题定义是得到问题完整的、准确的定义。要确定特定的程序输入之后程序的输出结果以及输出结果的格式。例如,对于一个银行会计程序,不仅要知道利率,还要知道利率是否需要每年、每月或者每日进行复利计算。

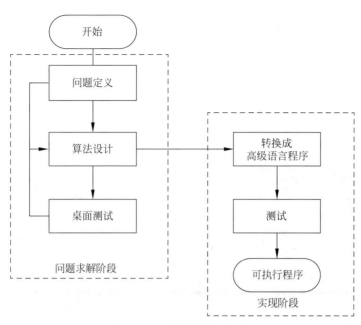

图 4-21 程序设计的两个阶段

2．实现阶段

实现阶段的任务是将算法转换为高级语言程序。实现阶段要考虑高级语言的一些具体细节。如果掌握了所使用的编程语言，将算法转换成高级语言程序就变得十分简单。

问题求解阶段和实现阶段都需要测试。编写程序之前，要对算法进行测试，如果发现算法存在不足，则必须重新设计算法。在实际编程时，错误和缺陷会不断地显现出来。当发现错误时，必须退回去，重做以前的步骤。通过对算法进行测试，可能会出现问题定义还不完善的情况。在这种情况下，就必须回过头去修改问题的定义或算法，然后重新执行后续的所有步骤。

4.5 Python 语言基础

4.5.1 Python 语言简介

Python 语言是一种面向对象、解释型的程序设计脚本语言，它采用开源方式，具有语法简洁、功能强大，并且拥有大量的第三方函数模块的优点。近年来，Python 语言飞速发展，现已成为深受广大用户喜爱的高级程序设计语言。

Python 语言起源于 1989 年，由荷兰人吉多·范罗苏姆(Guido van Rossum)设计，并于 1991 年推出第一个公开发行版本。2000 年 10 月，Python 2.0 正式发布，解决了之前在解释器和运行环境中存在的诸多问题，开启了 Python 语言广泛应用的新时代。2008 年 12 月，Python 3.0 正式发布，该版本不向下兼容，所有基于 Python 2.0 版本编写的库函数都必须修改后，才能被 Python 3.0 系列解释器识别运行。

在 Python 语言的发展过程中,主要是 Python 2. x 和 Python 3. x 这两个版本。目前,使用较多的版本是 Python 3. x。

4.5.2　Python 的下载与安装

要使用 Python 语言进行程序开发,必须先安装其解释器。访问 Python 官方网站 http://www.python.org 下载最新稳定版,打开网页,进入 Python 下载页面,如图 4-22 所示。

图 4-22　Python 下载页面

在 Python 下载页面中选择 Downloads 选项。读者可根据个人所用的操作系统,选择对应的安装程序。再单击 Python 3.8.2 按钮,即可下载目前最新的版本。本书以 Windows 操作系统下的 Python 3.8.2 为实现环境,其安装文件小巧,文件大小只有 26MB。

其安装过程与其他的 Windows 软件基本一样,双击所下载的 Python 3.8.2.exe 文件,开始安装 Python 解释器,出现安装程序启动页面,如图 4-23 所示。建议选中 Add Python 3.8 to PATH 复选框,然后选择 Install Now 选项。这时就正式进入安装过程,安装完成后,单击 Close 按钮即可。

图 4-23　安装程序启动页面

安装完成后，Windows 开始菜单中会出现 Python 所包含的 4 个组件，其中最重要的两个是 Python 命令行和 Python 集成开发环境（Python's Integrated DeveLopment Environment，IDLE）。Python 3.8 所包含的组件如图 4-24 所示。

Python 3.8
IDLE (Python 3.8 64-bit)
Python 3.8 (64-bit)
Python 3.8 Manuals (64-bit)
Python 3.8 Module Docs (64-bit)

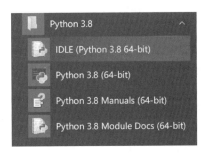

图 4-24　Python 3.8 所包含的组件

4.5.3　Python 程序的运行

运行 Python 程序有两种方式：交互式和文件式。

【例 4-9】　编写一个程序，运行输出“Welcome to Python!”。

从最简单的在屏幕上打印输出指定内容开始。使用 Python 语言编写的程序如下：

```
print("Welcome to Python! ")
```

1. 交互式

交互式又分为命令行方式和 IDLE 方式。

第一种方式是以命令行方式启动。选择图 4-24 中的 Python 3.8(64-bit)选项，在出现页面上的命令提示符>>>后输入上述代码，按 Enter 键后，显示输出“Welcome to Python!”，如图 4-25 所示。

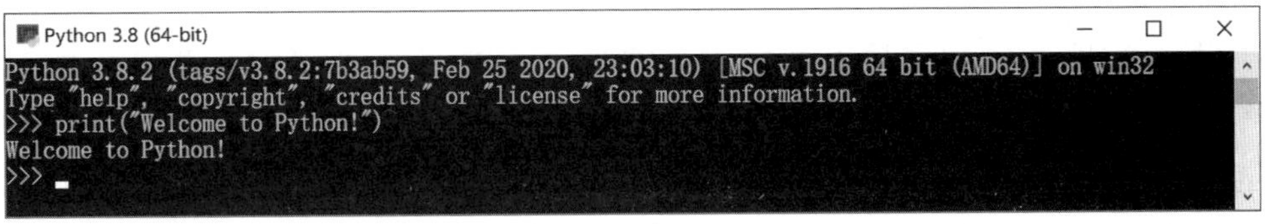

Python 3.8 (64-bit)
Python 3.8.2 (tags/v3.8.2:7b3ab59, Feb 25 2020, 23:03:10) [MSC v.1916 64 bit (AMD64)] on win32
Type "help", "copyright", "credits" or "license" for more information.
>>> print("Welcome to Python!")
Welcome to Python!
>>>

图 4-25　以命令行方式启动交互式 Python 运行环境

第二种方式是通过调用安装的 IDLE 来启动 Python 运行环境。选择图 4-24 中的 IDLE(Python 3.8 64-bit)选项，启动 IDLE 的交互式 Python 运行环境。在该环境下运行 Welcome 程序的效果，如图 4-26 所示。这里，推荐使用 IDLE，因为它具有语法高亮，还能支持文本缩进许多其他的功能的优点。

2. 文件式

文件式也包含两种方式。第一种方式是打开 IDLE ，在菜单中选择 File→New File 选项。在窗口中输入代码，并保存为 Welcome. py。以 IDLE 方式运行 Python 程序文件，如图 4-27 所示。然后选择 Run→Run Module 选项，运行程序。

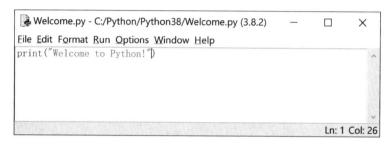

图 4-26 通过 IDLE 启动交互式 Python 运行环境下的 Welcome 程序的效果

图 4-27 以 IDLE 方式运行 Python 程序文件

第二种方式是用文本编辑器(如 Notepad)按照 Python 语法格式编写代码,并保存为 .py 形式的文件。然后,运行 Windows 菜单下的命令提示符,输入 C:\Python\Python38\ Welcome.py,按实际路径输入 py 文件即可运行,如图 4-28 所示。

图 4-28 以命令方式运行 Python 程序文件

4.5.4 变量与常量

在程序设计过程中,通常使用符号化的方法表示现实世界中的数据。因此,数据有不同的表现形式,也有不同的数据类型。在高级语言中,基本的数据形式有变量和常量。

变量是指在程序执行的过程中可以更改的数据,变量对应内存中一段连续的存储空间,是程序中数据的临时存放场所。在源代码中通过定义变量,申请并命名这样的存储空间,并通过变量的名字来使用这段存储空间。变量的命名方式需严格遵循 Python 标识符命名规则,即由英文字母、数字、下画线组成,且不可以使用数字开头。

常量是指在程序执行的过程中,不能更改的数据。常量按其值的表示形式区分类型。例如,5、−3 是整型常量;1.75、−58.2 是实型常量,也称为浮点型常量;如 'hello' 和 'Beijing' 是字符串常量。例如,一个程序员可能在程序里多次用到 PI(3.14)的值,在程序中定义常量并在后面使用它,这将给后续的工作带来极大的方便。

4.5.5　数据类型

数据是信息在计算机内的表现形式,也是程序的处理对象。将数据分为不同的种类,称为数据类型。数据类型定义了一系列值及能应用于这些值的一系列操作。

Python 不仅能提供基本数据类型,如数值类型、字符串类型、布尔类型,还能提供描述复杂数据的复合数据类型。复合类型是用户根据需要来定义,由相同或不同的基本数据元素组合而成的数据类型,如列表、元组、字典和集合等,这里主要介绍 Python 的基本数据类型。

1. 数值类型

数值类型用于存储数值,Python 语言提供 3 种数值类型:整数类型、浮点数类型和复数类型。

1) 整数类型

整数类型表示数学里的整数,有二进制、八进制、十进制和十六进制 4 种示数方式。默认状态是十进制,二进制数使用 0b(或 0B)开头,八进制数使用 0o(0O)开头,十六进制数使用 0x(0X)开头。

例如,598、0b1011、0o127、0X3b 都是合法的整数。

2) 浮点数类型

浮点数类型用于表示一个实数,浮点数有十进制和科学记数法两种表示形式。其中,科学记数法使用字母 e(或 E)表示以 10 为底的指数,e 之前为数字部分,之后是指数部分,指数必须为整数。

例如,-4.5、68.0、3.5e9、7.2E$-$11 等都是合法的浮点数,其中 3.5e9 相当于数学表达式 3.5×10^9。

整数和浮点数分别由 CPU 中不同的硬件完成运算。对于相同类型的操作,如加法,前者的运算速度比后者快得多,为了尽可能地提高运算速度,需要根据实际情况定义整数类型或浮点数类型。

3) 复数类型

在科学计算中经常会遇到复数运算问题。Python 提供了复数类型,复数类型数据的形式 $a+bj$,复数的虚部通过后缀"J"或"j"来表示。复数类型中的实部和虚部的数值部分都是浮点数类型。

例如,3+4.5J 和$-$8+6.1j 都是合法的复数。

2. 字符串类型

字符串是字符的序列。使用单引号('),双引号("),或三引号('''或" " ")括起来。其中,单引号和双引号表示单行字符串;三引号表示多行字符串,并且可以在三引号中任意地使用单引号和双引号。

例如,'China'和"Program"都是合法的单行字符串,用单引号或双引号去包含字符串的作用是完全相同的。

3. 布尔类型

布尔类型数据用于描述逻辑判断的结果,只有真和假两种值。True 代表逻辑真,False 代表逻辑假。

```
>>> x = 5
>>> x > 1
True
>>> x < 2
False
```

4.5.6　运算符与表达式

运算符是表示实现某种运算的符号。表达式是由变量、常量、运算符、函数等按一定规则组成。Python 中的运算符种类非常丰富,包括算术运算符、位运算符、关系运算符和逻辑运算符等。下面以最常用的算术运算符为例,Python 中算术运算符有+(加)、-(减)、*(乘)、/(除)、//(整除)、%(求余数)、**(乘方)。

例如,为了测试表达式 4+5,使用交互式的、带提示符的 Python 解释器。

```
>>> 4 + 5
9
```

每种运算符有不同的优先级,如人们在数学中"先乘除后加减",在计算机中也基本符合日常的数学习惯。

```
>>> 6 + 3 * 2
12
```

4.5.7　基本结构

从程序流程的角度来看,程序可以分为 3 种基本结构,即顺序结构、选择结构和循环结构。这 3 种基本结构可以组成所有的各种复杂程序。

1. 顺序结构

顺序结构是最简单的一种结构,它只需按照问题的处理顺序,依次写出相应的语句即可。学习程序设计,首先从顺序结构开始。顺序结构主要是输入输出语句和赋值语句。

1) 输入输出语句

一般情况下,编写的程序需要与用户进行交互。例如,想要从用户那里获取输入,然后将某些结果打印,可以分别使用 input()函数和 print() 函数来实现,代码如下:

```
>>> price = input("请输入商品价格: ")
129
>>> print("该商品价格为",format(price))
该商品价格为 129
```

2）赋值语句

赋值语句在程序设计中使用最为频繁，主要用于对变量赋值，即把值传递到变量所对应的内存单元中。语句一般形式为

变量名 = 表达式

该语句功能是先计算表达式的结果，然后赋值给变量，数据自右侧传递给左侧，代码如下：

```
>>> x = 10
>>> y = 20
>>> y = x + 1
```

2．选择结构

选择结构是指根据条件表达式，执行不同的处理过程。该条件表达式结果有两种可能：成立(Yes)或不成立(No)。在 Python 中实现选择结构需通过 If 语句。

If 语句有单分支、双分支、多分支等结构。根据问题的不同，选择适当的结构。

1）单分支 If 语句

语法格式如下：

```
If 表达式:
    语句块
```

注意，语句块必须向右缩进，语句块可以是单条语句，也可以是多条语句。当包含多条语句时，语句必须缩进保持统一。

单分支结构流程图如图 4-29 所示。

2）双分支 If 语句

语法格式如下：

```
If 表达式:
    <语句块 1>
Else
    <语句块 2>
```

双分支结构流程图如图 4-30 所示。

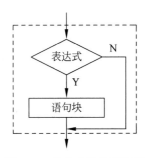

图 4-29 单分支结构流程图

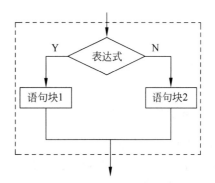

图 4-30 双分支结构流程图

3) 多分支 If 语句

语法格式如下：

```
If 表达式 1:
    语句块 1
elif 表达式 2:
    语句块 2
    …
elif 表达式 n:
    语句块 n
else
    语句块 n + 1
```

多分支结构流程图如图 4-31 所示。

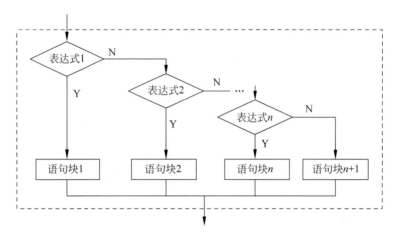

图 4-31　多分支结构流程图

【例 4-10】　输入月份，判定所属季度。

```
month = int(input("month = "))
if month in(1,2,3):
    print("该月份属于第一季度.")
elif month in(4,5,6):
    print("该月份属于第二季度.")
elif month in(7,8,9):
    print("该月份属于第三季度.")
else:
    print("该月份属于第四季度.")
```

3. 循环结构

循环语句用来实现一种重复执行的程序结构。在 Python 中，实现循环结构共有两种循环语句，For 循环语句和 While 循环语句。

1) For 循环语句

一般用于循环次数已知的循环，这种循环也叫作计数循环，其形式如下：

For 循环变量 in 序列对象:
　　语句块

For 循环语句执行流程如图 4-32 所示。

2）While 循环语句

对于那些循环次数难确定的情况，由于控制循环的条件或循环结束的条件容易给出，常常使用 While 循环语句，其形式如下：

While 表达式:
　　语句块

While 循环语句执行流程如图 4-33 所示。

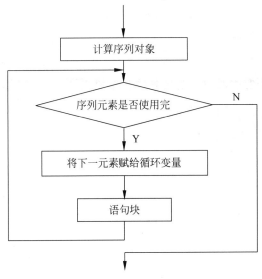

图 4-32　For 循环语句执行流程

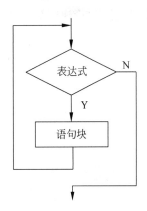

图 4-33　While 循环语句执行流程

【例 4-11】　鸡翁一值钱五，鸡母一值钱三，鸡雏三值钱一。百钱买百鸡，问能买鸡翁、鸡母、鸡雏各多少？

```
for i in range(1,20):                        ＃鸡翁的范围
    for j in range(1,33):                    ＃鸡母的范围
        k = 100 - i - j                      ＃鸡雏 = 100 - 鸡翁 - 鸡母
        if 5 * i + 3 * j + k/3 * 1.0 == 100:print(i,j,k)   ＃如果符合百钱，则输出
```

4.6　本章小结

计算机程序是用程序设计语言编写的，编写计算机程序的过程叫程序设计。程序设计的一般步骤是分析问题、设计算法、选择程序设计语言、编写程序代码。程序的核心是算法，所以设计算法是程序设计的关键。经常采用的程序设计方法主要有结构化程序设计方法和面向对象程序设计方法。

程序设计划分为两个阶段，即问题求解阶段和实现阶段。问题求解阶段的主要任务是

设计一个解决问题的算法。实现阶段的任务是将算法转换为高级语言程序。

算法是解决问题的基本方法,是一系列清晰准确的指令。算法具有有穷性、确定性、可行性,一个算法具有 0 个或多个输入,具有一个或多个输出。算法的 3 种基本结构是顺序结构、选择结构和循环结构。算法可以用自然语言、流程图、伪代码等多种方式表示。程序是指计算机可以直接或间接地执行的指令的集合,要编写程序就必须使用计算机语言。程序设计语言是一组用来定义计算机程序的语法规则。本章介绍了程序设计语言的发展、分类、执行和 Python 语言的基本语法。

4.7 赋能加油站与扩展阅读

算法的常用表示方法有:自然语言、流程图、N-S 图、伪代码等,任选一种方法描述"百鸡问题"的算法,然后进一步思考能否优化该算法?

递归算法是把问题转化为规模缩小了的同类问题的子问题,"汉诺塔问题"是递归算法的经典问题,讨论递归算法的优缺点,并简述形成递归需要具备哪几个要素?

扩展阅读

4.8 习题与思考

1. 什么是程序?什么是程序设计?
2. 程序设计分为哪两个阶段?每个阶段的任务是什么?
3. 简述算法的概念和特征。
4. 给出算法 3 种基本结构的流程图表示。
5. 给出算法 3 种基本结构的伪代码表示。
6. 常见的程序设计语言有哪些?它们各自有什么特点?
7. 计算机语言根据其解决问题的方法及所解决问题的种类可分为哪几类?
8. 高级语言的执行分为哪几个步骤?

第5章

数据库概述

程序处理的对象是大量的数据,数据又是如何组织和存储呢? 在信息社会,信息系统越来越显现出重要性,数据库技术作为信息系统的基础与核心技术更加引人注目。数据库技术是计算机应用技术中的一个重要组成部分,是数据管理的技术,它所研究的问题是如何科学地组织和存储数据,使对大量数据的管理比用文件管理具有更高的效率。

5.1 数据库的发展

数据库系统已经融入人们的日常工作和生活之中,扮演着非常重要的角色。例如,一个消费者去书店购买图书,就仿佛处在一个数据库系统之中,购买图书的过程就是访问数据库的过程。再如,现在在网上购物的人越来越多,每天浏览各种购物网站的顾客不计其数,人们所知道的是浏览器的功能非常强大,但是却忽略了其强大原因是基于后台数据库的支持。大家平时所看到的购物记录以及与购物相关的信息都是以调用数据库来实现的。又如,财务上的进出账业务,当要查账时,使用数据库系统,可以在几秒钟内得到 2019 年业务的详细记录结果。还有很多资源管理、人事管理、客户管理等都可以通过数据库系统来建立并记录数据,进行统计分析。数据库系统可以带来很高的效率,为企业节约成本,提高企业整体运行效率。

5.1.1 数据与信息的关系

数据与信息有多种解释。一般而言,数据是对客观事物描述与记载的物理符号,而信息则是数据的集合、含义与解释,是事物变化、相互作用、特征的反映。例如,当对一个企业当前各类生产经营指标(即数据)分析时,就可以得出该企业生产经营状况的若干信息。

数据库技术是信息系统的一个核心技术。它研究如何组织和存储数据,如何高效地获取和处理数据。

1. 数据

数据是人们用来反映客观世界而记录下来的可以鉴别的数字、字母、符号、图形、声音、图像、视频信号。它不仅指狭义上的数字,还可以是文字、图形和声音等,也是客观事物的属性、数量、位置及其相互关系等的抽象表示。例如,"0、1、2"以及阴、雨、下降、气温等都是数据。

数据按运算的特性可分为数值型数据和非数值型数据。数值型数据以数字表示,可以进行算术运算;非数值型数据以字符(含数字)等来表示,不能进行算术运算。例如,字符、文字、图表、图形、图像、声音、视频等均属于非数值型数据。

2. 信息

信息是人类社会最重要的战略资源之一,20世纪40年代后期建立起来的信息科学,已经对科学的发展产生了广泛而深远的影响。信息一般通过数据形式来表示,而计算机能够实际处理的就是各种各样的数据。

信息是对原始数据进行加工或解释之后得到的、对客观世界产生影响的数据。

3. 信息与数据的关系

信息与数据既有联系,又有区别,数据是信息的载体,而信息是数据的内涵,信息是加载在数据之上,是数据的语义解释。信息依赖数据来表达,数据则生动具体地表现出信息。数据是符号,是物理性;信息则是对数据进行加工处理之后所得到的,并对决策产生影响的数据,是逻辑性的。信息与数据的关系可表示为:信息=数据+处理。

例如,对于一幅计算机中Microsoft Office的图像,数据就是彩色位图点阵,信息就是Microsoft Office产品Logo。再如,在运输货物时,对司机来说,运输单就是信息,因为司机可以从运输单上知道收货地址和收件人等信息。而对于负责经营的管理者来说,运输单只是数据,因为一张运输单只提供了这一单的数据,并不能了解本月的整体经营情况。

5.1.2　数据管理技术的发展

计算机的发展历史表明,应用领域的不断拓展与深化是推动计算机学科发展的内在动力,数据管理技术也是如此。随着计算机硬件、软件技术的发展和应用领域的改变,数据管理经历了由低级到高级的发展过程,数据管理技术的发展可以大体归为3个阶段:人工管理阶段、文件系统阶段和数据库系统阶段。

1. 人工管理阶段

20世纪50年代以前,计算机主要应用于科学计算。由于计算机软硬件技术发展水平的限制,外部存储设备只有卡片、纸带和磁带等硬件,也没有专门的数据管理软件和操作系统,计算机的主要任务是数值计算。数据的管理者就是程序的设计者和使用者,数据和程序编写在一起,每个程序都有自己的数据,程序之间无法进行数据共享,数据完全依赖于程序,数据冗余度大。人工管理阶段的数据管理具有以下3个特点。

(1)应用程序直接管理数据。程序和数据不可分割,一起输入、输出,数据不保存。计算机系统不提供用户数据的管理功能,应用程序中只包含自己要用到的全部数据。用户编制程序时,必须全面考虑好相关的数据,包括数据的定义、存储结构以及存取方法等。程序和数据是一个不可分割的整体,数据脱离了程序就无任何存在的价值。

(2)数据缺乏独立性。数据属于应用程序,应用程序要规定数据的物理结构和存取方式,修改数据必须修改程序。由于数据与程序是一个整体,数据只能为本程序所使用。数据只有与相应的程序一起保存才有价值,否则就毫无用处。所以,所有程序的数据均不能单独保存。

（3）数据无法共享。一组数据对应一个应用程序,多个程序涉及部分相同数据时,无法互相参照、利用,存在大量的冗余。不同的程序均有各自的数据,这些数据对不同的程序通常是不相同的,也不可共享。即使不同的程序使用了相同的一组数据,这些数据也不能共享,程序中仍然需要各自加入这组数据。基于这种数据的不可共享性,必然导致程序与程序之间存在大量的重复数据,浪费存储空间。

另外,人工管理阶段数据的输入输出方式、存取方式等都由程序设计者自行设计,人工管理阶段应用程序与数据的关系如图 5-1 所示。

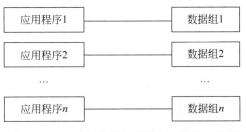

图 5-1　人工管理阶段应用程序与数据的关系

2. 文件系统阶段

20 世纪 50 年代后期,计算机开始大量地应用于数据处理工作。计算机不仅用于科学计算,也大量应用于企事业单位的管理,数据管理进入文件系统阶段。用户通过操作系统对文件进行打开、读写、关闭等操作,既可批处理,也可联机实时处理。文件系统阶段的数据管理具有以下 3 个特点。

（1）数据由文件系统管理。不同应用程序可以共享一组数据,实现了数据以文件为单位的共享。文件系统利用“按文件名访问,按记录进行存取”的管理技术,可对文件进行修改、插入和删除操作。

（2）数据和程序间具有独立性。数据可以重复使用,不再专属于某一特定程序。而应用程序的变化,如使用不同的高级语言编写应用程序,也将引起数据文件结构的改变。

（3）数据共享性差、冗余度依旧很高。程序和数据依然相互依赖,相同数据重复存储,使修改和维护工作进行起来仍然比较困难。文件系统仍然是面向应用的,当数据完全相同时,可通过同一数据文件共享,但当不同的应用程序具有部分相同的数据时,仍必须建立各自的数据文件,而不能共享相同的数据。

由上可见,文件系统仍然是无弹性的、无结构的数据集合,即数据文件之间是孤立的,不能反映现实世界事物之间的内在联系。文件系统管理阶段应用程序与数据的关系如图 5-2 所示。

3. 数据库系统阶段

20 世 60 年代后期,进入集成电路计算机时代。计算机磁盘存储技术取得重大进展,大容量和快速存取的磁盘相继投入市场,为新型数据管理技术的开发提供了良好的物质基础。此外,随着计算机应用于管理的规模的不断扩大和数据量急剧增长,联机实时处理的要求日渐迫切。文件系统作为数据管理的手段已不能满足用户的需求。为了满足多用户、多应用

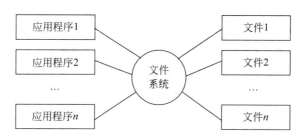

图 5-2 文件系统管理阶段应用程序与数据的关系

共享数据的要求,使数据为尽可能多的应用服务,数据库技术随之出现。数据库技术是数据管理的最新技术,是计算机科学的重要分支,它的出现极大地促进了计算机应用向各行各业的渗透。数据库系统克服了文件管理方式的缺陷,具有以下 4 个特点。

(1) 具有很高的数据独立性。数据独立于应用程序,减少了程序维护和修改的工作量。在处理数据时,用户所面对的是简单的逻辑结构,而不涉及具体的物理存储结构。数据的存储和使用数据的程序彼此独立,数据存储结构的变化应尽量不影响用户程序的使用,用户程序的修改也不要求数据结构做较大的改动。

(2) 数据结构化。数据按照数据模型来组织,实现数据整体结构化。数据的存取单位可以小到一个数据项,大到一组记录。数据反映了客观事物间的本质联系,而不是着眼于面向某个应用,是结构化的数据。这是数据库系统的主要特征之一,是与文件系统的根本区别。

(3) 对数据进行统一管理。数据所有操作均由数据库管理系统统一控制和管理。通过设置用户的使用权限,防止数据被非法使用。可采用完整性检验,以确保数据符合某些规则,保证数据库中的数据始终是正确的。

(4) 数据共享性高、冗余度低、易扩充。数据不再面向某个应用程序,而是面向整个系统。一个用户可面对的数据资源是多样化的,一部分数据资源可被多种需求的用户访问。

数据库系统管理阶段应用程序与数据的关系如图 5-3 所示。

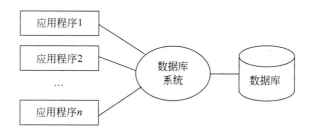

图 5-3 数据库系统管理阶段应用程序与数据的关系

数据库系统经历了 3 个发展阶段。

第一代数据库系统:20 世纪 70 年代,以层次型数据库和网状型数据库为代表,第一代数据库系统得到广泛应用。它们基本实现了数据管理中的"集中控制与数据共享"这一目标。

第二代数据库系统:20 世纪 80 年代出现了以关系型数据库为代表的第二代数据库系统。如 Oracle 等关系数据库系统已广泛用于大型信息管理系统。

第三代数据库系统：20 世纪 80 年代末到 90 年代初，新一代数据库技术的研究和开发已成为数据库领域学术界和工业界的研究热点，关系数据库已成为数据库技术的主流，如多媒体数据库、时态数据库、空间数据库、面向对象数据库、分布式数据库、并行数据库系统、数据仓库、移动数据库、XML 数据管理技术等。

进入 21 世纪以后，随着市场需求的日益增加和技术条件的逐渐成熟，出现了对象数据库、网络数据库、嵌入式数据库等技术。

5.2 数据库系统与体系结构

数据库系统是为适应数据处理需要而发展起来的一种较为理想的数据处理的核心机构。为理解数据库系统，需要对数据库系统的结构有足够的了解。数据库系统的体系结构是数据库系统的一个总的框架。

5.2.1 数据库系统

数据库系统（DataBase System，DBS)是指在计算机系统中引入数据库后构成的计算机应用系统，包括数据库、数据库管理系统、数据库管理员、软件(主要包括操作系统、各种宿主语言、实用程序)。用户可以通过应用程序系统的用户接口使用数据库。数据库系统的结构如图 5-4 所示。

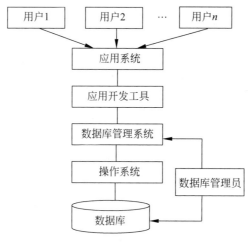

图 5-4 数据库系统的结构

1. 数据库的定义

在了解数据库这个概念之前，先举个例子说明这个问题。人们为了与亲戚和朋友保持联系，常常用通讯录将他们的姓名、地址、电话号码等信息都记录下来。这个通讯录就是一个最简单的"数据库"，每个人的姓名、地址、电话号码等信息就是这个数据库中的"数据"。可以在通讯录这个"数据库"中添加新朋友的个人信息，也可修改某个人的电话号码等"数据"，并且使用通讯录这个"数据库"能够随时查询到某个人的地址、电话号码等"数据"。

数据库(DataBase,DB)是指长期存储在计算机内,有组织的、统一管理的相关数据的集合。数据库能为各种用户所共享,具有较小的冗余度,数据间联系紧密,但数据又有较高的独立性等。数据库的特点如下所述。

(1) 数据库是相互关联的数据的集合。数据库中的数据不是孤立的,数据与数据之间是相互关联的。也就是说,在数据库中不仅要能够表示数据本身,还要能够表示数据与数据之间的联系。

(2) 低冗余与数据共享。数据共享是指数据库中的数据可为多个不同的用户所共享,即多个不同的用户可以使用多种不同的语言,为了不同的目的同时存取数据。

(3) 能保证数据的安全、可靠,有效地防止数据库中的数据被非法使用或非法修改。当数据遭到破坏时,能立刻将数据恢复。

(4) 能最大限度地保证数据的正确性。保证数据正确的特性在数据库中称之为数据完整性。

(5) 能用综合的方法组织数据。数据库能够根据不同的需求、按不同的方法,组织数据。

(6) 数据库中的数据具有较高的独立性。数据的组织和存储方法与应用程序互不依赖、彼此独立。

在多个用户同时使用数据库时,能够保证不产生冲突和矛盾,保证数据的一致性和完整性。

(7) 允许并发地使用数据库,能及时、有效地处理数据。在多个用户同时使用数据库时,能够保证不产生冲突和矛盾,保证数据的一致性和完整性。

2. 数据库管理系统

数据库管理系统(Database Management System,DBMS)是位于用户和操作系统之间的一层数据管理软件,是用户和数据库的接口。DBMS 是数据库系统的核心软件,它的主要功能有以下 4 点。

(1) 数据定义功能。DBMS 提供数据定义语言(Data Definition Language,DDL),用户通过它可以描述数据库结构,定义数据库的完整性约束和安全性控制,并对数据库中的数据对象进行定义。通过使用 DDL 将数据库的结构和数据的特性通知相应的 DBMS,从而生成存储数据的框架。

(2) 数据操纵功能。DBMS 提供数据操纵语言(Data Manipulation Language,DML),用户可以使用 DML 操纵数据,实现对数据库的基本操作,包括对数据库数据的检索、插入、修改和删除等。DML 包括宿主型的 DML 和自主型的 DML。

(3) 数据运行管理功能。当数据库系统运行时,DBMS 执行管理功能,包括数据安全性控制、完整性控制和并发控制等。

(4) 数据组织和存储功能。DBMS 确定数据的组织方式、文件结构和物理存取方式,并实现数据之间的联系。

3. 数据库管理员

数据库管理员(DataBase Administrator,DBA)指负责设计、建立、管理和维护数据库的人员或部门。DBA 应熟悉计算机的软件和硬件,具有较全面的数据处理知识,熟悉本单位的业务、数据及各项流程。DBA 对保障数据库系统的正常运行具有十分重要的作用。其具体职责如下所述。

(1) 决定数据库的内容和结构。

(2) 决定数据库的存储结构和存取策略。

(3) 定义数据库的安全性要求和数据完整性约束条件。

(4) 监督数据库的使用和运行。

(5) 整理和重新构造数据库。

5.2.2　常见的数据库管理系统

目前,数据库管理系统软件有很多,如 Oracle、Microsoft SQL Server、MySQL、Access 等,虽然这些产品的功能不完全相同,操作上的差别也很大,但是,这些软件都是以关系模型为基础的,因此都属于关系型数据库管理系统(Relational Database Management System,RDBMS)。

下面将介绍常用的 4 种基于关系模型的数据库管理系统。

1. Oracle

Oracle 又称为甲骨文,是目前功能最强大的数据库管理系统,能在所有主流平台上运行(包括 Windows),适用于大型数据库应用系统。

Oracle 公司是仅次于微软公司的世界第二大软件公司,该公司成立于 1979 年,是一家推出了以关系型数据库管理系统(RDBMS)为中心的软件公司。Oracle 是目前最流行的客户机/服务器或浏览器/服务器体系结构的数据库管理系统之一。

Oracle 公司不仅在全球最先推出了 RDBMS,并且实际上掌握着这个市场的大部分份额。现在,RDBMS 被广泛应用于各种操作环境,如 Windows NT、基于 UNIX 系统的小型机、IBM 大型机以及一些专用的硬件操作系统平台,并且在管理信息系统、企业数据处理、Internet 及电子商务等领域有着非常广泛的应用。因其在数据安全性与数据完整性约束方面的优越性能以及跨操作系统、跨硬件平台的数据互操作能力,使得越来越多的用户将 Oracle 作为其应用数据的处理系统。Oracle 之所以备受用户喜爱,是因为它具有以下突出特点。

(1) 支持大数据库、多用户的高性能事务处理。Oracle 能支持多用户、大数据量的工作负荷;可充分利用硬件设备;支持大量用户同时在同一数据上执行各种数据应用,并使数据争用达到最小,从而保证数据一致性。

(2) Oracle 具有良好的硬件环境独立性,能支持各种类型的大型、中型、小型和微型计算机系统。

(3) 遵守数据存取语言、操作系统、用户接口和网络通信协议的工业标准。Oracle 是一个开放的系统,又能够有效地保护用户的资源。

(4) 具有良好的安全性和完整性控制。Oracle 实施数据审计,追踪和监控数据存取,有效地保证了数据的安全性。Oracle 通过约束或触发器等机制,实现对数据完整性的控制。

(5) 支持分布式数据库和分布处理。Oracle 可以将物理上分布在不同地点的数据库或不同地点的不同计算机上的数据看作为一个逻辑数据库。数据的物理结构对应用程序是隐藏的,数据是否驻留在数据库中对应用程序是透明的。数据可被全部网络用户存取,就好像所有数据都是物理地存储在本地数据库中一样。

（6）具有可移植性、可兼容性和可连接性。由于 Oracle 可以在许多不同的操作系统上运行,因此在 Oracle 上所开发的应用系统只需做很少的修改甚至不需要修改就可以移植到任何操作系统上。Oracle 同工业标准相兼容,包括许多工业标准的操作系统也都兼容。可连接性是指 Oracle 允许不同类型的计算机和操作系统通过网络共享信息。

2．Microsoft SQL Server

Microsoft SQL Server 是由 Microsoft 公司研制的网络型数据库管理系统,只能在Windows 平台上运行,适用于中、大型数据库应用系统。

Microsoft SQL Server 是一个典型的 RDBMS,诞生于 20 世纪 80 年代后期,是Microsoft 品牌中的一个重要产品。Microsoft 公司在 Microsoft SQL Server 产品方面投入了巨大的开发力量,持续不断地研发新技术,以满足用户不断增长的需求,从而使得该产品功能越来越强大。用户使用起来越来越方便,系统的可靠性也越来越高,应用范围更加广泛。

Microsoft SQL Server 是一个全面的、集成的、端到端的数据解决方案,它为企业中的用户提供了一个安全、可靠和高效的平台,服务于企业数据管理和商业智能应用。Microsoft SQL Server 有下面 9 个特点。

（1）具有真正的客户机/服务器体系结构。

（2）支持 Windows 图形化管理工具,使系统管理和数据库管理更加直观、简单;也可支持本地和远程的系统管理和配置。

（3）丰富的编程接口工具,为用户进行程序设计提供了更大的选择余地。

（4）Microsoft SQL Server 与 Windows 操作系统完全集成,可以使用操作系统的许多功能,如发送和接收消息、管理登录安全性等。

（5）强大的事务处理功能,采用各种方法保证数据的完整性。

（6）具有良好的伸缩性,可以在 Windows 的各种版本平台上使用。

（7）对 Web 技术的支持,使用户能够很容易地将数据库中的数据发布到 Web 页面上。

（8）能提供数据仓库功能,这个功能只在 Oracle 和其他更昂贵的 DBMS 中才有。

（9）内置的数据复制功能、强大的管理工具、与 Internet 的紧密集成以及开放的系统结构,为广大用户、开发人员和系统集成商提供了一个出众的数据库平台。

3．MySQL

MySQL 是一种开放源代码的关系型数据库管理系统,开发者为瑞典 MySQL AB 公司。2008 年 1 月 MySQL 被美国的 Sun 公司收购。2009 年 4 月 Sun 公司又被美国的Oracle 公司收购。

MySQL 是一个单进程、多线程,支持多用户,基于客户机/服务器体系结构的关系数据库管理系统。目前 MySQL 被广泛地应用在 Internet 上的中小型网站中。由于其体积小、速度快、总体成本低、开源等特点,许多中小型网站选择了 MySQL 作为网站数据库管理系统。MySQL 进入 Oracle 产品体系后,获得了更多的研发投入。

MySQL 具有以下突出特点。

（1）MySQL 运行速度很快，开发者声称 MySQL 可能是目前最快的数据库管理系统。

（2）MySQL 是一个高性能且相对简单的数据库管理系统，与一些更大数据库管理系统的设置和管理相比，其复杂程度较低。

（3）MySQL 对大部分的个人用户来说是免费的。MySQL 的价格随平台和安装方式而变化，MySQL 的 Windows 版本在任何情况下都不是免费的。而任何 UNIX 变种（包括 Linux）的 MySQL，如果由用户自己或系统管理员而不是第三方安装，则是免费的，第三方安装则必须支付许可费。

（4）MySQL 可以利用 SQL（结构化查询语言），优化 SQL 查询算法，有效地提高查询速度。

（5）MySQL 支持多个客户机同时连接到服务器，多个客户机可同时使用多个数据库，可利用几个输入查询并查看结果的界面来交互式地访问 MySQL。这些界面可以是命令行客户机程序、Web 浏览器等。此外，还可以用各种语言（如 C、Perl、Java、PHP 和 Python）编写应用程序界面。因此，可以选择编写客户机程序或使用已编写好的客户机应用程序。

（6）MySQL 是完全网络化的，其数据库可在 Internet 上的任何地方访问。因此，可以和任何地方的任何人共享数据库。而且 MySQL 还能进行访问控制，可以控制哪些人能看到数据，哪些人不能看到数据。

（7）MySQL 可运行在各种版本的 UNIX 以及其他非 UNIX 的系统（如 Windows 和 OS/2）上。MySQL 可运行在从家用微型计算机到高级的服务器上。

4. Access

Access 是由 Microsoft 公司研制的随 Microsoft Office 一起发行的桌面型数据库管理系统，具有网络功能相对简单，使用方便的优点，可以满足日常的办公需要，可以用于中、小型数据库应用系统。

Access 把数据库引擎的图形用户界面和软件开发工具结合在一起。作为 Microsoft Office 的一部分，具有与 Word、Excel 和 PowerPoint 等相同的操作界面和使用环境，操作简单，易学易懂。在包括专业版和更高版本的 Microsoft Office 版本里面被单独出售，深受广大用户的喜爱。和其他关系数据库管理系统相比，Access 具有以下特点。

（1）Access 管理的对象有表、查询、窗体、报表、页、宏和模块，以上对象都存放在后缀为 .mdb 的数据库文件中，存储方式单一，便于用户进行操作和管理。

（2）Access 是一个面向对象的开发工具，利用面向对象的方式将数据库系统中的各种功能对象化，将数据库管理的各种功能封装在各类对象中。通过对象的方法、属性完成数据库的操作和管理，极大地简化了用户的开发工作。同时，这种基于面向对象的开发方式，使开发应用程序变得更为简便。

（3）Access 是一个可视化工具，其风格与 Windows 完全一样。用户想要生成对象并应用，只要使用鼠标进行拖放即可，非常直观方便。系统还提供了表生成器、查询生成器、报表设计器以及数据库向导、表向导、查询向导、窗体向导、报表向导等工具，使操作更加简便、易用和掌握。

（4）Access 基于 Windows 操作系统下的集成开发环境，该环境集成了各种向导和生成器工具，极大地提高了开发人员的工作效率，使得建立数据库、创建表、设计用户界面、设计数据查询、报表打印等可以方便有序地进行。

（5）Access 支持开发数据库互连（Open Data Base Connectivity，ODBC），利用 Access 强大的 DDE（动态数据交换）和 OLE（对象的链接和嵌入）特性，可以在一个数据表中嵌入位图、声音、Excel、Word，还可以建立动态的数据库报表和窗体等。而且 Access 可以将程序应用于网络，并与网络上的动态数据相链接。利用数据库访问页对象生成 HTML 文件，轻松地构建 Internet/Intranet 的应用。

5.2.3　数据库系统的结构

按照对数据库结构考虑层次和角度的不同其结构也不同。常见的分类方式有两种：从数据库管理系统角度来看，数据库系统通常采用三级模式结构；从数据库最终用户角度看，数据库系统的体系结构分为单用户结构、主从式结构、分布式结构、客户机/服务器结构和浏览器/服务器结构。其中，第一种主要考虑数据管理的特性，第二种主要考虑数据库系统所使用的计算机系统的环境。

1. 数据库的三级模式结构

尽管实际的数据库系统的类型和规模可能相差很大，软件产品多种多样（支持不同的数据模型，使用不同的数据库语言，建立在不同的操作系统之上，数据的存储结构也各不相同），但绝大多数的数据库系统一般都遵循美国国家标准委员会（ANSI）下属的标准规划和要求委员会（Standards Planning And Requirements Committee，SPARC）于 1975 年公布的数据库体系结构标准，即 SPARC 分级结构。SPARC 分级结构将数据库的组织从内到外分为 3 个层次描述，分别为内模式、概念模式和外模式。数据库的三级模式二级映射结构如图 5-5 所示。

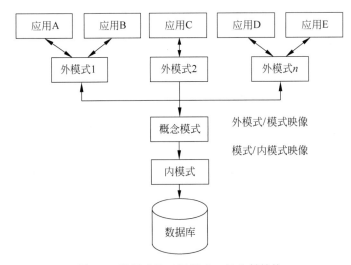

图 5-5　数据库的三级模式二级映射结构

1）内模式

内模式（Internal Schema，也称为存储模式）是数据库中全体数据的底层描述，描述了数据在存储介质上的存储方式和物理结构，是数据在数据库内部的表示方式。一个数据库只有一个内模式。例如,记录是顺序存储还是按 B 树结构存储,数据是否加密等。内模式是由系统程序员设计实现的,故称为"系统程序员"视图,由内模式描述语言 DSDL 描述和定义。

2）概念模式

概念模式（Schema,简称为模式,也称为逻辑模式）是数据库的总框架,是对数据库中数据的逻辑结构和特征的总体描述。概念模式不涉及数据的物理存储,故称为 DBA 视图,一个数据库只有一个概念模式。定义概念模式一方面要定义数据的逻辑结构,如数据记录由哪些数据项构成,数据项的名称、类型、取值范围等;另一方面还要定义数据项之间的联系、数据记录之间的联系以及数据的完整性和安全性等要求。由概念模式描述语言 DDL 描述和定义。

3）外模式

外模式（External Schema,也称为子模式）通常是模式的一个子集,外模式面向用户,故称为用户视图。一个数据库可以有多个外模式。外模式是数据库用户的数据视图。它属于概念模式的一部分,用来描述用户数据的结构、类型、长度等。所有的应用程序都是根据外模式中对数据的描述编写的。在同一个外模式中可以编写多个应用程序。但一个应用程序只能对应一个外模式。外模式由外模式描述语言 SDDL 进行具体描述。

这 3 种模式体现了对数据库的 3 种不同的观点。内模式表示了物理级数据库,反映了数据库的存储观;概念模式表示了概念级数据库,反映了数据库的整体观;外模式表示用户级数据库,体现了数据库的用户观。

2．数据库的二级映像功能

事实上,三级模式中只有内模式是真正用于存储数据的模式,而概念模式和外模式仅是一种表示数据的逻辑方法,但却可以放心大胆地使用它们,这是由 DBMS 的映像功能实现的。在这 3 种模式之间存在两级映像。

（1）模式/内模式映像,用于将概念数据库与物理数据库联系起来。

模式/内模式映像是唯一的,它定义了数据库全局逻辑结构与存储结构之间的对应关系,该映像的定义通常包含在模式描述中。当数据库的存储结构改变时,DBA 对模式/内模式映像做相应的改变,可以使模式保持不变,从而应用程序也不必改变,保证了数据与程序的物理独立性,简称为数据的物理独立性。

（2）外模式/模式映像,用于将用户数据库与概念数据库联系起来。

对于每一个外模式,数据库系统都有一个外模式/模式映像,它定义了该外模式与模式之间的对应关系。这些映像定义通常包含在各自外模式的描述中。当模式改变时（如增加新的关系、属性,改变属性的数据类型等）,DBA 对各个外模式/模式映像做相应的改变,可以使外模式保持不变,应用程序是依据数据的外模式编写的,从而使应用程序不必修改,保证了数据与程序的逻辑独立性,简称为数据的逻辑独立性。

通过映像,可以使数据库有较高的数据独立性,也可以使逻辑结构和物理结构得以分离,给用户的使用带来了方便,最终把用户对数据库的逻辑操作转为对数据库的物理操作。

3．数据库系统的体系结构

在信息高速发展的时代,数据信息同样是宝贵的资产,应该妥善地使用、管理并加以保护。根据数据库存放位置的不同,数据库系统的外部体系结构如下所述。

1) 单用户结构

单用户结构的整个数据库系统装在一台计算机上,被一个用户独占,不同机器之间不能共享数据,数据冗余度大,是早期的最简单的数据库系统。例如,一个企业的各个部门都使用本部门的机器来管理本部门的数据,各个部门间的机器是相互独立的。由于不同部门之间不能共享数据,因此企业内部存在大量的冗余数据。

2) 主从式结构

主从式结构也称为集中式结构,所谓集中式结构就是一个主机带多个终端用户结构。在这种结构中,包括应用程序、DBMS、数据都集中地存放在主机上,所有处理任务都由主机来完成。各个用户通过主机的终端可并发地存取数据库,共享数据资源。主从式结构的数据库系统如图 5-6 所示。

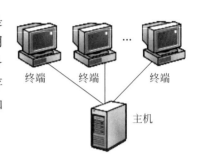

图 5-6　主从式结构的数据库系统

主从式结构数据库系统具有以下 3 个优点。

(1) 集中控制处理效率高,可靠性好。

(2) 数据冗余少,数据独立性高。

(3) 易于支持复杂的物理结构,从而获得对数据的有效访问。

缺点是当终端用户数目增加到一定程度后,主机的任务会变得繁重,使系统性能下降。系统的可靠性依赖于主机,当主机出现故障时,整个系统都不能使用。

随着数据库应用范围的不断拓展,人们也逐渐地意识到在处理数据时,过分集中化的系统有许多局限性。例如,不在同一地点的数据无法共享;系统过于庞大、复杂,显得不灵活且安全性较差;存储容量有限,不能完全适应信息资源存储要求等。为了克服这种系统的缺点,人们采用数据分散的办法,即把数据库分成多个,建立在多台计算机上,这种系统称为分布式数据库系统。

3) 分布式结构

分布式数据库是数据库技术、计算机网络技术与分布处理技术相结合的产物,它是物理上分布在计算机网络的不同节点上,逻辑上属于同一系统的数据库系统。

分布式数据库系统的体系结构是在原来集中式数据库系统的基础上增加了分布式处理功能,常常采用集中和自治相结合的控制机构。各局部的数据库管理系统可以独立地管理局部数据库,具有自治的功能。同时,系统又设有集中控制机制,协调各局部数据库管理系统的工作,执行全局应用。

分布式数据库由一组数据组成,这些数据在物理上分布在计算机网络的不同节点上,逻辑上是属于同一个系统。这些节点由通信网络连接在一起,每个节点都是一个独立的数据库系统,它们都拥有各自的数据库、中央处理机、终端以及各自的局部数据库管理系统。因此分布式数据库系统可以看作是一系列集中式数据库系统的联合。它们在逻辑上属于同一系统,但在物理结构上是分布式的。分布式结构的数据库系统如图 5-7 所示。

分布式数据库系统具有以下 6 个优点。

(1) 具有灵活的体系结构。

(2) 能适应分布式的管理和控制机构。

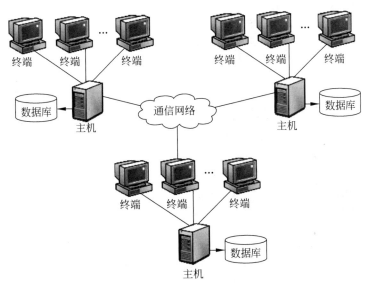

图 5-7　分布式结构的数据库系统

（3）经济性能优越。

（4）系统的可靠性高，可用性好。

（5）局部应用的响应速度快。

（6）可扩展性好，易于集成现有系统。

分布式数据库系统的缺点是系统开销较大，主要花费在通信部分。复杂的存取结构在集中式 DBS 中是有效存取数据的重要技术，但在分布式系统中不一定有效。数据的安全性和保密性较难处理。

4）客户机/服务器结构

客户机/服务器（Client/Server，C/S）结构是一种比较熟悉的数据库系统体系结构，它将数据库系统看作由两个非常简单的部分组成，一个服务器（后端）和一组客户机（前端）。前端的客户机上安装专门的应用程序，完成接收、处理数据的工作；后端的数据库服务器主要完成数据的管理工作。客户机和服务器两者都参与一个应用程序的处理，可以有效地降低网络通信量和服务器运算量，从而降低系统的通信开销，可以称为一种特殊的协作式处理模式。

在该体系结构中，客户机向服务器发送请求，服务器响应客户机发出的请求并返回客户机所需要的结果，客户机/服务器结构的数据库系统如图 5-8 所示。

从应用的角度来说，客户机/服务器结构主要应用在基于行业的数据库应用系统中，如 Outlook Express、QQ、股票信息接收系统等。

在客户机/服务器模式中，客户机上的应用程序开发工具很多，目前常用的有 Visual Basic、Visual C++、Delphi 和 PowerBuilder。服务器上的数据库通过数据库管理系统建立、维护和管理，应用程序通过 SQL 命令对数据库进行查询、更新、插入、删除等操作。

客户机/服务器结构的优点是充分利用两端硬件环境的优势，发挥客户机的处理能力，很多工作可以在客户机处理后再提交给服务器，有效降低系统的通信开销。

缺点是只适用于局域网，客户机需要安装专用的客户机软件，升级维护不方便，并且对

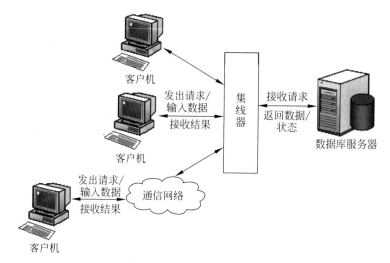

图 5-8　客户机/服务器结构的数据库系统

客户机的操作系统一般也会有一定限制。

5）浏览器/服务器结构

浏览器/服务器（Browser/Server，B/S）结构，是随着 Internet 技术的兴起，对客户机/服务器结构的一种变化或者改进的结构，是一种以 Web 技术为基础的新型数据库应用系统体系结构。它把传统客户机/服务器模式中的服务器分解为一个数据服务器和多个应用服务器（Web 服务器），统一客户机为浏览器。

浏览器/服务器结构具有三层结构，作为浏览器并非直接与数据库相连，而是通过应用服务器（Web 服务器）与数据库进行交互。这样减少了与数据库服务器的连接数量，而且应用服务器（Web 服务器）分担了业务规则、数据访问、合法校验等工作，减轻了数据库服务器的负担，浏览器/服务器结构的数据库系统如图 5-9 所示。

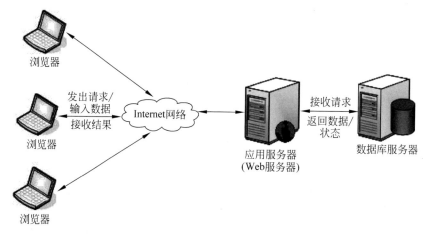

图 5-9　浏览器/服务器结构的数据库系统

从应用的角度来说，浏览器/服务器模式特别适合非特定的用户。典型的例子是网上的购物系统、订票系统以及收发电子邮件。在浏览器/服务器模式中，开发技术主要有 ASP、PHP、JSP。

浏览器/服务器结构的优点：首先是简化了客户机,客户机只要安装通用的浏览器软件即可。因此,只要有一台能上网的计算机,就可以在任何地方进行操作而不用安装专门的应用软件,节省客户机的硬盘空间与内存,实现客户机零维护。其次是简化了系统的开发和维护,使系统的扩展非常容易。系统的开发者无须再为不同级别的用户设计开发不同的应用程序,只须把所有的功能都实现在应用服务器(Web 服务器)上,并就不同的功能为各个级别的用户设置权限即可。

浏览器/服务器结构的缺点：首先是应用服务器(Web 服务器)端处理了系统的绝大部分事务逻辑,从而造成应用服务器(Web 服务器)运行负荷较重；其次是浏览器功能简单,许多功能不能实现或实现起来比较困难。

基于上述三层浏览器/服务器结构存在的问题,又提出多层浏览器/服务器体系结构。多层浏览器/服务器体系结构是在三层浏览器/服务器体系结构中间增加了一个或多个中间层,来提高整个系统的执行效率和安全性。

5.3 数据模型

数据库系统操作处理的对象来自现实世界中的具体事物,如何用数据来描述、解释现实世界,运用数据库技术表示、处理客观事物及其相互关系呢？这就是数据库的数据模型,在数据库中用数据模型来抽象、表示和处理现实世界中的信息和数据。

对于模型,大家并不陌生,如一架精致的航模飞机、一张地图等。一般而言,模型是现实世界某些特征的模拟和抽象。模型可以分为实物模型与抽象模型。建筑模型、汽车模型、飞机模型等都是实物模型,它们通常是客观事物的某些外观特征或者功能的模拟与刻画；数学模型是一种抽象模型,如 $s = \pi r^2$ 它抽象描述了圆的面积和圆的半径之间的数量关系,揭示客观事物的某些本质的、内部的特征。

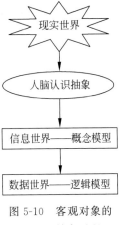

数据模型(Data Model)也是一种模型,是现实世界数据特征的抽象,它是用来描述数据、组织数据以及对数据进行操作的。

现有的数据库系统均是基于某种数据模型来操作的。数据模型是数据库系统的核心和基础,因此,了解数据模型的基本概念是学习数据库的基础。

根据数据模型应用的不同目的,数据模型可分为三类：概念模型、逻辑模型和物理模型。本节主要介绍概念模型和逻辑模型。客观对象的抽象过程如图 5-10 所示。

图 5-10　客观对象的
抽象过程

5.3.1　信息的 3 个世界

如何抽象表示与处理现实世界中的数据和信息呢？这就需要利用数据模型工具,即数据库中用于提供信息表示和操作手段的形式框架,是将现实世界转换为数据世界的桥梁。

1. 现实世界

现实世界是存在于人脑之外的客观世界,事物及其相互联系就存在于这个世界中,即人们所能看到的、接触到的世界。现实世界存在无数事物(个体),每个个体都有属于自己的特征。想要求解现实问题,就要研究它们的性质及其内在规律,从而找到求解方法。

2. 信息世界

信息世界就是现实世界在人们头脑中的反映,又称为观念世界。客观事物在信息世界中称为实体,反映事物间联系的是概念模型。现实世界是物质的,相对而言信息世界是抽象的。在信息世界中,有以下 5 个重要概念。

(1) 实体。客观存在并且可以相互区别的事物称为实体。可以触及的客观对象,如客观存在并且可以相互区别的事物称为实体。客观存在的抽象事件,如一堂课、一次比赛。

(2) 属性。实体的某一特性称为属性。例如,学生实体有学号、姓名、年龄、性别、专业等方面的属性。

(3) 实体集。同类型实体的集合成为实体集。例如,所有的学生、所有的课程等。

(4) 键。能唯一标志一个实体的属性或属性集称为实体的键。例如,学生的学号。而学生的姓名可能重名,不能作为学生实体的键。

(5) 域。属性值的取值范围称为该属性的域。例如,学号的域为 8 位整数,性别的域为男、女。

3. 数据世界

数据世界是数据在观念世界中信息的数据化,现实世界中的事物及联系在数据世界中用逻辑模型来描述。逻辑模型反映的是数据间的联系,它是对客观事物及其联系的两级抽象的描述,数据库的核心问题是逻辑模型。

信息世界中的实体抽象为数据世界中的数据,存储在计算机中。在数据世界中,有以下 3 个重要概念。

(1) 字段。对应于属性的数据称为字段,也称为数据项。字段的命名往往和属性名相同。例如,学生的学号、姓名、年龄、性别、专业等字段。

(2) 记录。对应于每个实体的数据称为记录。例如,一个学生(990001,张立,20,男,计算机)为一个记录。

(3) 文件。对应于实体集的数据称为文件。例如,所有学生的记录组成了一个学生文件。

对用户来说数据及求解建立模型,即概念模型;对计算机系统而言计算机内部的数据及求解建立模型,即逻辑模型。

4. 3 个世界之间的联系

在数据世界中,概念模型被抽象为逻辑模型,实体型内部的联系抽象为同一记录内部各字段间的联系,实体型之间的联系抽象为记录与记录之间的联系。现实世界是设计数据库的出发点,也是使用数据库的最终归宿。

(1) 现实世界是信息之源,是设计数据库的出发点。概念模型和逻辑模型是对现实客观事物的两极抽象描述。

(2) 在信息世界中,反映事物间联系的是概念模型;数据库设计的重要任务就是建立概念模型,建立数据库的具体描述。

(3) 现实世界中的事物及联系在数据世界中用逻辑模型来描述;它是实现数据库系统的根据。

可以得出,要得到正确的逻辑模型,必须首先充分了解客观事物的结构。通过以上的介绍,可总结出对应关系,3个世界中各术语及对应关系如图5-11所示。

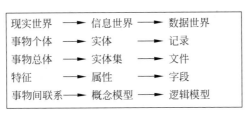

图 5-11 3个世界中各术语及对应关系

5.3.2 概念模型

为了把现实世界中的具体事物抽象为某一DBMS支持的数据模型,人们常常首先将现实世界抽象为信息世界,再将信息世界转化为数据世界。概念模型就是用于信息世界的建模,是现实世界到信息世界的第一层抽象。也就是说,概念模型不依赖于具体的计算机系统,而是概念级的模型。

1. 基本概念

概念模型是面向用户的数据模型,它是用户所容易理解的现实世界特征的数据抽象。具有较强的语义表达能力,能够方便、直接地表达应用中的各种语义知识。下面介绍其基本概念。

(1) 实体(entity):例如,一名员工、一件商品等。

(2) 属性(attribute):例如,员工实体具有员工编号、姓名、性别、年龄、民族、电话、住址、简历、部门编号等属性,用来描述员工的个人信息;商品实体具有品名、单价、产地等属性。

(3) 联系(relationship):现实世界中事物内部以及事物之间的联系可以用实体集之间的关联关系加以描述。实体之间的联系分为一对一联系($1:1$)、一对多联系($1:n$)、多对多联系($m:n$)。

① 一对一联系:如果对于实体集A中的每一个实体,实体集B中最多有一个实体与之有联系,并且反之亦然,则称为实体集A与实体集B之间是一对一联系,记作$1:1$,如图5-12(a)所示。

② 一对多联系:如果对于实体集A中的每一个实体,实体集B中有n个实体与之有联系,反之对于实体集B的每一个实体,实体集A中最多只有一个实体与之有联系,则称为实体集A与实体集B之间是一对多的联系,记作$1:n$,如图5-12(b)所示。

③ 多对多联系:如果对于实体集A中的每一个实体,实体集B中有n个实体与之有联系,反之对于实体集B中的每一个实体,实体集A中有m个实体与之有联系,则称为实体集A与实体集B之间是多对多联系,记作$m:n$,如图5-12(c)所示。

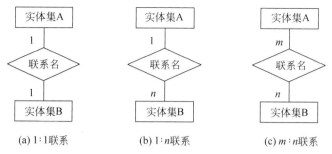

(a) 1∶1联系   (b) 1∶*n*联系   (c) *m*∶*n*联系

图 5-12   两个实体集之间的 3 种联系

2. 实体联系的方法

最常用和最著名的概念模型是实体-联系模型,简称为 E-R 模型。在 E-R 模型中,用 E-R 图来抽象和表示现实世界的数据特征,是一种语义表达能力强、易于理解的概念模型。

E-R 图提供了用图形表示实体型、属性和联系的方法。

(1) 实体:用矩形表示实体集,矩形内标明实体名,如图 5-13(a)所示。

(2) 属性:用椭圆形表示属性,并用无向边将其与相应的实体联结起来,如图 5-13(b)所示。

(3) 联系:用菱形表示联系,菱形内写出联系名。如图 5-13(c)所示。用无向边分别与有关实体联结起来,同时在无向边旁边标上联系的类型(1∶1、1∶*n*、*m*∶*n*),如图 5-13(d)、图 5-13(e)、图 5-13(f)所示。

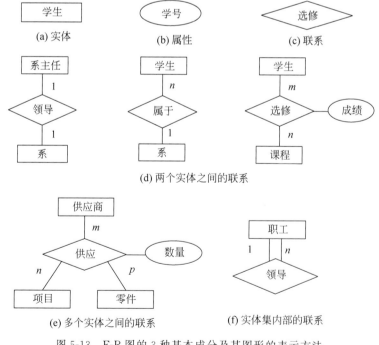

图 5-13   E-R 图的 3 种基本成分及其图形的表示方法

5.3.3　逻辑模型

逻辑模型是按计算机系统的观点对数据建模,它是与具体的计算机系统密切相关并直接面向数据库中数据的逻辑结构,主要有层次模型、网状模型、关系模型。

1．层次模型

层次模型是数据库系统中最早出现的数据模型,其实质是一种有根节点的定向有序树。树的节点是记录类型,根节点只有一个,其余节点有且仅有一个父节点。上一层记录与下一层记录的关联关系只能是一对多联系,即每个记录至多有一个父记录。层次模型如图 5-14 所示。

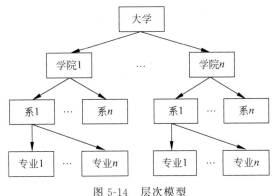

图 5-14　层次模型

层次模型的数据操作包括数据记录的插入、删除、修改和检索。

层次模型的数据模型本身比较简单,对于实体间联系是固定的,且预先定义好了应用系统,采用层次模型来实现,其性能优于关系模型,不低于网状模型。层次模型提供了良好的完整性支持。

由于现实世界中很多联系是非层次性的,层次模型难于直接体现这些联系。对插入和删除操作的限制比较多,如查询子节点必须通过双亲节点。由于结构严密,层次命令趋于程序化。

层次模型的典型系统是 IBM 公司的 IMS(Information Management System)。

2．网状模型

用网状结构表示实体类型及实体之间联系的数据模型被称为网状模型。在网状模型中,一个子节点可有多个父节点。在两个节点之间可以有一种或多种联系,其实体间的联系为多对多联系,记录之间的联系是通过指针实现的。例如,课程实体在两个节点之间可以有一种或多种联系。网状模型如图 5-15 所示。

网状模型的数据操作包括数据记录的插入、删除、修改和检索,支持记录与联系的连入、断开和转移操作。

网状数据模型的主要优点是能够更为直接地描述现实世界,如一个节点可以有多个双亲,具有良好的性能,存取效率高。

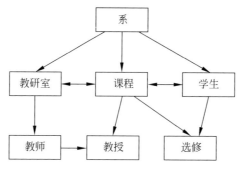

图 5-15　网状模型

主要缺点为结构比较复杂,而且随着应用环境的扩大,数据库的结构就变得越来越复杂,不利于最终用户的掌握。其 DDL、DML 语言复杂,给用户的使用带来不便。

网状模型的典型系统是 DBTG。层次模型与网状模型为非关系模型。

3. 关系模型

1970 年,IBM 公司的研究人员 E. F. Codd 发表论文,提出了关系数据模型。随后又发表一系列论文,阐述了关系规范化的概念。

用表格形式表示实体类型及实体之间联系的数据模型称为关系模型。关系数据结构把一些复杂的数据结构归结为简单的二维表格形式。记录是表中的行,属性是表中的列。关系模型如图 5-16 所示。

学　号	姓　名	性　别	出生日期	所在系
20200101	李丽	女	2001-08-21	计算机系
20200102	张力	男	2001-04-05	计算机系
20200201	凌云飞	男	2001-05-20	会计系
20200204	高林	男	2000-12-11	会计系

图 5-16　关系模型

作为一个关系的二维表,必须满足以下条件。

(1) 表中的每一列必须是基本数据项。

(2) 表中的每一列必须具有相同的数据类型。

(3) 表中的每一列名字必须是唯一的。

(4) 表中不应该有内容完全相同的行。

(5) 行的顺序与列的顺序不影响表格中所表示的信息的含义。

在关系数据库中,对数据的操作一般建立在一个或多个表格上,并通过对这些关系表格的分类、合并、连接或选取等运算来实现数据的管理。关系模型具有以下优点。

① 关系模型与非关系模型不同,它是建立在严格的数学概念的基础上的。

② 关系模型的概念单一。无论实体还是实体之间的联系都用关系表示。对数据的检索结果也是关系(即表)。

③ 关系模型的存取路径对用户透明,从而具有较高的数据独立性和更好的安全保密

性,同时也简化了程序员的工作和数据库开发建立的工作。

关系模型的主要缺点是由于存取路径对用户透明,查询效率往往不如非关系模型。

在以上 3 种数据模型中,层次模型与网状模型现在已经很少见到了。目前,应用最广泛的是关系模型。

5.4 结构化查询语言

关系型数据库系统的数据语言有多种,但经过多年的使用、竞争和更新后,结构化查询语言(Structured Query Language,SQL)已成为国际标准化组织(ISO)所确认的关系型数据库系统所使用的唯一数据语言。用该语言所书写的程序可以在任何关系型数据库系统上运行。

5.4.1 结构化查询语言特点及功能

SQL 允许对数据库进行复杂的查询,同时也提供了创建数据库和维护数据库的方法,是数据库应用程序开发的重要组成部分,应用范围非常广泛。

1. SQL 的特点

SQL 的特点是集数据定义(definition)、数据查询(query)、数据操纵(manipulation)、数据控制(control)功能于一体,综合的、通用的、功能极强同时又简洁易学的语言。

(1)在关系模型中实体和实体间的联系均用关系表示,查找、插入、删除、更新等操作都只需一种操作符号。SQL 的命令动词如表 5-1 所示。

表 5-1 SQL 的命令动词

SQL 功能	命 令 动 词
数据操纵	SELECT、INSERT、UPDATE、DELETE
数据定义	CREATE、DROP、ALTER
数据控制	GRANT、REVOKE

(2)在采用 SQL 进行数据操作时,只要提出"做什么",而不必指明"怎么做",其他工作由系统完成,具有高度的非过程化。

(3)以同一种语法结构提供两种使用方法:一种是联机交互使用方式,在此种方式下,SQL 可以独立使用,称为自含式语言;另一种是嵌入式使用方式,在此种方式下,它以某些高级程序设计语言(如 Java、C 等)为宿主语言,而 SQL 则被称为嵌入式语言。

(4)SQL 支持关系型数据库三级模式结构。其中,视图对应的是外模式;大多数基本表对应的是概念模式;数据库的存储文件、索引文件构成关系数据库的内模式。

2. 结构化查询语言的功能

下面以学生成绩管理系统为例。在该系统中学生信息包含每名学生的学号、姓名、性别、出生日期等信息;学校各门课程信息包括课程编号、课程名称、学时、学分等相关信息;成绩管理包含每名学生的每门课程成绩情况。学生信息表如表 5-2 所示,课程信息表如

表 5-3 所示,成绩信息表如表 5-4 所示。

表 5-2　学生信息表

学　号	姓　名	性　别	出 生 日 期	籍　贯
20203002	邹林	男	2001-02-03	黑龙江哈尔滨市
20203003	王芳	女	2000-10-22	北京市
20203398	肖立	男	2001-04-12	黑龙江牡丹江市
20203399	李明	男	2001-05-15	天津市
20203400	姜海明	男	2000-07-25	黑龙江大庆市

表 5-3　课程信息表

课程编号	课程名称	学　时	学　分	开 课 系	考核方式
010101	高等数学	48	3	数学系	考试
010102	大学物理	64	4	物理系	考试
010103	外语	64	4	外语系	考试
010104	软件工程	48	3	计算机系	考试
010105	数据库	48	3	计算机系	考查

表 5-4　成绩信息表

学　号	课程编号	成　绩
20203002	010101	77
20203002	010103	98
20203003	010103	86
20203398	010104	91
20203400	010102	63
20203400	010105	89

SQL 的主要功能包括数据定义、数据查询、数据操纵、数据控制、与主语言的接口以及存储过程等。

(1) SQL 的数据定义。SQL 的数据定义功能包括基本表的定义和删除、视图的定义和删除、索引的建立和删除。

(2) SQL 的数据查询。SQL 的数据查询功能包括单表查询、多表连接查询、分组、排序等。

(3) SQL 的数据操纵。SQL 的数据操纵功能包括数据查询、数据删除、数据插入、数据修改。

(4) SQL 的数据控制。SQL 的数据控制功能包括数据的完整性约束、数据的安全性及存取权限、数据的触发、数据的并发控制及故障恢复。

(5) 与主语言的接口。SQL 提供游标语句(共 4 条)以解决 SQL 与主语言间因数据不匹配所引起的接口。

(6) 存储过程。SQL 还提供远程调用功能。在客户机/服务器模式下,客户机中的应用可以通过网络调用服务器数据库中的存储过程。存储过程是一个由 SQL 语句所组成的过程,该存储过程在被应用调用后执行 SQL 语句序列,最终将结果返回给应用。存储过程可以供多个应用所共享。

5.4.2 数据定义功能

关系数据库系统支持三级模式结构,其内模式、概念、模式和外模式中的基本对象有表、视图和索引。因此 SQL 的数据定义功能包括基本表、视图和索引等数据对象的定义。本节只介绍基本表的定义。

1. 定义基本表

生成新的表要使用 CREATE TABLE 命令。语句格式:

```
CREATE    TABLE <表名>(<列名><数据类型>[列级完整性约束条件]
[,<列名><数据类型> [列级完整性约束条件]]…
[,<表级完整性约束条件>])
```

其中,<表名>是所要定义的基本表的名字,它可由一个或多个属性(列)组成。

功能:建立一个新的基本表,指明基本表的表名与结构,包括组成该表的每个字段名、数据类型等。

【例 5-1】 以创建学生成绩管理系统为例,使用 SQL 语句建立一个学生信息表,它由学号、姓名、性别、籍贯这 4 个属性组成。其中,学号不能为空,并且值是唯一的。

```
CREATE TABLE 学生信息
(学号 CHAR(5) NOT NULL UNIQUE,
姓名 CHAR(8),
性别 CHAR(2),
籍贯 CHAR(50))
```

2. 修改基本表

在创建了一个基本表以后,可以使用 ALTER TABLE 语句对表进行修改。语句格式:

```
ALTER TABLE <表名>
ADD <列名><数据类型>[<列级完整性约束>]
ALTER COLUMN <列名><数据类型>[<列级完整性约束>]
DROP <完整性约束>
```

其中,<表名>是要修改的基本表,ADD 子句用于增加新列和新的完整性约束条件,ALTER COLUMN 用于修改列名、数据类型、列级完整性约束条件,DROP 子句用于删除指定的完整性约束条件。

【例 5-2】 在学生信息表中,增加出生日期字段,修改籍贯字段数据类型为 TEXT;删除出生日期字段。

```
ALTER TABLE 学生信息
ADD 出生日期 DATETIME
ALTER TABLE 学生信息
ALTER COLUMN 籍贯 TEXT
ALTER TABLE 学生信息
DROP COLUMN 出生日期
```

3. 删除基本表

语句格式：

```
DROP TABLE <表名>
```

功能：删除指定表及其数据，释放相应的存储空间，同时系统也自动删除在此表上建立的各种索引，也删除了在该表上授予的操作权限。虽然删除表时并未删除定义在该表上的视图，但这些视图已无效，不能再使用了。

【例 5-3】 删除已存在的学生信息表。

```
DROP TABLE 学生信息
```

5.4.3 数据查询功能

数据库查询是数据库的核心操作。SQL 提供了 SELECT 语句进行数据库的查询，功能非常强大，其选项也非常丰富，同时 SELECT 语句的完整句法也非常复杂。其一般格式为

```
SELECT[ALL|DISTINCT]<目标列表达式>[,<目标列表达式>]
FROM <参与查询的表名或视图名>
[ WHERE <查询选择的条件> ]
[ GROUP BY <分组表达式> ] [ HAVING <分组查询条件> ]
[ORDER BY <排序表达式> [ ASC | DESC ] ]
```

说明：

SELECT 子句指定要显示的属性列，它可以是星号（*）、表达式、列表、变量等。

FROM 子句指定要查询的基本表或者视图。

WHERE 子句用来限定查询的范围和条件。

GROUP BY 子句对查询结果按指定列的值分组，将属性列值相等的元组分为一个组。通常会在每组中作用聚合函数。

HAVING 短语跟随在 GROUP BY 子句使用，筛选出满足指定条件的组。

ORDER BY 子句对查询结果按指定列值的升序或降序排序。ASC 表示升序排列，DESC 表示降序排列。

整个语句的含义为根据 WHERE 子句中的条件表达式，从基本表（或视图）中找出满足条件的元组，按 SELECT 子句中的目标列，选出元组中的分量形成结果表。

这些子句中 SELECT 子句和 FROM 子句为必需的，其他子句为可选项。SELECT 语句既可完成简单的单表查询，也可完成复杂的连接查询和嵌套查询。

下面以学生成绩管理系统为例，对常用的查询方法进行说明。在学生成绩管理系统数据库中有学生信息表、课程信息表和成绩信息表，结构如表 5-2、表 5-3、表 5-4 所示。

1. 单表查询

在很多情况下，用户只对单一表中的一部分属性行或列感兴趣，这时可以通过 SELECT 子句在一个表中进行查询。

【例 5-4】 查询全体学生的学号和姓名。

```
SELECT 学号,姓名
FROM 学生信息
```

【例 5-5】 查询选修课程编号为"010101"的学生的学号和成绩。

```
SELECT 学号,成绩
FROM 成绩信息
WHERE 课程编号 = '010101'
```

【例 5-6】 查询所有课程信息,并按学时降序排列。

```
SELECT *
FROM 课程信息
ORDER BY 学时 DESC
```

【例 5-7】 查询选修两门及两门以上课程的学生学号。

```
SELECT 学号
FROM 成绩信息
GROUP BY 学号
HAVING COUNT( * )> 2
```

注意,此处应先分组,再对每一组计数,选出统计结果大于等于 2 的组的学号,WHERE 子句作用于基本表或视图,HAVING 短语作用于组。

2．多表连接查询

前面的查询都是针对一个表进行的。如果一个查询同时涉及两个或两个以上的表,则称为多表查询,多表查询是关系数据库中最主要的查询。

【例 5-8】 查询出成绩高于 90 分的学生的学号和姓名。

```
SELECT 学生.学号,姓名
FROM 学生信息,成绩信息
WHERE 学生信息.学号 = 成绩信息.学号 AND 成绩> 90
```

【例 5-9】 查询出所有学生的学号、姓名、课程名称和成绩。

```
SELECT 学生信息.学号,姓名,课程名称,成绩
FROM 学生信息,课程信息,成绩信息
WHERE 学生信息.学号 = 成绩信息.学号 AND
成绩信息.课程编号 = 课程信息.课程编号
```

5.4.4 数据操纵功能

SQL 数据操纵功能是指用来插入、更新和删除数据库中数据的功能,这些语句包括 INSERT、UPDATE、DELETE 等。

1．INSERT 语句

插入数据语句用于向数据库中添加一行新记录,并给新记录的字段赋值。其一般格式为

```
INSERT INTO <表名> [(<列名 1>[,<列名 2>]…)]
```

VALUES(<表达式 1>[,<表达式 2>]…)

【例 5-10】 向学生信息表中添加新记录。

```
INSERT INTO 学生信息
VALUES('20203504','张红','女','2001 - 05 - 10','黑龙江哈尔滨市')
```

2. UPDATE 语句

更新数据语句用于更新数据库表中特定记录或者字段的数据,其一般格式为

```
UPDATE <表名>
SET <列名> = <表达式>[,<列名> = <表达式>] …
[WHERE <条件表达式>]
```

功能:修改指定表中满足 WHERE 子句条件的元组,如省略 WHERE 子句,则表示要修改表中的所有元组。SET 子句指出将被更新的列及其新值。

【例 5-11】 将学生信息表中,学号为"20203504"的学生姓名改为"赵鑫"。

```
UPDATE 学生信息
SET 姓名 = '赵鑫'
WHERE 学号 = '20203504'
```

【例 5-12】 将所有课程的学分加 1。

```
UPDATE 课程信息
SET 学分 = 学分 + 1
```

3. DELETE 语句

使用删除数据语句可以删除表中的一行或多行记录,其一般格式为

```
DELETE FROM <表名>
[WHERE <条件>]
```

功能:从指定表中删除满足 WHERE 子句条件的所有元组。若省略 WHERE 子句,表示删除表中全部元组,但表依然存在。

【例 5-13】 删除学生信息表中姓名为"赵鑫"的学生记录。

```
DELETE FROM 学生信息
WHERE 姓名 = '赵鑫'
```

【例 5-14】 删除学生信息表中所有学生记录。

```
DELETE FROM 学生信息
```

5.5　数据库系统的开发过程

数据库设计是综合运用计算机软硬件技术,结合应用系统领域的知识和管理技术的系统工程。它不是凭借个人经验和技巧就能够设计完成的,而是须遵守一定的规则实施设计而成。

在现实世界中,信息结构十分复杂,应用领域千差万别,而设计者的思维也各不相同,所以数据库设计的方法和路径多种多样。

和其他软件一样,数据库的设计过程可以使用软件工程中的生存周期的概念来说明,称为数据库设计的生存期,它是指从数据库研制到不再使用它的整个时期。

按规范设计法,可将数据库设计分为 6 个阶段。

(1) 需求分析阶段。

(2) 概念结构设计阶段。

(3) 逻辑结构设计阶段。

(4) 物理结构设计阶段。

(5) 数据库实施阶段。

(6) 数据库运行与维护阶段。

数据库设计中,前两个阶段是面向用户的应用要求,面向具体的问题;中间两个阶段是面向数据库管理系统;最后两个阶段是面向具体的实现方法。前 4 个阶段可统称为分析和设计阶段,后两个阶段称为实现和运行阶段。

5.5.1 需求分析

需求分析是整个数据库设计过程中的第一步,也是最重要一步。整个数据库开发活动从对系统的需求分析开始。系统需求包括对数据的需求和对应用功能的需求两方面内容。该阶段应与系统用户相互交流,了解他们对数据的要求及已有的业务流程,并把这些信息用数据流程图或文字等形式记录下来,最终获得处理需求。

从数据库设计的角度来看,需求分析的任务是对现实世界要处理的对象(组织、部门、企业)等进行详细的调查,通过对原系统的了解,收集支持新系统的基础数据并对其进行处理,在此基础上确定新系统的功能。

具体地说,需求分析阶段的任务包括以下 3 项。

1. 调查分析用户的活动

这个过程通过对新系统运行目标的研究,对现行系统所存在的主要问题的分析以及制约因素的分析,明确用户总的需求目标,确定这个目标的功能域和数据域。具体做法如下所述。

(1) 调查组织机构情况,包括该组织的部门组成情况,各部门的职责和任务等。

(2) 调查各部门的业务活动情况,包括各部门输入和输出的数据与格式、所需的表格与卡片、加工处理这些数据的步骤、输入输出的部门等。

2. 收集和分析需求数据,确定系统边界

在熟悉业务活动的基础上,协助用户明确对新系统的各种需求,包括用户的信息需求、处理需求、安全性和完整性的需求等。

(1) 信息需求指目标范围内涉及的所有实体、实体的属性以及实体间的联系等数据对象,也就是用户需要从数据库中获得信息的内容与性质。由信息要求可以导出数据要求,即在数据库中需要存储哪些数据。

（2）处理需求指用户为了得到需求的信息而对数据进行加工处理的要求，包括对某种处理功能的响应时间、处理的方式（批处理或联机处理）等。

（3）安全性和完整性的需求。在定义信息需求和处理需求的同时必须相应地确定安全性和完整性。

在收集各种需求数据后，对调查的结果进行初步分析，确定新系统的边界，确定哪些功能由计算机完成或将来准备让计算机完成，哪些活动由人工完成。由计算机完成的功能就是新系统应该实现的功能。

3. 编写数据需求分析说明书

系统分析阶段是在调查与分析的基础上，依据一定的规范要求，来编写数据需求分析说明书。数据分析需求说明书一般依据一定规范要求编写。我国有相关的国家标准与部委标准，也有企业标准，其制定的目的是为了规范说明书编写及需求分析的内容，同时也为了统一编写格式。数据需求分析说明书一般用自然语言和表格书写。目前也有一些用计算机辅助的书写工具，但由于使用上存在一些问题，应用尚不能普及。

数据需求分析说明书是对需求分析阶段的一个总结。编写数据需求分析说明书是一个不断反复、逐步深入和逐步完善的过程，数据需求分析说明书应包括如下内容。

（1）系统概况、系统的目标、范围、背景、历史和现状。

（2）系统的原理和技术，对原系统的改善。

（3）系统总体结构与子系统结构说明。

（4）系统功能说明。

（5）数据处理概要、工程体制和设计阶段划分。

（6）系统方案及技术、经济、功能和操作上的可行性。

完成数据需求分析说明书后，在项目单位的领导下，要组织有关技术专家对数据需求分析说明书进行评审，这是对需求分析结构的再审查。审查通过后，由项目方和开发方的领导签字认可。数据需求分析说明书应提供下列附件。

（1）系统的硬件、软件支持环境的选择及规格要求（所选择的数据库管理系统、操作系统、汉字平台、计算机型号及其网络环境等）。

（2）组织机构图、组织之间联系图及各机构功能业务一览图。

（3）数据流程图、功能模块图和数据字典等图表。

如果用户同意数据需求分析说明书和方案设计，在与用户进行详尽商讨的基础上，最后签订技术协议书。数据需求分析说明书是设计者和用户一致确认的权威性文献，是今后各阶段设计和工作的依据。

5.5.2　概念结构设计

在需求分析阶段，设计人员充分调查并描述用户的需求，但这些需求只是现实世界的具体要求，应把这些需求抽象为信息世界的结构，这样才能更好地实现用户的需求。概念结构设计就是将由需求分析得到的用户需求抽象为信息结构，即概念模型。

概念结构的主要目的就是分析数据之间的内在语义关联，在此基础上建立一个数据的抽象模型。描述概念结构的工具是 E-R 图。

1. 概念结构设计的方法

设计概念结构的 E-R 模型可采用 4 种方法。

（1）自顶向下。先定义全局概念结构 E-R 模型的框架，再逐步细化。

（2）自底向上。先定义各局部应用的概念结构 E-R 模型，然后将它们集成，得到全局概念结构 E-R 模型。

（3）逐步扩张。先定义最重要的核心概念 E-R 模型，然后向外扩充，以滚雪球的方式逐步生成其他概念结构 E-R 模型。

（4）混合策略。该方法采用自顶向下和自底向上相结合的方法，先自顶向下定义全局框架，再以它为骨架集成自底向上方法中设计的各个局部概念结构。

2. 概念结构设计的步骤

这里只介绍自底向上的设计方法的步骤。在概念结构设计过程中使用 E-R 方法的基本步骤包括设计局部 E-R 图、综合成初步 E-R 图、优化成基本 E-R 图。

下面举例说明 E-R 模型设计步骤。

【例 5-15】 在简单的教务管理系统中，有如下语义约束：一个学生可选修多门课程，一门课程可被多个学生选修，因此学生和课程是多对多的联系；一个教师可讲授多门课程，一门课程可被多个教师讲授，因此教师和课程也是多对多的联系；一个系可有多个教师，一个教师只能属于一个系，因此系和教师是一对多的联系，同样系和学生也是一对多的联系。

1）设计局部 E-R 图

设计局部 E-R 图的任务是根据需求分析阶段产生的各个部门的数据流程图和数据字典中相关数据，设计出各项应用的局部 E-R 图。具体操作如下所述。

（1）确定实体和属性。

实体和属性之间在形式上并无可以明显区分的界限，通常是按照现实世界中事物的自然划分来定义实体和属性，将现实世界中的事物进行数据抽象，得到实体和属性。

（2）确定联系类型。

依据需求分析结果，考察任意两个实体类型之间是否存在联系。若有联系，要进一步确定联系的类型。在确定联系时应特别注意两点：一是不要丢掉联系的属性；二是尽量取消冗余的联系，即取消可以从其他联系导出的联系。

（3）画出局部 E-R 图。

根据上述约定，可以得到如图 5-17 所示的学生选课局部 E-R 图和如图 5-18 所示的教师任课局部 E-R 图。形成局部 E-R 模型后，应该再去征求用户意见，以求完善，使之如实地反映现实世界。

2）综合成初步 E-R 图

（1）局部 E-R 图的合并。

为了减小合并工作的复杂性，先两两合并。合并从公共实体类型开始，最后再加入独立的局部结构。

（2）消除冲突。

一般有 3 种类型的冲突：属性冲突、命名冲突、结构冲突。具体调整手段可以考虑以下

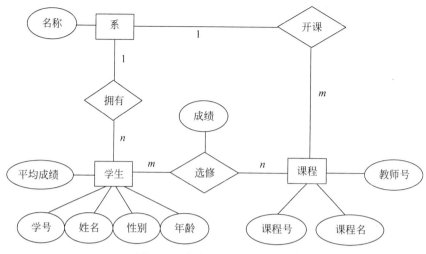

图 5-17   学生选课局部 E-R 图

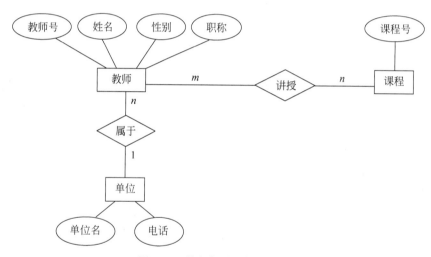

图 5-18   教师任课局部 E-R 图

3 种：对同一个实体的属性取各个分 E-R 图相同实体属性的并集；根据综合应用的需要，把属性转变为实体或者把实体变为属性；实体联系要根据应用语义进行综合调整。

下面以教务管理系统中的两个局部 E-R 图为例，来说明如何消除各局部 E-R 图之间的冲突，进行局部 E-R 模型的合并，从而生成初步 E-R 图。

首先，这两个局部 E-R 图中存在着命名冲突，学生选课局部 E-R 图中的实体"系"与教师任课局部 E-R 图中的实体"单位"，都是指"系"，即所谓的异名同义，合并后统一改为"系"，这样实体中的属性"名称"和实体"单位"中的属性"单位名"即可统一为"系名"。

其次，还存在着结构冲突，实体"系"和实体"单位"在两个不同应用中的属性组成不同，合并后这两个实体的属性组成为原来局部 E-R 图中的同名实体属性的并集。解决上述冲突后，合并两个局部 E-R 图，生成教务管理系统的初步 E-R 图如图 5-19 所示。

（3）初步 E-R 图的优化。

E-R 图的优化主要包括消除冗余属性和消除冗余联系两步。

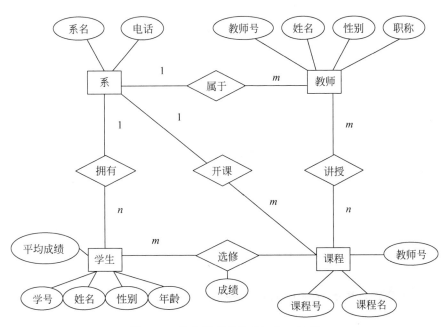

图 5-19 教务管理系统的初步 E-R 图

如图 5-19 所示的初步 E-R 图中，"课程"实体中的属性"教师号"可由"讲授"这个"教师"与"课程"之间的联系导出，而学生的平均成绩可由"选修"联系中的属性"成绩"中计算出来，所以"课程"实体中的"教师号"与"学生"实体中的"平均成绩"均属于冗余数据。另外，"系"和"课程"之间的联系"开课"，可以由"系"和"教师"之间的"属于"联系与"教师"和"课程"之间的"讲授"联系推导出来，所以"开课"属于冗余联系。

这样，图 5-19 所示的初步 E-R 图在消除冗余数据和冗余联系后，便可得到基本的 E-R 模型。教务管理系统的基本 E-R 图如图 5-20 所示。

最终得到的基本 E-R 模型是企业的概念模型，它代表了用户的数据要求，是沟通要求和设计的桥梁。它决定数据库的总体逻辑结构，是成功建立数据库的关键。如果设计不好，就不能充分发挥数据库的功能，无法满足用户的处理要求。

因此，用户和数据库人员必须对这一模型反复讨论，在用户确认这一模型已正确无误地反映了他们的要求后，才能进入下一阶段的设计工作。

5.5.3 逻辑结构设计

概念结构设计阶段得到的 E-R 模型是用户的模型，它独立于任何一种数据模型，独立于任何一个具体的 DBMS。为了建立用户所要求的数据库，需要把上述概念模型转换为某个具体的 DBMS 所支持的数据模型。数据库逻辑结构设计的任务是将概念结构转换成特定 DBMS 所支持的数据模型的过程。从此开始便进入了实现设计阶段，需要考虑到具体的 DBMS 的性能、具体的数据模型特点。

E-R 图所表示的概念模型可以转换成任何一种具体的 DBMS 所支持的数据模型，如网状模型、层次模型和关系模型。这里只讨论关系数据库的逻辑设计问题，所以只介绍 E-R 图如何向关系模型进行转换。逻辑结构设计过程可分为初始关系模式设计、关系模式规范

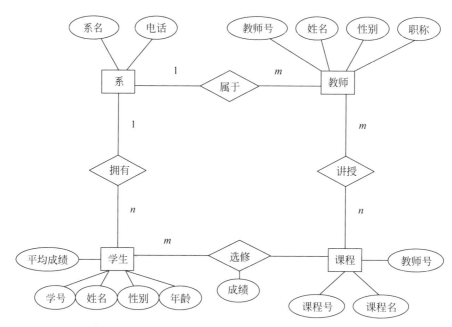

图 5-20　教务管理系统的基本 E-R 图

化、模式的评价与改进。

1. 初始关系模式设计

概念结构设计中得到的 E-R 图是由实体、属性和联系组成的,而关系型数据库逻辑结构设计的结果是一组关系模式的集合。所以将 E-R 图转换为关系模型实际上就是将实体、属性和联系转换成关系模式。在转换中要遵循以下原则。

(1) 一个实体集转换为一个关系模式,实体的属性就是关系的属性,实体的关键字就是关系的关键字。

(2) 一个 1∶1 的联系转换为一个关系模式,每个实体的关键字都是关系的候选关键字。

(3) 一个 1∶n 的联系转换为一个关系模式,多方实体的关键字是关系的关键字。

(4) 一个 m∶n 的联系转换为一个关系模式,联系中各实体关键字组成关系的关键字(组合关键字)。

(5) 具有相同关键字的关系需要合并。

2. 关系模式规范化

规范化理论在数据库设计中有如下 3 个方面的应用。

(1) 在需求分析阶段,用数据依赖概念分析和表示各个数据项之间的联系。

(2) 在概念结构设计阶段,以规范化理论为指导,确定关键字,消除初步 E-R 图中冗余的联系。

(3) 在逻辑结构设计阶段,从 E-R 图向数据模型转换的过程中,用模式合并与分解方法达到规范化级别。

【例 5-16】　以图 5-20 所示的 E-R 模型为例,E-R 图向关系模型转换的具体做法如下所述。

（1）把每一个实体转换为一个关系模式。

首先分析各实体的属性,从中确定其主键,然后分别用关系模式表示。

4 个实体分别转换成 4 个关系模式:

学生(学号,姓名,性别,年龄)

课程(课程号,课程名)

教师(教师号,姓名,性别,职称)

系(系名,电话)

其中,有下画线者表示是主键。

（2）把每一个联系转换为关系模式。

由联系转换得到的关系模式的属性集中,包含两个发生联系的实体中的主键以及联系本身的属性,其关系键的确定与联系的类型有关。

4 个联系也分别转换成 4 个关系模式:

属于(教师号,系名)

讲授(教师号,课程号)

选修(学号,课程号,成绩)

拥有(系名,学号)

3. 模式的评价与改进

模式的评价主要包括功能和性能两个方面。经过反复多次的模式评价和修正之后,最终的数据库模式得以确定。逻辑结构设计阶段的结果是全局逻辑数据库结构。对于关系数据库系统来说,就是由一组符合一定规范的关系模式组成的关系型数据库模型。

5.5.4　物理结构设计

数据库最终要存储在物理设备上,并为物理设备实现数据的处理和输出提供理论依据。数据库在物理设备上的存储结构和存取方法称为数据库的物理结构,它依赖于给定的计算机系统。

一方面设计人员必须深入了解给定的 DBMS 的功能：DBMS 提供的环境和工具、硬件环境特别是存储设备的特征。另一方面也要了解应用环境的具体要求。只有"知己知彼"才能设计出较好的物理结构。决定存储结构的主要因素包括存取时间、存储空间和维护代价3 个方面。设计时应当根据实际情况,对这 3 个方面进行综合权衡。一般情况下,DBMS 也具有一定的灵活性可供选择。

确定了数据库的物理结构之后,要对其进行评价,重点是时间和空间的效率。如果评价结果满足设计要求,则可进行数据库实施。实际上,往往需要经过反复测试才能优化物理结构设计。

5.5.5　数据库实施

数据库实施是指根据逻辑结构设计和物理结构设计的结果,在计算机上建立起实际数据库结构、装入数据、进行测试和试运行的过程。该阶段是建立数据库的实质性阶段,需要完成装入数据、编码、测试等工作。完成以上工作后,即可投入试运行,即把数据库连同有关的应用程序一起装入计算机,从而考察它们在各种应用中能否达到预定的功能和性能要求。

(1) 数据库加载。由于数据库的数据量都很大,加载一般是通过系统提供的实用程序或自编的专门录入程序进行的。在真正加载数据之前,有大量的数据整理工作要做。应当建立严格的数据录入和检验规范,设计完善的数据检验与校正程序,才能确保数据的质量。

(2) 数据库运行和维护数据库投入运行标志着数据库设计与应用开发工作基本结束,运行和维护阶段开始。

5.5.6   数据库运行与维护

完成了部署数据库系统,用户也开始使用系统,但这并不标志着数据库开发周期的结束。要保持数据库持续稳定的运行,需要数据库管理员具备特殊的技能,同时要付出更多的劳动。而且,由于数据库环境是动态的,随着时间的推移,用户数量和数据库事务不断扩大,数据库系统必然发展。因此,数据库管理员必须持续地关注数据库管理,并在必要的时候对数据库进行升级。

数据库运行与维护阶段的主要任务包括以下 3 点。

(1) 维护数据库的安全性和完整性。

(2) 监测并改善数据库性能。

(3) 必要时对数据库进行重新组织。

只要数据库系统在运行,就需要不断地进行修改、调整和维护。一旦应用变化太大,数据库重新组织也无济于事,这就表明数据库应用系统的生命周期结束,应该建立新系统,重新设计数据库。从头开始数据库设计工作,这也标志着一个新的数据库应用系统生命周期的开始。

5.6   区块链简介

互联网的出现极大加快了信息传递的速度,深刻地改变了人们的生活方式,但互联网技术并不关心人与人之间的协作模式和信任构建方法。而区块链在信息互联网的基础上构建了一种新的可信的大规模协作方式,以解决数字经济发展的信息问题,被誉为下一代互联网的重要特征。很多人对区块链的理解仅止步于比特币类的加密数字货币,那么区块链究竟是什么呢?

5.6.1   区块链的概念

最早的区块链技术雏形出现在比特币项目中,作为比特币背后的分布式记账平台,在无集中式管理的情况下,比特币网络稳定运行了近八年时间,支持了海量的交易记录,并未出现严重的漏洞。

公认的最早关于区块链的描述性文献是《比特币:一种点对点的电子现金系统》,但该文重点在于讨论比特币系统,实际上并没有明确提出区块链的定义和概念,其中区块链被描述为用于记录比特币交易的历史账目。复式记账法能对每一笔账目同时记录来源和去向,将对账验证功能引入记账过程,提高了记账的可靠性。区块链则是首个自带对账功能的数字记账技术。狭义来讲,区块链是一种按照时间顺序将数据区块以顺序相连的方式组合成的一种链式数据结构,并以密码学方式保证的不可篡改和不可伪造的分布式账本。从更广泛的意义来看,区块链属于一种去中心化的记录技术。

5.6.2 区块链的特征

区块链是多种已有技术的集成创新,主要用于实现多方信任和高效协同。通常,一个成熟的区块链系统具备去中心化、透明可信、防篡改、可追溯、隐私安全保障以及系统高可靠这6个特性。

1. 去中心化

由于使用分布式核算和存储,不存在中心化的硬件或管理机构,任意节点的权利和义务都是均等的,系统中的数据块由整个系统中具有维护功能的节点来共同维护。

2. 透明可信

(1)人人记账保证人人获取完整信息,从而实现信息透明化。在去中心化的系统中,网络中的所有节点均是对等节点,大家平等地发送和接收网络中的消息。所以,系统中的每个节点都可以完整地观察系统中节点的全部行为,并将观察到的这些行为在各个节点进行记录,即维护本地账本,整个系统对于每个节点都具有透明性。

(2)节点间决策过程共同参与,共识保证可信性。区块链系统是典型的去中心化系统,网络中的所有交易对所有节点均是透明可见的,所以整个系统对所有节点均是透明、公平的,系统中的信息具有可信性。

3. 防篡改

防篡改是指交易一旦在全网范围内经过验证并添加至区块链,就很难被修改或者抹除。一方面,当前区块链所使用的共识算法,从设计上保证了交易一旦写入即无法被篡改;另一方面,基于共识算法的区块链系统的篡改难度及花费都是极大的,若要对此类系统进行篡改,攻击者需要控制全系统超过51%的节点。

4. 可追溯

可追溯是指区块链上发生的任意一笔交易都是有完整记录的,可以针对某一状态在区块链上追查与其相关的全部历史交易。防篡改特性保证了写入的区块链上的交易很难被篡改,这为可追溯特性提供了保证。

5. 隐私安全保障

区块链的去中心化特性决定了区块链的"去信任"特性。由于区块链系统中的任意节点都包含了完整的区块校验逻辑,所以任意节点都不需要依赖其他节点完成区块链中交易的确认过程,也就是无须额外地信任其他节点。"去信任"的特性使得节点之间不需要互相公开身份,因为任意节点都不需要根据其他节点的身份进行交易有效性的判断,这为区块链系统保护用户隐私提供了前提保障。

6. 系统高可靠

每个节点对等地维护一个账本并参与整个系统的共识。也就是说,如果其中某一个节点出故障了,整个系统也依然能够正常运转,这就是为什么可以自由地加入或者退出比特币系统网络,而整个系统依然可以正常工作。

5.6.3 区块链平台发展历程

区块链的诞生最早可以追溯到密码学和分布式计算,区块链的发展先后经历了加密数字货币、企业应用、价值互联网 3 个阶段。

1. 区块链 1.0:加密数字货币

2009 年 1 月,在比特币系统论文发表两个月之后,比特币系统正式运行并开放了源码,这标志着比特币网络的正式诞生。通过其构建的一个公开透明、去中心化、防篡改的账本系统,比特币开展了一场规模空前的加密数字货币实验。在区块链 1.0 阶段,区块链技术的应用主要聚集在加密数字货币领域,典型代表即比特币系统以及比特币系统代码衍生出来的多种加密数字货币。比特币系统在全球范围内只能支持每秒 7 笔交易,交易记账后追加 6 个区块才能比较安全地确认交易,追加一个区块大约需要 10min,意味着大约需要 1h 才能确认交易,不能满足实时性等较高的应用需求。

2. 区块链 2.0:企业应用

针对区块链 1.0 存在的专用系统问题,为了支持如众筹、溯源等功能,区块链 2.0 阶段为支持用户自定义的业务逻辑,引入了智能合约,从而使区块链的应用范围得到了极大的拓展,开始在各个行业迅速落地,极大地降低了社会生产消费过程中的信任和协作成本,提高了行业内和行业间协同效率。典型的代表是 2013 年启动的以太坊系统。针对区块链 1.0 阶段存在的性能问题,以太坊系统在共识算法方面也进行了提升。

以太坊项目为其底层的区块链账本引入了智能合约的交互接口,这对区块链应用进入 2.0 时代发挥了巨大作用。智能合约是一种通过计算机技术实现的,旨在以数字化方式达成共识、履约、监控履约过程并验证履约结果的自动化合同,极大地扩展了区块链的功能。有了智能合约系统的支持,区块链的应用范围开始从单一的货币领域扩大到涉及合约共识的其他金融领域。区块链技术首先在股票、清算、私募股权等众多金融领域崭露头角。传统的通过交易所的股票发行完全可以被区块链分布式账本所取代。这样,企业就可以通过分布式自治组织协作运营,借助用户的集体行为和集体智慧获得更好的发展。在投入运营的第一天就能实现募资,而不用经历复杂的流程,进而产生高额费用。

随着区块链 2.0 阶段智能合约的引入,其开放透明、去中心化及不可篡改的特性在其他领域逐渐受到重视。各行业专业人士开始意识到,区块链的应用也许不仅局限于金融领域,还可以扩展到任何需要协同共识的领域中去。于是,在金融领域之外,区块链技术又陆续应用到了公证、仲裁、审计、域名、物流、医疗、邮件、签证、投票等其他领域,应用范围逐渐扩大到各个行业。

3. 区块链 3.0：价值互联网

进入 21 世纪以来，全球科技创新进入空前活跃的时期，新一轮科技革命和产业革命正在重构全球创新版图，重塑全球经济结构。以人工智能、量子信息、移动通信、物联网、区块链为代表的新一代信息技术加速突破应用。

价值互联网是一个可信赖的，能实现各个行业协同互连，实现人和万物互连，实现劳动价值高效、智能流通的网络，主要用于解决人与人、人与物、物与物之间的共识协作、效率提升问题，将传统的依赖于人或中心的公正、调节、仲裁功能自动化，按照协议交给可信赖的机器来自动执行。通过对现有互联网体系进行改革，区块链技术将与 5G 网络、机器智能、物联网等技术创新一起承载着智能化、可信赖的梦想飞向更具价值的互联网时代。

在未来，区块链将渗透到生活和工作的方方面面，充分发挥审计、监控、仲裁和价值交换的作用，确保技术创新向着让世界更加美好的方向发展。

5.6.4　区块链的关键技术

从技术角度讲，区块链涉及的领域比较复杂，包括分布式存储、密码学、心理学、经济学、博弈论、网络协议等。由于区块链主要解决的是交易的信任和安全问题，针对这个问题提出了以下 3 个有待解决或改进的关键性技术。

1. 分布式账本

分布式账本就是交易记账由分布在不同地方的多个节点共同完成，而且每一个节点都记录着完整的账目。因此，所有节点都可以合法地参与监督交易，同时也可以共同为其作证。

与传统的分布式存储有所不同，区块链的分布式存储的独特性主要体现在两个方面：一是区块链的每个节点都按照块链式结构存储完整的数据，而传统分布式存储一般是将数据按照一定的规则分成多份进行存储；二是区块链每个节点存储都是独立的、地位等同的，依靠共识机制保证存储的一致性，而传统分布式存储一般是通过中心节点往其他备份节点同步数据。

没有任何一个节点可以单独记录账本数据，从而避免了单一记账人被控制或者被贿赂而记假账的可能性。也由于记账节点足够多，理论上讲除非所有的节点被破坏，否则账目就不会丢失，从而保证了账目数据的安全性。

2. 密码学技术

存储在区块链上的交易信息是公开的，如何防止交易记录被篡改？如何证明交易方的身份？如何保护交易双方的隐私？密码学正是解决这些问题的有效手段。将账户身份信息高度加密，只有在数据拥有者授权的情况下才能访问到，从而保证了数据的安全和个人的隐私。

传统方案包括哈希算法、加解密算法、数字证书和签名等。区块链技术的应用将可能促进密码学的进一步发展，包括随机数的产生、安全强度、加解密处理的性能等。量子计算机等新技术的出现，RSA 密码算法等已经无法提供足够的安全性，这些问题的解决将依赖于数学科学的进一步发展和新一代计算技术的突破。

3. 分布式共识机制

共识机制就是所有记账节点之间如何达成共识,去认定一个记录的有效性,这既是认定的手段,也是防止篡改的手段。共识机制的核心在于如何解决某个变更在网络中是一致的,是被大家都承认的,同时这个信息是被确定的、不可推翻的。

区块链提出了工作量证明机制(PoW)、股权证明机制(PoS)、授权股权证明机制(DPoS)和实用拜占庭容错算法(PBFT)4 种不同的共识机制,适用于不同的应用场景,在效率和安全性之间取得平衡。

区块链的共识机制具备"少数服从多数"以及"人人平等"的特点,其中"少数服从多数"并不完全指节点个数,也可以是计算能力、股权数或者其他的计算机可以比较的特征量。"人人平等"是指当节点满足条件时,所有节点都有权优先提出共识结果,直接被其他节点认同后并最后有可能成为最终共识结果。

以比特币为例,采用的是工作量证明机制,只有在控制了全网超过 51% 的记账节点的情况下,才有可能伪造出一条不存在的记录。当加入区块链的节点足够多的时候,伪造记录基本上是不可能的,从而杜绝了造假情况的发生。

5.6.5　区块链的应用

1. 金融管理

自有人类社会以来,金融交易就是必不可少的经济活动。交易本质上交换的是价值的所属权(如房屋、车辆的所属权)。现在为了完成交易,往往需要一些中间环节,特别是中介担保角色。这是因为交易双方往往存在着不充分信任的情况,要证实价值所属权并不容易,而且往往彼此的价值不能直接进行交换。合理的中介担保确保了交易的正常进行,提高了经济活动的效率,但已有的第三方中介机制往往存在成本高、时间周期长、流程复杂、容易出错等缺点。正是因为这些原因,金融服务成为区块链最为火热的应用领域之一。

区块链技术可以为金融服务提供有效的所属权证明和相当强的中介担保机制。

2. 银行交易

银行的活动包括发行货币,完成存款、贷款等大量的交易内容。银行必须能够确保交易的正确性,必须通过诸多手段确立自身的信用地位。传统的金融系统为了完成上述功能,开发了极为复杂的软件和硬件方案,不仅消耗了昂贵的成本,还需要大量的维护成本。即便如此,这些系统仍然存在诸多缺陷,如很多交易都不能在短时间内完成,每年都会发生大量的利用银行相关金融漏洞进行的犯罪。此外,在目前金融系统流程情况下,大量商家为了完成交易,还常常需要额外的组织(如支付宝)进行处理,这些实际上都增加了金融交易的成本。

区块链技术被认为是有可能促使银行交易发生革命性变化的技术。

3. 资源共享

当今社会,共享经济进行得如火如荼,而资源共享目前面临的问题主要包括共享过程成本过高、用户身份评分难、共享服务管理难等。区块链可以作为解决这些问题的一个有效的途径。

例如,大量提供短租服务的公司已经开始尝试用区块链来解决共享中的难题。一份报告中指出:Airbnb 等 P2P 住宿平台已经开始通过利用私人住所打造公开市场,来变革住宿行业,但是这种服务的接受程度可能因人们对人身安全以及财产损失的担忧而受到限制。如果引入安全且无法篡改的数字化资质和信用管理系统,区块链就能有助于提升 P2P 住宿的接受度。报告还指出,可能采用区块链技术的企业包括 Airbnb、HomeAway 以及 OneFineStay 等,市场规模为 30～90 亿美元。

4. 证券交易

证券交易包括交易执行和确认环节。交易本身相对简单,主要是由交易系统(极为复杂的软、硬件系统)完成电子数据库中内容的变更。但中心的验证系统极为复杂和昂贵,交易指令执行后的结算和清算环节也十分复杂,往往需要较多的人力成本和时间成本,并且容易出错。

目前来看,基于区块链的处理系统还难以实现海量交易系统所需要的性能。但在交易的审核和清算环节,区块链技术存在诸多的优势,可以避免人工的参与。

2015 年 10 月,美国纳斯达克证券交易所推出区块链平台,实现主要面向一级市场的股票交易流程。通过该平台进行股票发行的发行者将享有数字化的所有权。

5.6.6　区块链的价值和前景

区块链是人类迄今为止去中心化和解决信任问题的一次革命性的探索,具备去中心化、透明、防篡改、高效率、低成本等特性。区块链从一开始就致力于解决人类信任问题,将人与人的信任转变为人与机器的信任。如果说现代社会处在契约时代,区块链将使人类进入自动契约时代。通过编码让机器代替第三方中介委托监管各种契约履约情况,既提高了效率,又避免了第三方违约的情况。

随着区块链技术的快速发展,其必将在更多领域、更深层次地影响和改变商业社会的发展。区块链技术对商业社会的影响具体表现在以下 3 个方面。

1. 降低社会交易成本

区块链网络中的所有信息都是经过多方共识、可信、不可篡改的。这将极大地简化传统交易模型中所要面对的冗长的交易审查、确认等流程,甚至不再需要重复的账目核对、价值结算、交易清算等操作,从而大幅度降低社会交易成本。

2. 提升社会效率

随着区块链技术在经济领域的应用,必将优化各领域内的业内流程,降低运营成本,提高协同效率。以金融领域内的场景为例,当前金融系统是一个复杂庞大的系统,跨行交易、跨国汇兑往往需要依赖各类"中介"组织来实现,漫长的交易链条,加之缺乏统一的监管方式,使得交易效率低下,大量资产在交易过程中被锁定或延时冻结。而借助区块链系统实现去中心化体系,社会中的投资和交易将可以实现实时结算,这将有助于大幅度提升投资和交易效率。

3. 交易透明可监管

信息的实时性和有效性是监管效率的关键。除了涉及个人隐私或商业机密等情况外,区块链技术可以实现有效的交易透明、不可篡改特性。监管机构还可以实现实时的透明监管,甚至可以通过智能合约对交易实现自动化的合规检查、欺诈甄别等。

5.7　本章小结

　　本章主要讲述了数据库的基本概念,介绍了数据库系统与体系结构,以及常用数据库管理系统,又介绍了数据模型、结构化查询语言和数据库系统的开发过程,并简单介绍了区块链知识。

　　数据管理技术经历了人工管理、文件系统和数据库管理系统。这 3 个阶段是随着计算机软件、硬件技术和应用领域的发展而发展的。数据库、数据库管理系统和数据库系统的基本概念和基本知识是学习数据库技术的基础。数据库系统三级模式和二级映像是本章的难点。希望读者通过本章的学习,能够了解信息的 3 个世界和数据模型;掌握概念模型(用于信息世界的建模)、逻辑模型(用于数据世界的建模);掌握 SQL 的功能和常用语句;学会简单 SQL 语句查询功能;了解数据库设计过程和区块链技术。

5.8　赋能加油站与扩展阅读

　　在物资管理中,一个供应商为多个项目供应多种零件,一种零件只能保存在一个仓库中,一个仓库中可保存多种零件,一个仓库有多名员工值班,由一个员工负责管理。画出该物资管理系统的 E-R 图。

　　请说出 Access、SQL Server 和 Oracle 数据库管理系统各自的优点和缺点。

　　练习使用 Windows 操作系统中的 ODBC 创建一个数据源链接,连接到 Access 数据库,数据库名称自定。

扩展阅读

5.9　习题与思考

　　1. 什么是数据库、数据库管理系统和数据库系统?
　　2. 试述数据库系统的三级模式结构。
　　3. 试述数据库系统的组成。
　　4. 常用的数据库管理系统有哪些?
　　5. 简述常用的数据模型及其特点。
　　6. 简述 SQL 的特点。
　　7. 简述 SQL 的功能。
　　8. 简述数据库设计的步骤。
　　9. 试述数据库设计的意义。

第6章

大数据及相关技术

随着通信技术、信息技术及各行业的飞速发展,计算机在理论基础和技术上有了翻天覆地的变化,同时大量数据的分析处理对计算机技术提出了新的要求,进而推动了新一代技术的出现与发展。本章主要介绍大数据、云计算等计算机新技术的基础理论和应用,并介绍了大数据分析的过程以及应用案例。

6.1 大数据

随着互联网、移动互联网、物联网、云计算的快速兴起以及移动终端的快速发展,数据增长的速度比人类社会以往任何时候都要快。数据规模变得越来越大,内容越来越丰富,更新速度越来越快,数据特征的演变和发展催生了一个新的概念——大数据(Big Data)。大数据最核心的价值在于它能对海量数据进行存储和分析。与现有的其他技术相比,大数据具有廉价、迅速、优化这3个方面的优势。

6.1.1 大数据概述

1. 大数据时代

最早引用的所谓"大数据"概念可以追溯到 Apache 软件基金会(Apache Software Foundation,ASF)的开源项目 Nutch。当时把大数据描述为用来更新网络搜索索引以及需要同时进行批量处理和分析的大量数据集。早在 1980 年,著名未来学家阿尔文·托夫勒便在《第三次浪潮》一书中表述了著名的三次浪潮理论。根据 IBM 公司前首席执行官的观点,IT 领域每隔 15 年就会迎来一次重大变革,信息化迎来了 3 次浪潮。第一次浪潮是 1980 年前后,以个人计算机的应用为标志,解决的主要问题是信息处理;第二次浪潮是 1995 年前后,以互联网的产生为标志,解决的主要问题是信息传输;第三次浪潮是 2010 年前后,以物联网、云计算和大数据等新技术的出现为标志,解决的主要问题是信息爆炸。

那么"信息爆炸"是怎么产生的呢? 一个原因是存储设备容量不断增加、CPU 处理能力大幅提升、网络带宽的不断增加为数据的存储、计算、产生和网络普及提供了强大的技术支持。但是只有技术支撑不足以引起大数据时代的到来,另外一个非常重要的因素就是数据产生方式的变革。数据产生方式经历了 3 个阶段。

第一阶段:运营式系统阶段(20 世纪 70~80 年代)。数据库的出现使得数据管理的复杂度降低,数据往往伴随一定的运营活动而产生并记录在数据库中,数据的产生方式是被动的。典型应用案例是超市购物时在数据库系统中生成购物信息等结构化数据。

第二阶段:用户原创内容阶段(2000年以后)。数据爆发产生于 Web 2.0 时代,随着智能手机等移动设备的普及以及微博、微信、QQ 等软件的广泛应用,加速了内容的产生。每个网民都成了自媒体,数据产生方式是主动的。

第三阶段:感知式系统阶段(2010年以后)。物联网实现了万物互连,感知式系统的广泛使用,给人类社会带来了数据量的第三次大的飞跃,最终导致了大数据的产生。

在过去的 20 年里,数据在各行各业以大规模的态势持续增加。例如,2011 年中国互联网行业持有数据总量达到 1.9EB(1EB 相当于 10 亿 GB),而 2013 年生成这样规模的信息量只需 10min。根据国际数据公司 IDC(International Data Corporation)做出的估测,数据一直都在以每年 50% 的速度增长,也就是说每两年就增长一倍,这被称为大数据摩尔定律。据调查,全球数据总量的规模在 2012~2013 年两年间翻了一番,达到 2.8ZB。IDC 预计,到 2020 年,数据总量规模将达到 40ZB,相较于 2010 年,增长近 30 倍,均摊到每个人身上达到 5200GB 以上。40ZB 究竟是个什么样的概念呢?地球上所有海滩上的沙粒加在一起估计有七万零五亿亿颗。40ZB 相当于地球上所有海滩上的沙粒数量的 57 倍。

近年来,科技界和企业界甚至世界各国政府都将大数据的迅速发展作为关注的热点。许多政府机构明确宣布加快大数据的研究和应用。一个国家拥有数据的规模和运用数据的能力将成为综合国力的重要组成部分,对数据的占有和控制将成为国家间和企业间新的争夺焦点。大数据已成为社会各界关注的新焦点,大数据时代已然来临。

2. 大数据定义

传统的数据定义是基于信息系统里数据库中的数据,传统的数据管理是指管理本地的数据或远程的数据库,而传统数据和大数据有着本质的不同。从数据的产生方面来看,大数据来源于互联网(社交、搜索、电商)、移动互联网(微博)、物联网(传感器和智慧地球)、车联网、GPS、医学影像、安全监控、金融(银行、股市、保险)、电信(通话、短信)以及遍布地球各个角落的各种各样的传感器,这些数据除了在量上非常庞大外,组成也比较复杂。

大数据是由结构化和非结构化数据组成的:10% 的结构化数据,存储在数据库中;90% 的非结构化数据,其产生与人类信息密切相关,例如,网络日志、交易记录、视频图像档案、军事侦察记录等。而且,从数据的生成到消耗,时间窗口非常小,可用于生成决策的时间非常少,数据和新闻一样具有时效性,很多传感器的数据产生几秒后即失去意义。可以说,大数据带来了创造新价值的新机会,帮助人们对隐藏价值的深入理解,也带来新的挑战。

目前,大数据的重要性已经众所周知,但是对于大数据的定义,专家们却各抒己见。维基百科给大数据做的定义:大数据是指其大小或复杂性无法通过现有的、常用的软件工具,以合理的成本并在可接受的时限内对其进行捕获、管理和处理的数据集,这些困难包括数据的收入、存储、搜索、共享、分析和可视化。也就是说大数据意味着通过传统的软件或硬件无法在有限时间内获得有意义的数据集,而在经过大数据处理后就可以快速地获取有意义的数据。

IBM 公司把大数据概括为 3 个 V,即大规模(Volume)、高速度(Velocity)、多样化(Variety)。这些特点反映了大数据潜藏的价值。因此,大数据的特征可以整体概括为"海量＋多样化＋快速处理＋价值"。IBM公司还赋予大数据"领悟数据、提升见识、洞察秋毫、驱动优化"这4个内涵,侧重于大数据技术的应用,强调大数据间相关性的发现,其核心能力是"大数据中的价值发现和应用"。

麦肯锡全球研究所给出的大数据定义:一种规模大到在获取、存储、管理和分析方面都大大超出了传统数据库软件工具能力范围的数据集合,具有海量的数据规模、快速的数据流转、多样的数据类型和价值密度低的特征。其定义强调了大数据的4个特征。

通过以上定义可以看出,数据集的大小不是大数据的唯一标准,持续增加的数据规模和通过传统数据库不能有效地管理是大数据定义的两个关键特征。

现在,狭义的大数据,主要是指大数据的相关关键技术及其在各个领域中的应用,是指从各种各样类型的数据中,快速地获得有价值的信息的能力。这种做法在一部分研究机构和大企业中早就存在了。现在的大数据和过去相比主要的区别:一方面大数据反映的是数据规模非常大,无法在一定时间内用常规软件工具对其内容进行抓取、管理和处理的数据集合;另一方面大数据是指海量数据的获取、存储、管理、计算分析、挖掘与应用的全新技术体系。

广义上讲,大数据包括大数据技术、大数据工程、大数据科学和大数据应用等大数据相关的领域。即除了狭义的大数据之外,还包括大数据工程和大数据科学。大数据工程是指大数据的规划建设运营管理的系统工程。大数据科学主要关注大数据网络发展和运行过程中发现和验证大数据规律及其与自然和社会活动之间的关系。

随着大数据的出现,数据仓库、数据安全、数据分析、数据挖掘等围绕大数据商业价值的利用正逐渐成为行业人士争相追捧的利润焦点,在全球引领了又一轮数据技术革新的浪潮。

3. 大数据特征

全球数据发展进入大数据时代,呈现海量化、多样化和快增长等特征。通过上述对大数据的定义,可以把大数据的特征用"4V"概括,如图6-1所示。

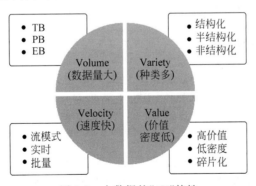

图6-1　大数据的"4V"特性

1) 数据量大

数据量大(Volume)是大数据的基本属性。随着互联网技术的广泛应用,互联网的用户急剧增加,数据的获取、分享变得非常便捷。移动互联网的核心节点不再是网页,而是人,每个人都是数据的产生者,如短信、微博、照片、视频等都是人产生的数据产品。此外,自动流程记录系统如刷卡机、电子收费系统,以及自动化检测系统(如交通检测系统),每时每刻都在产生庞大的数据。这些人工或自动产生的数据通过互联网聚集起来,构成了大数据的基础。

如今大数据已经从 TB 级别升到 PB 级别,甚至 EP 级别。随着技术的进步,这个数值还会不断变化,若干年后可能只有 ZB 级别的数据量才能称得上是大数据。

2) 种类多

种类多(Variety)是指数据的数据类型繁多。除了传统的销售、库存等数据外,企业所采集和分析的数据还包括日志、通话记录、传感器数据、地理位置信息等未加工、半结构化和非结构化数据。例如网页、位置信息、视频、音频等形式的数据,用企业中主流的关系型数据库很难存储,它们都属于非结构化数据。大数据技术要发掘这些形态各异、快慢不一的数据之间的联系,为处理不同来源、不同格式的多元数据提供了可能,这是传统数据分析难以做到的。

3) 速度快

速度快(Velocity)是指数据产生和更新的频率,这也是衡量大数据的一个重要特征。在数据处理方面,有一个著名的“1 秒定律”,即在秒级时间范围内给出分析结果,超出这个时间,数据就会失去价值。在互联网高速发展的背景下,数据永远“在线”,能随时被调用和计算。有效地处理大数据需要在数据变化过程中对它的数量和种类进行分析,而不是在它静止后才分析。例如,开车时查看智能导航仪要即时给出最短路线;全国用户每天产生和更新的微博、微信和股票信息等数据要能即时显示。大数据是一种以实时数据处理、实时结果导向为特征的解决方案。它的速度快有两个方面:一是数据产生快;二是数据处理快。速度快是大数据与传统数据挖掘的本质区别。

4) 价值密度低

价值密度低(Value)是指数据量在呈现几何级数增长的同时,这些海量数据背后隐藏的有用信息却没有呈现出相应比例的增长,反而获得有用信息的难度不断加大了。例如,道路和公共场所的监控可记录监控范围内发生的所有事情,这些视频信息产生了大量数据信息,但是有用的数据可能就几秒钟。

6.1.2　大数据的影响

大数据正在给人类社会和人类思维带来巨大的影响。大数据时代传统模式已不适用,整合的跨界的创新模式正在形成,同时也会带来一些安全性的隐患。

1. 大数据对人类社会的影响

(1) 社会发展方面。大数据决策逐渐成为一种新的决策方式,大数据应用有力地促进了信息技术与各行业的深度融合,大数据开发大大推动了新技术和新应用的不断涌现。

(2) 就业市场方面。新技术的冲击是超乎人们想象的,给工业、农业、金融、医疗等各个领域都迎来机遇和挑战,也带来大量的人才需求。大数据的兴起使得数据科学家成为当前的热门职业。

(3) 人才培养方面。大数据的兴起,将在很大程度上改变中国高校信息技术相关专业的现有教学和科研体制。

(4) 科学研究方面。科学研究的三大支柱为:实验(以物理学科为代表)、理论(以数学学科为代表)和计算(以计算机学科为代表)。大数据的到来使科学研究出现了第四种范式,推动了以大数据为驱动的全新的科学研究方式的产生。

2. 大数据对人类思维的影响

大数据引发的人类思维的变化,是最根本、最深远的,同时又是"润物细无声"的。由于大数据其本身的特点和相关信息技术引发的人们认知世界的手段和工具的改变,大数据对人们思维的影响主要表现在以下 3 个转变。

第一个转变就是人们处理的数据从样本数据变成全部数据,而不再是只依赖于随机采样,即"样本=总体"。以前由于技术的限制,当面临大量数据时,社会都依赖于采样分析。人们通常把这看成是理所当然的限制,但在大数据时代,高性能数字技术的流行让人们可以分析更多的数据,甚至可以处理和某个特别现象相关的所有数据。使用一切数据为人们带来了更高的精确性,也让人们更清楚地看到了样本无法揭示的细节信息。

第二个转变就是由于是全样本数据,人们不得不接受数据的混杂性,而放弃对精确度的痴迷。传统的处理数据的思维方式是尽可能地获取最精确的结果,因为需要分析的数据很少,所以必须精准地量化记录。当拥有海量即时数据时,绝对的精准不再是追求的主要目标,不再需要对一个现象刨根究底,只要掌握大体的发展方向即可。当然,并不是说要完全放弃精确度,只是不再沉迷于此。例如绘制地图时,当地图比例是 1:1000 时,每一个建筑物都是轮廓清晰的;而当地图比例是 1:100 000 时,建筑物可能就只是一个小点。适当忽略微观层面上的精确度会让人们在宏观层面拥有更好的洞察力。

第三个转变就是人们不再热衷于寻找因果关系,转而关注相关关系,不必知道现象背后的原因,而是让数据自己"发声"。寻找因果关系是人类长久以来的习惯,即使确定因果关系很困难而且用途不大,人类还是习惯性地寻找缘由。相反,在大数据时代,无须再紧盯事物之间的因果关系,而应该寻找事物之间的相关关系,这会给大家提供非常新颖且有价值的观点。例如,如果有数百万条电子医疗记录显示橙汁和阿司匹林的特定组合可以治疗癌症,那么找出具体的药理机制就没有这种治疗方法本身重要;同样,如果知道什么时候买机票最便宜,就算不知道机票价格疯狂变动的原因也无所谓。

这 3 个转变相互联系和相互作用,反映了大数据在人类看待事物、探索世界、解决问题时的角度、深度和广度等方面都产生了影响,从而人类认知的结果也会不同。

3. 数据的隐私与安全

大数据时代,人们在享受着基于移动通信技术和数据服务带来的快捷、高效的便利的同时,也笼罩在"个人信息泄露无处不在,人人裸奔"的风险之中。在大数据的时代背景下,一切都可以数据化,平常上网浏览的数据以及医疗、交通和购物数据,统统都被记录下来,这就是大数据的起源。在这个时候,每个人都成了数据产生者和数据贡献者。人的行为看似随机无序,但实际上存在某种规律。社交网络如此发达的今天,大数据可以把人的行为进行放大分析,从而能够相对准确地预测人的性格和行程。所以,不排除有这样一种可能。在忙完了一天的工作以后,你还没有决定要去哪儿,数据中心却先于你预测了接下来的目的地。随着越来越多的交易、对话及互动在网上进行,大数据也给犯罪分子提供了可乘之机。

大数据的确改变了人们的思维,更多的商业和社会决策开始"以数据说话"。然而除了所有这些利好,如何解决大数据分享与个人隐私保护的矛盾,才是大数据安全需要严肃考虑的问题。

6.1.3　大数据的关键技术

1. 大数据技术的不同层面及功能

整个大数据的处理流程可以定义为:在合适工具的辅助下,对广泛异构的数据源进行抽取和集成,结果按照一定的标准进行统一存储,并利用合适的数据分析技术对存储的数据进行分析,从中提取有益的知识并利用恰当的方式将结果展现给终端用户。根据大数据处理的技术层面的不同,对该层关键技术的要求也不同。

1) 数据采集

数据采集是指先通过 RFID 射频识别、传感器获取、视频摄像头录制、网络交互产生等方式来获得各种类型的结构化、非结构化的海量数据,然后利用 ETL(即抽取→转换→装载)工具将分布的、异构数据源中的数据如关系数据、平面数据文件等,抽取到临时中间层后进行清洗、转换、集成,最后加载到数据仓库或数据集市中,成为联机分析处理、数据挖掘的基础;或者把实时采集的数据作为流计算系统的输入,进行实时处理分析。

2) 数据存储和管理

利用分布式文件系统、数据仓库、关系数据库、NoSQL 数据库、云数据库等,实现对结构化、半结构化和非结构化海量数据的存储和管理。

3) 数据处理与分析

利用分布式并行编程模型和计算框架,结合机器学习和数据挖掘算法,实现对海量数据的处理和分析;对分析结果进行可视化呈现,帮助人们更好地理解数据、分析数据。

4) 数据隐私和安全

在从大数据中挖掘潜在的巨大商业价值和学术价值的同时,构建隐私数据保护体系和数据安全体系,从而有效地保护个人隐私和数据安全。

2. 大数据技术的核心——分布式系统

传统数据库中数据仅作为处理对象,而在大数据时代,要将数据作为一种资源来辅助解决其他诸多领域的问题。大数据时代对数据处理的实时性和有效性提出了更高要求,而传统的常规技术手段根本无法应付。由于大数据的特点,面对海量数据的存储和实时处理分析的问题,单台计算机根本无法处理,只好借助整个集群网络进行处理。大数据技术中的最核心的部分有两个:一个是分布式存储,代表性的关键技术有分布式数据库(如 BigTable)和分布式文件系统(如 GFS);另一个是分布式处理,代表技术有分布式并行处理技术(如 MapReduce)。目前分布式存储与分布式处理均是以谷歌技术为代表。那么什么是分布式系统呢?

分布式系统就是利用多台计算机协同解决单台计算机所不能解决的计算和存储等问题。在一个分布式系统中,一组计算机的硬件方面是相互独立的,但软件方面展现给用户的却是一个统一的整体。最著名的分布式系统的例子就是万维网(World Wide Web,WWW)。在万维网中,所有的一切看起来就好像是一个文档(Web 网页)一样。

分布式系统和计算机网络的物理结构相似,但是在计算机网络中的计算机看起来并不是统一的整体。如果用户要在一台远程计算机上运行一个系统,则需要先登录到远程机器上,然后再在那台机器上运行程序。而在分布式系统中,分布节点对用户是透明的,即用户不知道数据存在哪个站点以及事务在哪个站点上执行。当一个用户提交一个作业时,分布式操作系统能根据需要在系统中选择合适的处理器,将用户的作业提交给该处理器,处理完后再将结果返给用户。整个过程中,用户感觉不到多个处理器的存在,这个系统就像是一个完整的处理器。

3. 大数据计算模式及其代表技术

不同的计算模式需要使用不同的产品,正如不同的锁需要使用不同的钥匙。企业中不同的应用场景属于不同的计算模式,需要使用不同的大数据技术。大数据计算模式主要分为以下 4 种。

1)批处理计算模式

批处理计算模式是指用户将一批作业提交给处理系统后就不再干预,由操作系统控制它们自动运行。典型代表有 Hadoop MapReduce、Spark 等。

Hadoop MapReduce 是 Google 公司研究提出的一种面向大规模数据处理的并行计算模型和方法,其缺点是不可能实现秒级响应,不适合做实时的交互式计算。Spark 是加州大学伯克利分校的 AMP 实验室开源的类 Hadoop MapReduce 的通用并行框架。Spark 的实时性更好,且与 MapReduce 相比,Spark 中间输出结果可以保存在内存中,因此 Spark 能更好地适用于数据挖掘与机器学习等需要迭代的 MapReduce 的算法。

2)流计算模式

流计算模式将数据视为流,源源不断的数据组成了数据流。当新的数据到来时就立刻处理并返回所需的结果。流计算模式是专门针对流数据的实时计算,如日志流、用户单击流等。流计算需要进行实时处理,给出实时响应,否则分析结果将会失去商业价值。代表产品有 S4、Storm、Flume 等,均可以实现秒级的、针对实时数据流的响应。

S4(全称为 Simple Scalable Streaming System)最初是 Yahoo 公司为提高搜索广告有效点击率的问题而开发的一个平台,也可以理解为是一个分布式流计算的模型。Storm 是一个分布式的、容错的实时计算系统。它速度很快,在一个小集群中,每秒可以处理数以百万计的消息,可以使用任意编程语言来开发。

3)图计算模式

图计算模式用于高效地处理图结构数据,如社交网络数据、地理信息系统数据。随着图数据规模的不断扩大,对图计算能力的要求越来越高,大量面向图数据处理的计算系统,得到了广泛的开发和应用,如 Pregel、GraphX、Hama 等。Pregel 是由 Google 公司研发的专用图计算系统的开山之作。Pregel 提出了以顶点为中心的编程模型,将图分析过程分析为若干轮计算,每一轮各个顶点能独立地执行各自的顶点程序,通过消息传递在顶点之间同步状态。

4)查询分析计算模式

查询分析计算模式主要用于针对大规模数据的存储管理和查询分析,代表产品有 Hive、Dremel 等。Hive 是基于 Hadoop 的一个数据仓库工具,可以将结构化的数据文件映射为一张数据库表,并可以通过类 SQL 语句快速地实现简单的 MapReduce 统计,不必开发专门的 MapReduce 应用,十分适合面向数据仓库的统计分析。

6.1.4　大数据的应用

大数据成为时代变革的力量,通过它,企业可以了解市场行情、增加更多收入,如农民可以了解种什么农作物可以挣更多钱;农民工可以知道哪里更需要工人,哪里待遇更高等。下面从大数据对个人生活、企业生产和政府部门的影响讨论大数据处理的应用方向。

1. 大数据在个人生活方面的应用

目前大数据的主要来源是互联网,随着大数据技术与云计算、物联网的进一步融合,未来数据将更多地来源于大量传感器。物联网就是说万物互联,网络中的每个节点不是一台电脑或手机,而是一个物品。可以给所有的物体都安装一个标签式的小型传感器,每隔一定时间对外发射信号。例如,人们去商场购物,不需要收银员结账,只要在出门时,通过商场里的多个探测器就可以对商品进行扫描、结账。在路上,可以实时地看到路况信息,分析查找最快路径。到家前,可以通过手机用遥控的方式提前打开空调、做饭、放洗澡水。诸如此类,如果每个物品都能"联网",那么时间、能源等将得到更有效的利用。

网上购物时,购物智能软件可以根据顾客曾经买过的商品的价格,分析顾客的消费水平;同时根据顾客最近的浏览和搜索明细,分析顾客当下的需求,二者结合,进行针对性非常强的推销。还有,个人医疗智能系统对"人"信息的感知超越了空间和时间的限制,医学诊断正在演化为全人、全过程的信息跟踪、预测盯防和个性化治疗。

2. 大数据在企业生产方面的应用

大数据时代,企业应用从以软件编程为主转变为以数据为中心。欧美国家针对流程工业提出了"智能工厂"的概念。德国提出了"工业4.0"概念,工业4.0本质上是通过信息物理系统实现工厂的设备传感和控制层的数据与企业信息系统融合,将企业生产的大数据传到云计算数据中心进行存储、分析,形成决策并反过来指导生产。

大数据的应用之一就是预测能力的应用。利用大数据的预测能力,可以精准地了解市场发展趋势,确定潜在的用户数量,缩短产品的生产周期,降低库存积压量,根据需求优化产品。制造业的各个环节如产品设计、原料采购、产品制造、仓储运输、订单处理、批发经营和终端零售等,都可以看到大数据的身影。

3. 大数据在政府部门的应用

智慧政府平台有助于提升政府服务和监管效率,降低政府决策成本,并为政务智能的研究和应用提供新的思路。

智能政务可以使相关数据分析人员从收集、整理和汇总数据的烦琐工作中解脱出来,利用智能政务发现数据中存在的关系和规则,根据现有的数据预测未来的发展趋势,提高政府决策的科学性、准确性。集中政府各有关部门的业务数据,进行整合、分析,可以形成系统的数据、资料,使各自独立的职能部门能够全面了解政府各相关部门的业务信息,实现按需应用,促进信息共享,从而有利于各个职能部门更为高效、协同地行使职能。由于政务智能广泛采用了开源技术,不仅有效地降低了实施成本,也在一定程度上确保了信息安全。

总之,智慧政府平台的应用,可大大提高政务的透明度和及时响应度,满足民意需求和诉求。

　　大数据在社会生活的各个领域得到广泛的应用,如科学计算、金融、社交网络、移动数据、物联网、网页数据、多媒体等,不同领域的大数据应用具有不同的特点,其对响应时间、数据量级、系统稳定性、计算精确度的要求各不相同,典型的大数据应用特征对比如表6-1所示。

表 6-1 典型的大数据应用特征对比

应用领域	示例	用户数量	响应时间	数据量级	系统稳定性	计算精确度
科学计算	基因计算	小	长	TB	非常高	高
金融	股票交易	大	实时	GB	高	高
社交网络	Facebook	非常大	快速	PB	高	高
移动数据	移动终端	非常大	快速	TB	高	高
物联网	传感器	大	快速	TB	高	高
网页数据	新闻网站	非常大	快速	GB	高	高
多媒体	视频网站	非常大	快速	GB	高	一般

6.2 大数据下的云计算

　　百度前总裁张亚勤曾说过:"云计算和大数据是一个硬币的两面,云计算是大数据的IT基础,而大数据是云计算的一个杀手级应用。"以云计算为基础的信息存储、分享和挖掘手段为知识生产提供了工具,而通过对大数据的分析、预测会使得决策更加精准。也就是说,云计算不可避免地产生大量数据,而大数据技术是云计算技术的延伸。云计算与大数据互相支撑、互相成全。

6.2.1 云计算概述

1. 云计算的概念

　　云计算技术是硬件技术和网络技术发展到一定阶段而出现的一种新的技术模型。云计算并不是对某一项独立技术的称号,而是对实现云计算模型所需要的所有技术的总称。云计算技术的内容很多,包括分布式计算技术、虚拟化技术、网络技术、服务器技术、数据中心技术、云计算平台技术、存储技术等。从广义上说,云计算技术几乎包括了当前信息技术中的绝大部分。

　　云计算(Cloud Computing)是一个IT平台,也是一个全新的业务模式。对于什么是云计算,IT人员、企业和城市管理者都有着不同的定义。

　　维基百科中对云计算的定义为:云计算是一种基于互联网的计算方式,通过这种方式共享的软硬件资源和信息可以按需求提供给计算机和其他设备。

　　从IT的角度来说,云计算就是提供基于互联网的软件服务。云计算的最重要理念是用户所使用的软件并不需要在他们自己的计算机里,而是利用互联网,通过浏览器访问任意机器上的软件,即可完成全部的工作。

　　现阶段广为接受的云计算定义是美国国家标准与技术研究院(NIST)定义:云计算是

一种按使用量付费的模式,这种模式提供可用的、便捷的、按需的网络访问,进入可配置的计算资源共享池(资源包括网络、服务器、存储、应用软件、服务),这些资源能够被快速地提供,只需投入很少的管理工作或与服务供应商进行很少的交互。

2. 云计算的发展

云计算主要经历了 4 个阶段才发展到如今这样比较成熟的水平。这 4 个阶段依次是电厂模式、效用计算、网格计算和云计算。

(1) 电厂模式阶段。电厂模式就好比是利用电厂的规模效应,来降低电力的价格,并让用户使用起来更方便,且无须维护和购买任何发电设备。

(2) 效用计算阶段。1960 年,当时计算设备的价格较高,普通企业、学校和机构无法承受,所以很多人产生了共享计算资源的想法。1961 年,人工智能之父麦肯锡在一次会议上提出了"效用计算"这个概念,其核心借鉴了电厂模式,具体目标是整合分散在各地的服务器、存储系统以及应用程序,来共享给多个用户,让用户能够像把灯泡插入灯座一样来使用计算机资源,并且根据其所使用的量来付费。但由于当时整个 IT 产业还处于发展初期,很多强大的技术如互联网等还未诞生,所以虽然这个想法受到重视,但是应用并不广泛。

(3) 网格计算阶段。网格计算是研究如何把一个需要非常巨大的计算能力才能解决的问题分成许多小的部分,然后把这些部分分配给许多低性能的计算机来处理,最后把这些计算结果综合起来进而攻克大问题的技术。可惜的是,由于网格计算在商业模式、技术和安全性方面的不足,使得其并没有在工程界和商业界取得预期的成功。

(4) 云计算阶段。云计算的核心与效用计算和网格计算非常类似,也是希望 IT 技术能像使用电力那样方便,并且成本低廉。但云计算与网格计算的不同之处在于,云计算是以相对集中的资源,运行分散的应用;而网格计算则是聚合分散的资源,支持大型集中式应用。云计算具有很强的扩展性,更适合商业运行的机制。

3. 云计算的特征

为了理解云计算这个概念,还需要利用云计算技术的特点来判断一个技术是否是云计算技术,与传统的资源提供方向相比,云计算具有以下 5 个特点。

1) 资源池弹性可扩张

云计算系统的一个重要特征就是对资源的集中管理和输出,这就是所谓的资源池。资源低效率的分散使用和资源高效率的集约化使用是云计算的基本特征之一。分散的资源使用方法造成了资源的极大浪费。当资源集中起来后,其利用率会大幅度地提高。随着资源需求的不断提高,资源池的弹性化扩展能力成为云计算系统的一个基本要求。云计算系统只有具备了资源的弹性化扩张能力,才能有效地应对不断增长的资源需求。

2) 按需提供资源服务

云计算系统给客户最重要的好处就是敏捷地适应用户对资源不断变化的需求。云计算系统实现按需向用户提供资源能大大节省用户的硬件资源开支,用户不用自己购买和维护大量固定的硬件资源,只为自己实际消费而付费即可。

3) 虚拟化

现有的云计算平台的重要特点是利用软件来实现硬件资源的虚拟化管理、调度及应用。

通过虚拟平台用户使用网络资源、计算资源、数据库资源、硬件资源、存储资源等,这与在自己的本地计算机上使用的感觉是一样的,相当于是在操作自己的计算机。在云计算中利用虚拟化技术可大大降低维护成本和提高资源的利用率。

4)网络化的资源接入

从最终用户的角度来看,基于云计算系统的应用服务通常都是通过网络来提供的。应用开发者将云计算中心的计算、存储等资源封装为不同的应用后,往往会通过网络提供给最终的用户。云计算技术必须实现资源的网络化接入,才能有效地向应用开发者和最终用户提供资源服务。

5)高可靠性和安全性

用户数据存储在服务器端,而应用程序在服务器端运行,计算由服务器端来处理。所有的服务分布在不同的服务器上。如果什么地方(如节点)出问题就在什么地方终止它,再启动一个程序或节点,即自动处理失败节点,从而保证了应用和计算的正常运行。通过分布式技术,数据被复制到多个服务器节点上,形成多个副本,存储在云里的数据即使遇到意外删除或硬件崩溃的情况也不会受到影响,保证了高可靠性和安全性。

4. 云计算技术分类

目前,云计算技术种类非常多。按技术路线,云计算可以分为资源整合型云计算和资源切分型云计算;按服务对象,云计算可以分为公有云、私有云和混合云;按资源封装的层次,云计算可以分为基础设施即服务(Infrastructure as a Service,IaaS)、平台即服务(Platform as a Service,PaaS)和软件即服务(Software as a Service,SaaS)。

1)按技术路线分类

资源整合型云计算。这种类型的云计算系统在技术实现方面大多体现为集群架构。通过将大量节点的计算资源和存储资源整合后输出。这类系统通常能实现跨节点弹性化的资源池构建,核心技术为分布式计算和存储技术。MPI、Hadoop、HPCC、Storm 等都可以被归类为资源整合云计算系统。

资源切分型云计算。这种类型最为典型的就是虚拟化系统。这类云计算系统通过系统虚拟化实现对单个服务器资源的弹性化切分,从而有效地利用服务器资源。其核心技术为虚拟化技术。这种技术的优点是用户的系统可以不做任何改变就可以接入采用虚拟化技术的云系统,是目前应用较为广泛的技术,特别是在桌面云计算技术上应用得较为成功。缺点是跨节点的资源整合代价较大。KVM、VMware 都是这类技术的代表。

2)按服务对象分类

公有云:指服务对象是面向公众的云计算服务。公有云对云计算系统的稳定性、安全性和并发服务能力有更高的要求。

私有云:指主要服务于某一组织内部的云计算服务,其服务并不向公众开放,如企业、政府内部的云服务。

混合云:是公有云和私有云的混合。大型企业也可以选用混合云,将一些安全性和可靠性较低的应用部署在私有云上,以减轻 IT 环境的负担。

3)按资源封装的层次分类

云计算的主要服务层次如图 6-2 所示。

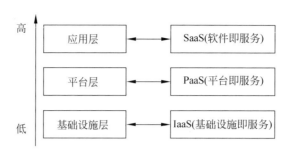

图 6-2　云计算的主要服务层次

基础设施即服务(IaaS)：把计算和存储资源不经封装地直接通过网络以服务的形式提供给用户使用,就像是发电厂将发电直接送出去一样。这类云服务的对象往往是具有专业知识能力的资源使用者,用户的自主性较大,如硬件服务器租用。

平台即服务(PaaS)：计算和存储资源经封装后,以某种接口和协议的形式提供给用户调用,资源的使用者不再直接地面对底层资源。平台即服务需要平台软件的支撑,即平台提供从资源到应用软件的一个中间件。通过这类中间件可以大大减少应用软件开发时的技术难度。这类云服务的对象往往是云计算应用软件的开发者,而平台软件的开发又要求使用者具有一定的技术能力。例如,软件的个性化定制开发。

软件即服务(SaaS)：将计算和存储资源封装为用户可以直接使用的应用并通过网络提供给用户。软件即服务面向的服务对象为最终用户,用户只是对软件功能进行使用,无须了解任何云计算系统的内部结构,也不需要用户具有专业的技术开发能力。例如,阳光云服务器。

6.2.2　云计算的工作原理和体系结构

1. 工作原理

云计算的基本原理是使计算分布在大量的分布式计算机上面,而不是本地计算机或远程服务器中,企业能够将资源切换到他们所需要的应用上,根据需求访问计算机和存储系统。在大众用户计划获取互联网上异构、自治的服务时,云计算可为其进行按需即取的计算。用户可以通过云用户端提供的交互接口从服务中选择所需的服务,其请求通过管理系统调度相应资源,通过部署工具分布请求、配置 Web 应用。一个典型的云计算平台如图 6-3所示。

(1) 服务目录是用户可以访问的服务清单列表。用户在取得相应权限(付费或其他限制)后可以选择或定制的服务列表,用户也可以对已有服务进行退订等操作。

(2) 管理系统和部署工具提供管理和服务,负责管理用户的权限、认证和登录,管理可用的计算资源和服务,以及接收用户发送的请求并转发到相应的程序,动态地部署、配置和回收资源。

(3) 监控统计模块负责监控和计算系统资源的使用情况,以便做出迅速反应,完成节点同步配置、负载均衡配置和资源监控,确保资源能顺利分配给合适的用户。

(4) 计算或存储资源是虚拟的或物理的服务器,用于响应用户的处理请求,包括大运算计算处理、Web 应用服务等。

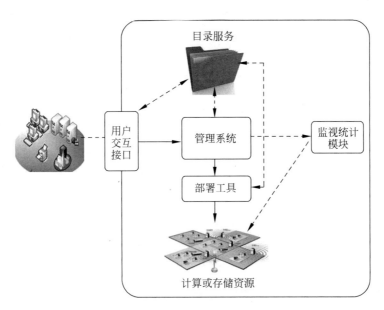

图 6-3　典型的云计算平台

2．云计算的体系结构

云计算不仅仅只在应用软件层，它还包括了硬件和系统软件在内的多个层次。简单来说，云计算包含以下 3 层，如图 6-4 所示。

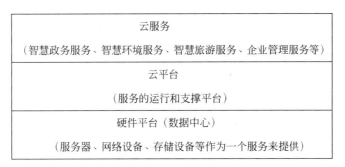

图 6-4　云计算的 3 层结构

硬件平台是包括服务器、网络设备、存储设备等在内的所有硬件设施。它是云计算的数据中心。硬件平台首先要具有可扩展性，用户可以假定硬件资源无穷多。根据自己的需要，用户可以动态地使用这些资源，并根据使用量来支付服务费。

云平台首先提供了服务开发工具和基础软件（如数据库），从而帮助云服务的开发者开发服务。另外，它也是云服务的运行平台，所以云平台要具有 Java 运行库、Web 2.0 应用运行库、各类中间件等。最重要的是云平台要能够管理数据模型、工作流模型，具备统一的安全管理、存储管理等。

云服务就是指可以在互联网上使用一种标准接口来访问的一个或多个软件功能（如企业财务管理软件功能）。从更广泛的角度来说，云计算的体系结构如图 6-5 所示。

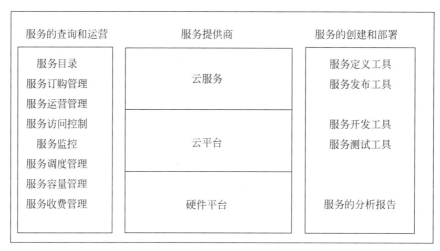

图 6-5　云计算的体系结构

6.2.3　云计算关键技术

1. 数据存储技术

为保证高可用、可靠和经济性,云计算系统由大量服务器组成,同时为大量用户提供服务。云计算采用分布式存储的方式来存储数据,采用冗余存储的方式来保证存储数据的可靠性,即为同一份数据存储多个副本。另外,云计算系统需要同时满足大量用户的需求,并行地为大量用户提供服务。因此,云计算的数据存储技术必须具有高吞吐率和高传输速率的特点。

云计算系统中广泛使用的数据存储系统是 Google 公司的 GFS 和 Hadoop 团队开发的 GFS 的开源实现 HDFS。GFS 即 Google 文件系统(Google File System),是一个可扩展的分布式文件系统,用于大型的、分布式的,能对大量数据进行访问的应用。一个 GFS 集群由一个主服务器和大量的块服务器构成,并被许多客户访问。

2. 数据管理技术

云计算系统需要对分布的、海量的大数据进行处理、分析后向用户提供高效的服务。因此,数据管理技术必须能够高效地管理大数据集。其次,如何在规模巨大的数据中找到特定的数据,也是云计算数据管理技术必须要解决的问题。

云计算系统中的数据管理技术主要是 Google 公司的 BT(Big Table)数据管理技术和 Hadoop 团队开发的开源数据管理模块 HBase。BT 是建立在 GFS、Scheduler、Lock Service 和 Map Reduce 基础之上的一个大型的分布式数据库。Google 公司的很多项目使用 BT 来存储数据,包括网页查询、Google Earth 和 Google 金融。这些应用程序对 BT 的要求不尽相同,对于不同的要求,BT 均能提供高效的服务。

3. 软件开发技术

为了使用户能够更轻松地享受云计算带来的服务,让用户能利用该编程模型编写简单的程序来实现特定的目的,云计算的编程模型必须简单。云计算大部分采用 MapReduce 的编程模式。MapReduce 是 Google 公司开发的 Java、Python、C++编程模型,它是一种简化的分布式编程模型和高效的任务调度模型,用于大规模数据集的并行运算。MapReduce 模型的思想是将要执行的问题分解成 Map(映射)和 Reduce(化简)的方式,先通过 Map 程序将数据切割成不相关的区块,分配(调度)给大量计算机处理,达到分布式运算的效果,再通过 Reduce 程序将结构汇总输出。

4. 虚拟化技术

通过虚拟化技术可实现软件应用与底层硬件间的隔离,它包括将单个资源划分成多个虚拟资源的裂分模式,也包括将多个资源整合成一个虚拟资源的聚合模式。虚拟化技术根据对象可分成存储虚拟化、计算虚拟化、网络虚拟化等,计算虚拟化又分为系统级虚拟化、应用级虚拟化和桌面虚拟化。

5. 云计算平台管理技术

云计算资源规模庞大,服务器数量众多,并且分布在不同的地点,同时运行着数百种应用。那么,如何有效地管理这些服务器,保证整个系统可以提供不间断的服务是云计算目前面临的巨大挑战。云计算系统的平台管理技术能够使大量的服务器协同工作,方便地进行业务部署和开通,快速地发现和恢复系统故障,通过自动化、智能化的手段实现大规模系统的可靠运营。

6.2.4 云计算的应用

目前,云计算在中国的应用仅仅是冰山一角,随着云技术产品和解决方案的不断成熟,云计算将成为未来某些重要行业领域的主流 IT 应用模式。结合国内外云计算产品的大量实践应用研究,未来云计算将主要应用在医药医疗、制造、金融与能源、电子政务、教育科研等领域。

1. 医药医疗领域

医药企业和医疗单位一直是国内信息化水平较高的行业用户。医药企业与医疗单位将对自身信息化体系结构优化升级,以适应该业务调整的要求。在此影响下,以云信息平台为核心的信息化集中应用模式将应运而生,逐步取代目前各系统分散为主体的应用模式,进而提高医药企业的内部信息共享能力与医疗信息公共平台的整体服务能力。

2. 制造领域

随着"后金融危机时代"的到来,制造企业的竞争将日趋激烈,企业在不断进行产品创新、管理改进的同时,也在大力开展内部供应链优化与外部供应链整合工作,进而降低运行成本、缩短产品研发周期。未来云计算将在制造企业供应链信息化建设方面得到广泛应用,特别是通过对各类业务系统的有机整合,形成企业云供应链信息平台,加速企业内部研发、采购、生产、库存、销售信息一体化进程,进而提升制造企业竞争实力。

3．金融与能源领域

金融、能源企业一直是国内信息化建设的"领军型"行业用户。在未来3年里,众多行业内企业信息化建设已经进入"IT 资源整合集成"阶段。在此期间,需要利用"云计算"模式,搭建基于 IaaS(基础设施即服务)的物理集成平台,对各类服务器基础设施应用进行集成,形成能够高度复用与统一管理的 IT 资源池,对外提供统一的硬件资源服务。同时,在信息系统整合方面,需要建立基于 PaaS(平台即服务)的系统整合平台,实现各异构系统间的互连互通。因此,云计算模式将成为金融、能源等大型企业信息化整合的"关键武器"。

4．电子政务领域

未来,云计算将助力中国各级政府机构"公共服务平台"建设,各级政府机构正在积极开展"公共服务平台"的建设,努力打造"公共服务型政府"的形象。在此期间,需要通过云计算技术来构建高效运营的技术平台,其中包括利用虚拟化技术建立公共平台服务器集群,利用 PaaS 技术构建公共服务系统等方面,进而实现公共服务平台内部可靠、稳定的运行,提高平台不间断服务能力。

5．教育科研领域

未来,云计算将为高校与科研单位提供实效化的研发平台。云计算应用已经在清华大学、中国科学院等单位得到了初步应用,并取得了很好的应用效果。在未来,云计算将在我国高校与科研领域得到广泛的应用普及,各大高校将根据自身研究领域与技术需求建立云计算平台,并对原来各下属研究所的服务器与存储资源加以有机整合,提供高效可复用的云计算平台,为科研与教学工作提供强大的计算机资源,进而大大提高研发的工作效率。

6.3　大数据分析

数据分析的数学基础在20世纪早期就已确立,但直到计算机的出现和计算速度大幅提升,才使得实际操作成为可能,并使得数据分析得以推广。随着时代的发展和技术的进步,从统计分析到数据挖掘,处理数据的数量级递增,如何从大数据中获取知识已成为人们关注的焦点。

6.3.1　大数据分析步骤

大数据分析是指对大量结构化和非结构化的数据进行分析处理,从中获得新的价值,具有数据量大、数据类型多、处理要求快等特点,需要用到大量的存储设备和计算资源。大数据处理的5个基本方面如图6-6所示。

大数据分析的目的是萃取和提炼隐藏在一大批数据中的信息,找出所研究对象的内在规律,从而帮助人们理解、判断、决策和行动。大数据分析要从海量数据中获得需要的信息,必须经过必要活动步骤,主要步骤说明如下所述。

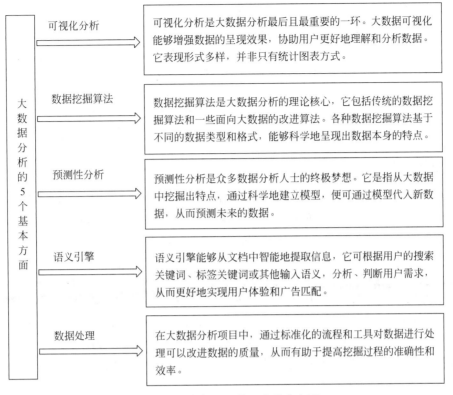

图 6-6　大数据处理的 5 个基本方面

1. 数据采集

数据采集是指通过 RFID 射频数据、传感器数据、视频摄像头的实时数据,来自历史的非实时数据以及社交网络交互数据和移动互联网数据等方式,获得的各种类型的结构化、非结构化的海量数据。

数据采集是大数据分析的根本,采集方法主要包括系统日志采集、网络数据采集、数据库采集和其他数据采集。例如,Web 服务器通常要在访问日志文件中记录用户的鼠标单击、键盘输入、访问的网页等相关属性,日志收集系统就是收集业务日志数据供离线和在线的分析系统使用;网络数据采集常用的是通过网络爬虫或网站公开 API(应用程序编程接口)等方式从网站上获取数据信息,该方法可以将非结构化数据从网页中抽取出来,并以结构化方式存储为统一的本地数据文件,其支持图片、音频、视频等文件或附件的采集。

2. 数据预处理

数据预处理主要是完成对数据的抽取、转换和加载等操作。因为获取的数据可能具有多种结构和类型,还有大量无法直接使用的无关的数据,所以需要预处理过程来提高使用数据的质量,以达到分析处理的目的。

常用的数据预处理方法包括数据集成、数据清洗、数据去冗余。

(1) 数据集成技术是在逻辑和物理上把来自不同数据源的数据进行集中合并,给用户提供一个统一的视图。

（2）数据清洗是指在集成的数据中发现不完整、不准确或不合理的数据，然后对这些数据进行修补或删除。数据清洗可以保证数据的一致性，提高数据分析的效率和准确性。

（3）数据冗余是指数据的重复或过剩，它增加了数据传输开销，浪费存储空间，并降低了数据的一致性和可靠性。因此，许多研究学者提出了减少数据冗余的机制，如冗余检测和数据融合技术。这些方法能够应用于不同的数据集和数据环境，提升系统性能，不过在一定程度上也增加了额外的计算负担。因此，需要综合考虑数据冗余消除带来的好处和增加的计算负担，以便找到一个合适的折中办法。

3. 数据存储

随着大数据时代的到来，对于结构化、半结构化、非结构化的数据存储也呈现出新的要求。扩展性是大数据对存储管理技术的新要求，主要体现为容量和数据格式的扩展。容量上的扩展要求底层存储架构和文件系统以低成本方式及时、按需地扩展存储空间。数据格式的扩展则可以满足各种非结构化数据的管理需求。

为了应对大数据对存储系统的挑战，主要从 3 个方面提升数据存储系统的能力：一是提升系统的存储容量；二是提升系统的吞吐量；三是提升系统的容错性。提升系统的存储容量有两种方式：一种是不断通过采用新的材质和新的读写技术来提升单硬盘容量；另一种是在多硬盘的情况下，提升整体的存储容量。经过多年发展，系统存储技术由早期的直连式存储发展到网络接入存储和存储区域存储，而目前，已经进入到云存储阶段。

4. 数据挖掘

数据挖掘是指利用各类有效的算法从由实际应用产生的、大量的、不完全的、模糊的和随机的数据中，提取其中但有潜在价值的信息和知识，从而达到分析推理和预测的效果，实现预定的高层次数据分析需求。它是基于商业目的的，进行搜集、整理、加工和分析数据的过程。

常用的数据挖掘算法有用于聚类的 K-Means 算法、用于分类的朴素贝叶斯网络、用于统计学习的支持向量机以及其他一些人工智能算法，如遗传算法、粒子群算法、人工神经网络和模糊算法等。

5. 数据展示与可视化

大数据可视化技术可以提供更为清晰直观的数据表现形式，将错综复杂的数据和数据之间的关系，通过图片、映射关系或表格，以简单、友好、易用的图形化、智能化的形式呈现给用户，供其使用。

可视化技术是大数据分析中应用非常广泛的一种辅助技术。它借助图形、图像、动画等手段形象地指导操作、引导数据挖掘和表达结果等。这种手段很好地解决了大数据分析中涉及的比较复杂的数学方法和信息技术的表现形式，方便用户理解和使用技术，为大数据分析的推广普及起到很大的作用。

6.3.2　大数据体系架构

所谓的架构，是指构成一个系统的主要元素及它们之间的主要关联，这些元素和关联能够反映该系统的本质特征。软件架构是系统的草图,是构建计算机软件实践的基础。设计软件系统的架构一方面要考虑一个软件系统从高层到低层,从整体到局部的划分;另一方面要考虑组成系统的元件是如何形成的以及各元件相互间如何作用。大数据分析的主要步骤,从数据的生命周期来看,大数据从数据源经过分析挖掘直到最终获得价值需要经过5个环节,包括数据预处理、数据存储与管理、数据计算处理、数据分析和数据展示。大数据体系架构图如图6-7所示。

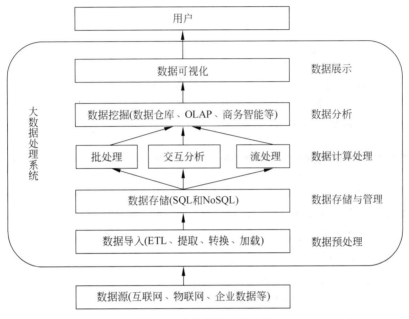

图6-7   大数据体系架构图

大数据的处理工具有很多,这些工具有些是完整的处理平台,有些则是专门针对特定的大数据处理应用。Hadoop 是由 Apache 软件基金会研发的,一个开源的、可运行于大规模集群上的分布式并行编程框架。最初开发 Hadoop 的目的是用于处理大于 1TB 的海量数据。借助于 Hadoop,程序员可以轻松地编写分布式并行程序,将其运行于计算机集群上,完成海量数据的计算。

Hadoop 的开发基础是 Google 公司于 2004 年发表的一篇关于大规模数据分布式处理的题为"MapReduce:大集群上的简单数据处理"的论文。MapReduce 指的是一种分布式处理的方法,而 Hadoop 则是将 MapReduce 通过开源方式进行实现的框架的名称。在 Hadoop 中,先将应用程序细分为在集群中任意节点上都可执行的成百上千个工作负载,并分配给多个节点执行。然后,通过对各节点瞬间返回的信息进行重组,得出最终的回答。虽然存在其他功能类似的程序,但 Hadoop 依靠其处理的高速性脱颖而出。

其开源的特性,其软件授权费用十分低廉,因此获得了广泛的应用。最开始,雅虎、Facebook、Twitter、AOL、Netflix 等网络公司先试用 Hadoop。然而现在,其应用领域已经突破了行业的界限,如摩根大通、美国银行、VISA 等金融公司,诺基亚、三星、GE 等制造业公司,沃尔玛、迪士尼等零售业公司,甚至是中国移动等通信业公司都已应用 Hadoop。

Hadoop 采用 Java 语言开发,其核心模块包括 3 个部分:分布式文件系统 HDFS、分布式计算框架 Mapreduce 和超大型数据表 HBase。从数据处理的角度来看,HadoopMapreduce 是其中最重要的部分。HadoopMapreduce 是一种工作在由多台通用型计算机组成的集群上的、对大规模数据进行分布式处理的框架。HDFS 为海量数据提供存储,Mapreduce 为海量数据提供计算,这样的结构实现了计算与存储的高度耦合,成为大数据技术的事实标准。此外,由 HDFS、HMapreduce 和 HBase 这 3 个组件所组成的软件架构,现在也衍生出了多个子项目,如基于 Hadoop 的数据仓库 Hive 和数据挖掘库 Mahout 等,通过运用这些工具,仅在 Hadoop 的环境中就可以完成数据分析的所有工作。

6.3.3　NoSQL 数据库

NoSQL 是 Not Only SQL 的缩写,当不适用关系型数据库时可以考虑使用更加合适的数据存储方式,它是一项全新的数据库革命性运动。NoSQL 数据库指的就是非关系型的数据库,但并非与关系型数据库对立,而是对关系型数据库的一种补充。

1. 关系型数据库的问题

在互联网的发展早期,传统的关系型数据库凭借其稳定性的性能、强大的功能、简单的使用方法,长期处于领导者的地位,并积累了大量的成功案例。然而近几年,随着动态交互网站 Web 2.0 的迅速兴起,访问量的不断增加,尤其是在大数据量高并发的情况下,传统的关系数据库暴露了很多难以克服的问题。

1) 对数据库高并发读写的需求

Web 2.0 要根据用户个性化信息,实时生成动态页面和提供动态信息,所以基本上无法使用动态页面静态化技术。因此,数据库并发负载非常高,往往需要达到每秒上万次的读写请求。关系型数据库应付上万次 SQL 查询还勉强可以,但是当硬盘要应付上万次 SQL 写数据请求时,则很难承受。

2) 对海量数据的高效率存储和访问的需求

对于大型的 SNS 网站,每天用户都会产生海量的用户动态,以国外的 FriendFeed 为例,一个月就产生了 2.5 亿条用户动态。对于关系数据库来说,在一张 2.5 亿条记录的表里面进行 SQL 查询,效率是极其低下的。再例如大型 Web 网站的用户登录系统(如腾讯),动辄数以亿计的账号,关系型数据库也很难应付。

3) 对数据库的高可扩展性和高可用性的需求

在基于 Web 的架构中,数据库是最难进行横向扩展的。当一个应用系统的用户量和访问量与日俱增的时候,数据库却没有办法像 Web Server 和 App Server 那样简单地通过添加更多的硬件和服务节点来扩展性能和负载能力。对于很多需要提供 24 小时不间断服务的网站来说,对数据库系统进行升级和扩展往往需要停机维护和数据迁移。

2. NoSQL 数据库的特点

NoSQL 是非关系型数据存储的广义定义。它打破了长久以来关系型数据库与 ACID 理论大一统的局面。NoSQL 数据存储不需要固定的表结构,通常也不存在连接操作。在大数据存储上具备关系型数据库所无法比拟的性能优势。

1) 易扩展性

NoSQL 数据库虽然种类繁多,但是共同的特点就是数据之间具有无关性。这就使得数据库在扩展性方面获得突破性进展,完全区别于传统的关系型数据库。同时在架构的层面上,硬件设备可扩展的能力也得到极大的增强。

2) 大数据量、高性能

NoSQL 数据库都具有非常高的并发读写性能,这一点在海量数据的处理上表现得尤其明显。这一特点得益于 NoSQL 数据库的无关系性。关系型数据库使用 Query Cache,每更新一次表 Cache 就会失效。在 Web 2.0 时代,短时间内会有大量数据频繁交互,这样一来,Cache 性能和效率就难以提升。而 NoSQL 的 Cache 是记录级的,是一种细粒度的 Cache,所以相比较关系型数据库而言性能就要高很多。

3) 灵活的数据模型

在关系数据库里,在大数据量的表里增加或者删除字段是非常麻烦的。而 NoSQL 不需要事先为存储数据建立相应的字段,用户可以随时存储自定义的各种数据格式。

4) 高可用

NoSQL 在对性能影响很小的情况下,就可以方便地实现高可用的架构。比如 Cassandra,HBase 模型,甚至可以通过复制模型来实现 NoSQL 的高可用特性。

3. NoSQL 数据库的分类

1) 键值存储数据库

键值存储数据库是最常见的 NoSQL 数据库,它的数据是以键值的形式存储的。虽然处理速度快,但是基本上只能通过键值完全匹配查询来获取数据。对于应用系统来说键值模型的优势是简单、容易部署。但是假如数据库管理员只需要对其中一部分值进行查询或更新操作时,键值存储数据库就显得效率低下,如 Redis、Voldemort 等。

2) 列存储数据库

为了应对分布式存储的海量数据,通常会用到列存储数据库。虽然在数据库中仍然存在键,但不同的是它们是指向多个列。普通的关系型数据库都是以行为单位来存储数据的,而面向列的数据库是以列为单位来存储数据的。面向列的数据库具有高扩展性,即使数据增加也不会降低相应的处理速度,所以随着近年来数据量的爆发式增长,这种类型的 NoSQL 数据库尤其受到重视。但是,由于面向列的数据库和现行数据库存储的思维方式有很大不同,应用起来比较困难,如 Cassandra、HBase、Riak。

3) 文档型数据库

文档型数据库最大的特点在于数据模型是文档,它们以特定的格式存储在数据库中,如 JSON(JS 对象简谱,一种轻量级的数据交换格式)。与键值数据库相比较而言,文档型数据库的查询效率更高一些,它被认为是键值存储数据库的升级版,允许数据库之间嵌套键值,如 CouchDB、MongoDB。

4) 图形数据库

图形数据库同关系型数据库最大的不同是它使用了灵活多变的图形模型,并且能够将该模型扩展到多个服务器上。

4. 与传统数据库的比较

NoSQL 数据库与传统的关系型数据库相比,最主要的差异就是数据存储的方式不同。SQL 能存储一些格式化的数据结构,数据是表格式的,数据表之间可以彼此关联相互协作存储。这样的结构使得对数据的提取操作相对方便很多,这也是关系型数据库无法突破的一个性能瓶颈。

NoSQL 数据库是大块组合在一起的非结构化数据,因此不适合存储在固定的数据表中。数据大多是以键值存储,由于它不局限于固定的结构,因此可以减少一些时间和空间的开销,从而可以满足大数据环境下对海量数据的快速提取和存储的要求。

随着数据的海量增长,数据库需要随之扩展。SQL 数据库是纵向扩展的,要提高数据库的处理能力,就需要使用速度更快的硬件,因而最终会达到扩展的上限。NoSQL 数据库采用横向扩展,分布式存储数据,因此可以通过增加更多的节点来分担负载。这使得数据库的扩展成本降低,并且能够快速有效地实现扩展。

SQL 数据库能可靠地存储和处理数据,但是对海量数据的高并发提取和写入能力来说显然不够,而 NoSQL 最大的优势是在大数据方面,它用无模式方式做数据管理,所以其横向扩展潜力是不受限的。

6.3.4　大数据存储

大数据导致了数据量的爆发式增长,传统的集中式存储在容量和性能上都无法较好地满足大数据的需求。因此,具有优秀的、可扩展的分布式存储成为大数据存储的主流架构方式。下面对大数据存储方面的主要概念和技术进行讲解。

1. 云存储

云存储是在云计算概念上延伸和发展出来的一个新的概念,是指通过集群应用、网格技术或分布式文件系统等功能,将网络中大量的、各种不同类型的存储设备通过应用软件集合起来协同工作,共同对外提供数据存储和业务访问功能的一个系统。当云计算系统运算和处理的核心是大量数据的存储和管理时,云计算系统中就须配置大量的存储设备,那么云计算系统就转变成为一个云存储系统,所以云存储是一个以数据存储和管理为核心的云计算系统。

云存储作为云计算的延伸和重要组件之一,提供了"按需分配、按量计费"的数据存储服务。因此,云存储的用户不需要搭建自己的数据中心和基础架构,也无须关心底层存储系统的管理和维护等工作,并可以根据其业务需求动态地扩大或减小其对存储容量的需求。简言之,云存储就是将存储资源放到"云"上供人存取的一种新兴方案,使用者可以在任何时间、任何地点,通过任何可联网的设备连接到云上方便地存取数据。

云存储使用的存储系统其实大多采用的是分布式架构。存储虚拟化是云存储的一个重要的技术基础,即对一个或多个存储硬件资源进行抽象,将多个互相独立的存储系统统一化为一个抽象的资源池的技术。从用户的角度来看,存储虚拟化就是一个存储的大池子,用户看不到,也不需要看到后面的磁盘、磁带,也不需要关心数据通过哪条路径存储到硬件上的。通过存储虚拟化技术,云存储可以实现很多新的特性。比如,用户数据在逻辑上的隔离、存储空间的精简配置等。

2．数据仓库

数据仓库(Data Warehouse,DW 或 DWH)是为企业所有级别的决策的制定的过程而提供所有类型数据支持的战略集合。它出于分析性报告和决策支持目的而创建,为需要业务智能的企业,提供指导业务流程改进,监视时间、成本、质量以及控制。

数据仓库的发展大致经历了以下 3 个过程。

(1)简单报表阶段:该阶段系统的主要目标是解决一些日常的工作中业务人员需要的报表以及生成一些简单的、能够帮助领导进行决策的汇总数据。这个阶段的大部分表现形式为数据库和前端报表工具。

(2)数据集市阶段:该阶段主要是根据某个业务部门的需要,进行一定的数据采集和整理。按照业务人员的需要,进行多维报表的展现,能够提供对特定业务指导的数据,并且能够提供特定的领导决策数据。

(3)数据仓库阶段:该阶段主要是按照一定的数据模型,对整个企业的数据进行采集、整理,并且能够按照各个业务部门的需要,提供跨部门的、完全一致的业务报表数据,能够通过数据仓库生成对业务具有指导性的数据,同时为领导决策提供全面的数据支持。

与传统数据库面向应用进行数据组织的特点相对应,数据仓库中的数据是面向主题进行组织的。主题是一个抽象的概念,它对应的是企业中某一宏观分析领域所涉及的分析对象。面向主题的数据组织方式,就是在较高层次上对分析对象的数据的一个完整、一致的描述,即能完整、统一地刻画各个分析对象所涉及的企业的各项数据以及数据之间的联系。

数据库和数据仓库是两个截然不同的概念。在 IT 的架构体系中,数据库是用于存放数据的,是必须存在的。现在的网购平台,如淘宝、京东等的物品的存货数量、货品的价格、用户的账户余额之类的数据都是存放在后台数据库中。在后台数据库中一般有一张 user 表,字段起码有两个,即用户名和密码。当用户登录的时候,填写了用户名和密码,这些数据就会被传回到后台,跟 user 表上面的数据匹配。若匹配成功了,用户就能登录;若匹配不成功,则会报错(如提示密码错误或者没有此用户名等)。这个就是数据库的作用,是针对应用而设计的。

数据仓库则是 BI(商业智能)下的其中一种技术。由于数据库是跟业务应用挂钩的,数据库的表设计往往是针对某一个应用进行设计的。比如上文举例的登录功能,user 表上只有用户名和密码两个字段,这样的表适合应用,但是不适合分析。比如,想知道"在哪个时间段,用户登录的量最多""哪个用户一年购物最多"诸如此类的指标,则数据库的表结构就不再适用了。针对数据分析和数据挖掘,引入数据仓库概念,依照分析需求、分析维度、分析指标重新设计数据仓库的表结构,使之符合分析需求。

总之,数据库属于联机事务处理(OLTP),是针对具体业务在数据库联机的日常操作,通常对少数记录进行查询、修改。数据仓库属于联机分析处理(OLAP),一般针对某些主题的历史数据进行分析,支持管理决策。

3．数据集市

数据仓库规模大、周期长,一些规模比较小的企业用户难以承担。因此,独立型数据集市可作为能够快速解决企业当前存在的实际问题的一种有效方法。独立型数据集市是为满足特定用户(一般是部门级别的)的需求而建立的一种分析型环境,它能够快速地解决某些具体的问题,而且投资规模也比数据仓库小很多。

数据集市只包含单个主题,且关注范围也非全局,数据是从企业范围的数据库、数据仓库中抽取出来的。数据集市迎合了专业用户群体的特殊需求,良好地解决了灵活性和性能之间的矛盾。数据仓库适用于企业范围,收集的是关于整个组织的主题,如顾客、商品、销售、资产和人员等方面的信息。换言之,数据集市是包含企业范围数据的一个子集,如只包含销售主题的信息。

总而言之,数据仓库是企业级的,能为整个企业各个部门的运行提供决策支持手段;数据集市则是一种微型的数据仓库,它通常有更少的数据、更少的主题区域以及更少的历史数据,因此一般只能为某个局部范围内的管理人员服务,也称之为部门级数据仓库。

6.3.5　数据挖掘

大数据是客观存在的,数据是知识的源泉,要想从数据中获取有价值的信息和知识,就要学会挖掘其中的价值,就好像从矿石中采矿或淘金一样,数据挖掘的概念和应用由此兴起。

1. 数据挖掘的定义

数据挖掘诞生于 20 世纪 80 年代,主要面向商业应用的人工智能研究领域。从技术角度看,数据挖掘就是从大量的、复杂的、不规则的、随机的、模糊的数据中获取隐含的、人们事先没有发觉的、有潜在价值的信息和知识的过程。从商业角度来说,数据挖掘就是从庞大的数据库中抽取、转换、分析一些潜在的规律和价值,从中获取辅助商业决策的关键信息和有用知识。它为人们将数据的应用从低层次的简单查询提升到高层次的挖掘知识提供决策支持。

2. 数据挖掘的步骤

数据挖掘过程是指从大量数据中获取有价值的信息的过程,其一般步骤如下所述。

(1) 建模:选择和应用不同的技术模型,将模型参数调整到最佳的数值。

(2) 评估:在部署模型之前,彻底评估模型,检查构造模型的步骤,确保模型可以完成任务目标。这个阶段的关键目的是确认是否还有重要业务问题没有被充分考虑。

(3) 部署:模型的创建不是项目的结束。根据需求,产生简单的报告或者是实现一个比较复杂的、可重复的数据挖掘过程。

数据挖掘就是一个不断反馈修正的过程。当用户在挖掘过程中,发现所选择的数据不合适,或使用的挖掘方法无法获得预期效果时,用户就需要重新进行挖掘过程,甚至从头开始。

3. 数据挖掘的基本分析方法

分析方法是数据挖掘的核心工作,通过科学可靠的算法才能实现数据的挖掘,找出数据中潜在的规律。通过不同的分析方法,将解决不同类型的问题。在现实中针对不同的分析目标,找出相对应的方法。目前,常用的分析方法主要有聚类分析、分类和预测、关联分析、人工神经网络、遗传基因算法等。

1) 聚类分析

聚类分析就是将物理或抽象对象的集合进行分组,然后组成为由类似或相似的对象组成的多个分类的分析过程,其目的就是通过相似的方法来收集数据分类。它是一种无先前知识、无监督的学习过程,从数据对象中找出有意义的数据,然后将其划分在一个未知的类。这不同于分类,因为它无法获知对象的属性。正所谓"物以类聚,人以群分",可以通过聚类来分析事物之间类聚的潜在规律。聚类分析广泛运用于心理学、统计学、医学、生物学、市场销售、数据识别、机器智能学习等领域。

聚类分析根据隶属度的取值范围可分为硬聚类和模糊聚类两种方法。硬聚类就是将对象划分到距离最近的聚类的类,这种划分是"非此即彼"的,也就是说属于一类,就必然不属于另一类。模糊聚类就是根据隶属度的取值范围的大小差异来划分类,一个样本可能属于多个类。常见的聚类算法主要有密度聚类算法、层次聚类算法、划分聚类算法、网格聚类算法、模型聚类算法等。

2) 分类和预测

分类和预测是问题预测的两种主要类型。分类是预测分类(离散、无序的)标号,而预测则是建立连续值函数模型。分类是数据挖掘的重要基础,它是根据已知的训练数据集表现出来的特性,获得每个类别的描述或属性来构造相应的分类器或者分类。分类是一种有监督的学习过程,它是根据训练数据集发现准确描述来划分类别。常见的分类算法主要有决策树、粗糙集、贝叶斯、遗传算法、神经网络等。预测就是根据分类和回归来预测将来的规律。常见的预测方法主要有局势外推法、时间序列法和回归分析法。

3) 关联分析

在自然界,事物之间存在着千丝万缕的联系。当某一事件发生时,可能带动其他事件的发生。关联分析就是利用事物之间存在的依赖或关联知识来发现事物之间存在的规律,然后通过这种规律进行预测。例如,经典实例购物车分析,就是通过分析顾客购物车中物品的管理规律,来分析顾客的购物心理和习惯,然后根据这种规律来帮助营销人员制定营销策略。

4) 人工神经网络

神经网络通过复杂的大批量数据进行分析,实现对于计算机或人脑而言非常复杂的模式抽取及趋势分析,它是建立在具有学习功能的数学模型基础之上的。神经网络既可以是有指导的学习,也可以是无指导聚类,但无论哪种,输入神经网络中的值都是数值型的。目前,在数据挖掘中,最常使用的是BP(Back Propagation)网络和RBF(Radial Basis Function)网络这两种神经网络。

5) 遗传基因算法

在数据挖掘中,遗传算法经常被用作评估其他算法的适合度。它是一种由生物进化而启发的一种学习方法,通过对当前已知的最好假设进行变异和重组,以生成后续的假设。每一步,用目前适应性最高的假设的后代来代替群体的某个部分,来更新当前群体的一组假设,以便提高各个个体的适应性。遗传算法由 3 个基本过程组成:繁殖(选择)、交叉(重组)、变异(突变)。

6.4　本章小结

随着大数据及相关新技术的兴起,计算机技术已经融入各行各业中,大数据改变了人们对世界理解的方式,正在成为新服务的源泉。本章主要介绍了大数据、云计算的基本概念、特征、体系结构等基础内容,并对大数据分析的过程、大数据存储、数据挖掘等进行了讲解,最后介绍了大数据的应用场景。通过本章的学习,希望学生掌握更多的计算机新知识,为后续的计算机课程的学习和实际应用打下基础。

6.5　赋能加油站与扩展阅读

深入了解大数据时代的 3 个思维变革,简述什么是数据的因果关系,什么是数据的相关关系。为什么大家不再探求难以捉摸的因果关系,转而关注事物的相关关系? 为什么分析与某事物相关的所有数据,而不是依靠分析少量的数据样本? 为什么大家乐于接受数据的繁多复杂,而不再一味追求其精确性?

亚马逊既是非常著名的网络电商,又是云计算基础设施服务供应商,你了解其中的关系吗? 亚马逊提供的主要的云计算服务是什么? 还有哪些著名的国际化企业在向社会提供云计算服务?

扩展阅读

6.6　习题与思考

1. 阐述什么是大数据及其主要特征。
2. 简述大数据的应用领域。
3. 云计算技术分类有哪些?
4. 简述云计算服务的 3 个层次。
5. 请简述 NoSQL 数据库的含义。
6. 简述数据库、数据仓库和数据集市的区别。
7. 大数据分析的过程有哪几个阶段,每个阶段的关键技术有哪些?
8. "谷歌预测流感"是众多大数据相关文献中的经典案例,谷歌预测流感采取的是什么方法? 它与传统医学手段有什么不同? 请阐述你对这个案例的理解。

计算机网络概述

计算机网络是这个时代最重要的技术领域之一,是计算机技术与通信技术相结合的产物。Internet 联接着数以亿台计算机,提供全球性的通信、存储和计算,将成为信息社会中最重要的基础设施,与无线技术、云计算、大数据、物联网、数据库等技术的结合将是未来发展和研究的主要方向。本章主要介绍计算机网络和 Internet 的基本知识以及物联网技术的简单介绍。

7.1 计算机网络的基本概念

7.1.1 计算机网络的定义、发展与功能

1. 计算机网络的定义

在信息社会中需要频繁地获取和交换信息。例如,各银行的总行需要每天收集各业务点的资金情况,航空管理部门需要及时了解每一架飞机的运行状况等。为了方便、快捷、准确地传输大量的数据,有必要将计算机进行互连。

将地理位置不同且具有独立工作能力的多个计算机系统和外部设备,通过通信设备和传输介质的连接,在网络操作系统的控制下,按照相同的通信协议进行数据交换,实现资源共享和高速通信的系统即称为计算机网络。

对上述定义的理解可进行如下解释。

(1) 具有独立工作能力的计算机系统。计算机网络既有自己的 CPU、内存、主板等基本硬件系统,又有完善的系统软件和应用软件,能单独进行信息处理和加工的计算机,在组成和连接方面有别于传统主机系统和现代小型计算机系统的终端。

(2) 通信设备。如中继器、集线器、交换机、路由器等设备。

(3) 传输介质。传输介质分为有线介质(如双绞线、同轴电缆、光纤等)和无线介质(如微波、卫星通信等)两大类。

(4) 网络操作系统。网络操作系统(NOS)是网络的心脏和灵魂,是向网络计算机提供服务的特殊的操作系统,是能实现网络资源的控制和管理的系统软件。目前的操作系统主要有 Windows Server、UNIX 和 Linux 等。

(5) 通信协议。通信协议是双方通信所必须遵守的一些规则和约定,如 TCP/IP、IPX/SPX 等。

2．计算机网络的发展

尽管电子计算机在 20 世纪 40 年代研制成功,但是到了 20 世纪 80 年代初期,计算机网络仍然被认为是一个昂贵而奢侈的技术领域。几十年来,计算机网络技术取得了长足的发展,在今天,计算机网络技术已经普及到人们的生活和商业活动中,对社会各个领域产生了广泛而深远的影响。计算机网络的发展主要经历了以下 4 个阶段。

1）远程终端联机阶段

远程终端联机也称为面向终端的连接,是一个以计算机为中心的远程联机系统,实现了处于不同地理位置的大量终端与主机之间的连接和通信。早期的计算机价格昂贵,只有计算中心才可能拥有,具有的分时处理能力可以为多个用户提供服务。因此,为了方便用户的使用和提高主机的利用率,将地理位置分散的终端通过通信线路与主机连接起来形成网络。这些终端本身没有处理能力,只有键盘、显示器和通信接口,软件没有独立的操作系统,人们在终端上将指令和数据通过通信线路传递给主机,主机执行指令进行数据处理,然后将处理结果传递给终端,在终端上显示结果或将结果打印出来。面向终端的联机系统如图 7-1 所示。

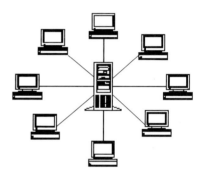

图 7-1　面向终端的联机系统

面向终端的联机系统在 20 世纪 50 年代得到了广泛的应用,典型代表就是美国军方在 1954 年推出的半自动地面防空系统 SAGE,它就是将远程雷达和其他测量设施获得的信息通过通信线路与基地的一台 IBM 计算机连接,进行集中的防空信息处理与控制。在该网络中,终端不具备独立处理数据的功能,只能共享主机的资源。从严格意义说,面向终端的联机系统不算是真正的计算机网络。

2）分组交换网络阶段

该阶段典型的代表就是“分组交换网络”。直到 1964 年,美国兰德公司提出“存储转发”的方法;1966 年,英国国家物理实验室的 Davies 提出“分组交换”的方法,独立于电话网络的、实用的计算机网络才开始了真正的发展。这个时期,主机之间不是直接用线路连接,而是由通信控制处理机(CCP)转接后互连的。分组交换网络如图 7-2 所示。CCP 和它们之间互连的通信线路一起负责主机间的通信任务,构成了通信子网。通信子网互连的主机负责运行程序,提供资源共享,组成了资源子网。

美国的 ARPANET 于 1969 年 12 月投入运行,被公认是最早的分组交换网。法国的分组交换网 CYCLADES 开通于 1973 年,同年,英国也开通了英国第一个分组交换网。现代计算机网络的以太网、帧中继和 Internet 都是分组交换网络。

3）计算机网络互连阶段

ARPANET 出现后,计算机网络迅猛发展。但是,在第三代网络出现前,各大计算机厂商设计的网络没有统一的标准,这种现象严重阻碍了计算机网络的发展。因此,在 20 世纪 70 年代后期至 80 年代,人们开始研究计算机网络体系结构的标准化,两种国际通用的最重要的体系结构应运而生,即 OSI 体系结构和 TCP/IP 体系结构。

20 世纪 80 年代,局域网也得到了大规模的发展,国际电气电子工程师协会(Institute of

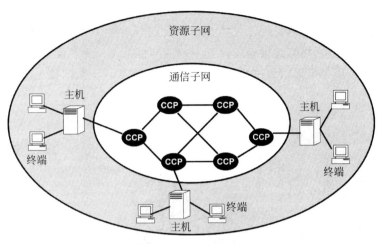

图 7-2 分组交换网络

Electrical and Electronics Engineer,IEEE)专门成立了 802 委员会来负责制定局域网标准。

4）计算机网络高速化、智能化、移动化发展阶段

20 世纪 90 年代初至今是计算机网络飞速发展的阶段,其主要特征是计算机网络化、协同计算能力发展及 Internet 的盛行。计算机的发展已经与网络融为一体,计算机网络已经真正进入社会各行各业。同时,随着移动通信技术的发展和移动终端的普及,人们已经进入了移动互连发展的新时代。

3. 计算机网络的功能

计算机网络最主要的功能是资源共享和通信,除此之外,还有负荷均衡、分布处理和提高系统安全与可靠性等功能。

7.1.2　计算机网络的分类

从不同的角度出发,计算机网络有不同的划分方法。

1. 按作用域范围

网络中计算机设备按照联网的计算机之间的距离和网络覆盖面的不同,一般分为局域网、城域网、广域网,计算机网络按作用域范围的分类如表 7-1 所示。

表 7-1　计算机网络按作用域范围的分类

网 络 种 类	分 布 距 离	覆 盖 范 围
局域网	几十米	房间办公室
	几百米～几千米	楼群建筑物
	几千米～十几千米	机关公司单位
城域网	十几千米～几十千米	城市
广域网	几十千米～几千千米	国家

1）局域网

局域网（Local Area Network，LAN）是指规模相对小一些、通信距离在十几千米以内，将计算机、外部设备和网络互连设备连接在一起的网络系统。局域网示意图如图 7-3 所示。它通常以某个单位或某个部门为中心进行网络建设。例如，企业、学校等使用的基本上都属于局域网。

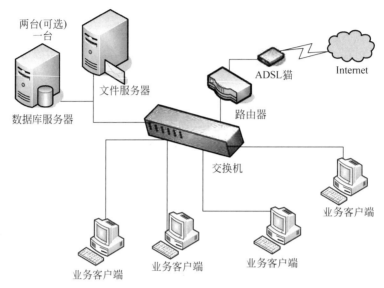

图 7-3　局域网示意图

局域网在计算机数量配置上没有太多的限制，通常具有较好的扩展性，其主要特点如下所述。

（1）传输速率高。一般带宽是 10Mb/s 或 100Mb/s，高速局域网通常达到 1000Mb/s，而目前最快的局域网的速率可以达到 10Gb/s。

（2）可靠性高。局域网的误码率通常在 $10^{-8} \sim 10^{-11}$。

（3）节点之间距离较短。各个计算机之间的距离通常不超过 25km。

2）城域网

城域网（Metropolitan Area Network，MAN）与局域网相比要大一些，可以说是一种大型的局域网，技术与局域网相似，覆盖的范围介于局域网和广域网之间，通常覆盖一个城区或城市，范围可从十几千米到几十千米。城域网借助一些专用网络互连设备连接在一起，即使没有联入某局域网的计算机也可以直接接入城域网，从而访问网络中的资源。城域网作为本地公共信息服务平台的重要组成部分，能够满足本地政府机构、金融保险公司、学校以及企事业单位等对高速率、高质量数据通信业务日益多元化的要求。城域网示意图如图 7-4 所示。

3）广域网

广域网（Wide Area Network，WAN）又称为远程网，是非常大的一个网络，属于全球性的网络。Internet 就是广域网中的一种，它利用行政辖区的专用通信线路，将多个城域网互连在一起而构成。广域网的组成已非个人或团队的行为，而是一种跨地区、跨部门、跨行业、跨国的社会行为。广域网可采用多种不同的通信技术，包括共用交换电话网、综合业务数字

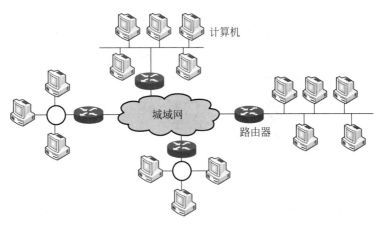

图 7-4　城域网示意图

网、分组交换网、帧中继网、ATM 网、数字数据网、移动通信网以及卫星通信网等。广域网
示意图如图 7-5 所示。

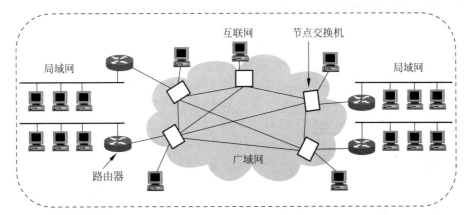

图 7-5　广域网示意图

2. 按拓扑结构

计算机网络是将分布在不同位置的计算机通过通信线路连在一起的网络。那么,网络
连线及工作站点的分布形式就是网络的拓扑结构。网络中的计算机、终端、通信处理设备等
抽象为"点",连接这些设备的通信线路抽象为"线"。计算机的网络拓扑结构一般分为总线
型、星状、环状、树状和网状。

1) 总线型拓扑结构

总线型拓扑结构是采用一根传输总线作为传输介质,各个节点都通过网络连接器连接
在总线上,总线的长度可使用中继器来延长。这种结构的优点是工作站连入网络十分方便,
网络的可靠性高;但由于总线型拓扑结构不是集中控制,对总线的故障很敏感,总线发生故
障将导致整个网络瘫痪。总线型拓扑结构如图 7-6 所示。

2) 星状拓扑结构

星状拓扑结构是最早的通用网络拓扑结构形式,由一个中心节点和其他相连接的节点
组成,各个节点之间的通信必须通过中心节点来完成,是一种集中控制方式。这种结构的优

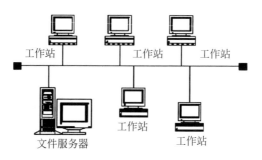

图 7-6　总线型拓扑结构

点是采用集中式控制,容易组建网络,每个节点与中心节点都有单独的连线,因此当某一节点出现故障时,不影响其他节点的工作。缺点是对中心节点的要求较高,因为一旦中心节点出现故障,系统将全部瘫痪。星状拓扑结构如图 7-7 所示。

3)环状拓扑结构

环状拓扑结构是将所有的工作站串联在一个封闭的环路中,在这种拓扑结构中的数据总是按一个方向逐节点地沿环传递,信号依次通过所有的工作站,最后回到发送信号的主机。在环状拓扑结构中,每一台主机都具有类似中继器的作用。这种结构的优点是网络管理简单,通信设备和线路较为节省,而且还可以把多个环经过若干交接点互连,扩大连接范围;缺点是由于本身结构的特点,网络中的某一个节点发生故障,对整个网络都有影响,当工作站数量增加时,线路延时也将增加。环状拓扑结构如图 7-8 所示。

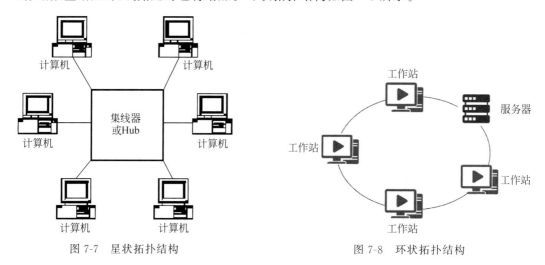

图 7-7　星状拓扑结构　　　　　　　图 7-8　环状拓扑结构

4)树状拓扑结构

树状拓扑结构中的任何两个节点都不能形成回路,每条通信线路必须能够支持双向传输。这种结构中只有一个根节点,并且对根节点的计算机功能要求高(可以是中型机或大型机)。树状结构的优点是控制线路简单,管理也易于实现,是一种集中分层的管理形式;缺点是数据要经过多级传输,系统的响应时间较长,各工作站很少有信息流通,共享资源的能力较差。树状拓扑结构如图 7-9 所示。

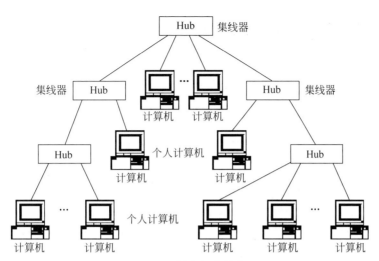

图 7-9　树状拓扑结构

5）网状拓扑结构

网状拓扑结构是指各节点通过路由器和传输线互相连接起来,并且每一个节点至少与其他两个节点相连。网状拓扑结构具有较高的可靠性,如当某节点或线路发生故障时,可以很容易地将故障分支与整个系统隔离开来。网状结构可组建成各种形状,采用多种通信信道,多种传输速率,结构复杂,实现起来费用较高,不易管理和维护,因此不常用于局域网。网状拓扑结构如图 7-10 所示。

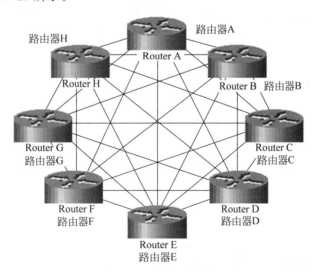

图 7-10　网状拓扑结构

3. 计算机网络的其他分类方法

计算机网络除上述主要的两种分类方式外,按物理介质,可分为有线网络和无线网络;按网络控制方式,可分为集中式网络和分布式网络。

7.1.3　计算机网络的应用模式

计算机网络的应用模式也称为计算机网络的工作模式,是指在局域网中各个节点之间的关系,可划分为客户机/服务器模式、对等模式和专用服务器结构。

1. 客户机/服务器模式

客户机/服务器模式(Client/Server,C/S)中有一台或几台较大的计算机集中进行共享数据库的管理和存取,称为服务器,将其他的应用处理工作分散到网络中其他节点上去做,构成分布式的处理系统,服务器控制管理数据的能力已由文件管理方式提升为数据库管理方式。

C/S结构是数据库技术与局域网技术相结合的产物。C/S结构的服务器也称为数据库服务器,具有数据定义、存取安全备份及还原、并发控制及事务管理、执行选择检索和索引排序等数据库管理功能;客户机端只须发送命令请求,无须进行数据的处理,在服务器端收到请求信息后及时进行处理,之后向客户机端发送结果应答,这样就大大减轻了网络的传输负荷。

随着计算机网络的发展,浏览器/服务器(Browse/Server,B/S)模式应运而生。它与C/S模式没有本质区别,可以认为是在客户端采用网络浏览器的C/S模式。其优点是可大大节省客户端开发和维护的成本。目前,已成为计算机网络应用模式的主流。

2. 对等模式

对等模式(Peer-to-Peer,P2P)一般常采用总线型网络拓扑结构,最简单的P2P模式网络就是使用双绞线直接连接的两台计算机,常被称作工作组。在P2P模式网络结构中,每一个节点之间的地位对等,通信双方的计算机中同时运行了服务器进程和客户端进程,双方既是客户端又是服务器端,优点是可极大缓解C/S模式与B/S模式中服务器端压力过大的情况,又可使客户端资源得到充分的利用。对等模式广泛应用于文件共享、流媒体直播、语音通信、网络游戏等。当前的区块链技术使用的也是对等模式。C/S模式与对等模式示意图如图7-11所示。

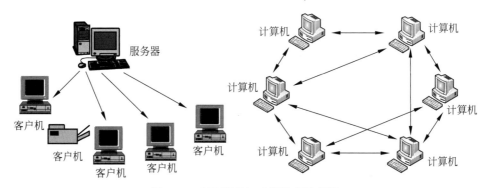

图 7-11　C/S模式与对等模式示意图

3. 专用服务器结构

专用服务器结构又称为工作站/文件服务器结构,由若干工作站与一台或多台文件服务器通过通信线路连接起来组成的工作站存取服务器文件,共享存储设备。

7.2　计算机网络硬件与软件

计算机网络主要由硬件和软件两大部分组成。计算机网络硬件由网络主体设备、网络连接设备和传输介质组成；计算机网络软件一般是指网络操作系统、计算机网络协议和提供网络服务功能的专用软件。

7.2.1　计算机网络硬件

1. 网络主体设备

计算机网络中的主体设备称为主机（Host），一般可分为服务器（又称为中心站）和客户机（又称为工作站）两类。

服务器是为网络提供共享资源的基本设备，在其上运行网络操作系统，是网络控制的核心，对工作速度、磁盘及内存容量的指标要求都较高，携带的外部设备绝大部分为高级设备。

客户机是网络用户入网操作的节点，有自己的操作系统。用户既可以通过运行客户机上的网络软件共享网络上的公共资源，又可以不进入网络，单独工作。用作客户机的计算机一般配置要求不是很高，大多采用计算机并携带相应的外部设备，如打印机、扫描仪、鼠标等。

2. 网络连接设备

网络连接设备是把网络中通信线路连接起来的各种设备的总称。不同的网络连接设备具有不同的功能和工作方式，针对不同的网络技术形态可能需要使用不同的网络连接设备。常用网络连接设备有以下 4 种。

1）网络适配器

网络适配器又称为网络接口卡（Network Interface Card，NIC），俗称"网卡"，是计算机与通信介质的接口，主要用于实现物理信号的转换、识别、传输等。网络适配器通过有线传输介质，建立计算机与局域网的物理连接，负责执行通信协议，在计算机之间通过局域网实现数据的快速传输。根据工作对象和使用环境的不同，网卡一般可分为服务器专用网卡、普通工作站网卡、笔记本电脑专用网卡和无线网卡。

服务器专用网卡是为了适应网络服务器工作特点而专门设计的，主要特征是在网卡上采用了专用的控制芯片。大量的工作由这些芯片直接完成，从而减轻了服务器 CPU 的工作负荷。但这类网卡的价格较高，一般只安装在一些专用的服务器上，普通用户很少使用。

普通工作站网卡也称为"兼容网卡"，普通计算机使用的网卡，不但价格低廉，而且工作稳定，使用率极高。兼容网卡按传输速率的不同，可分为 10MB 网卡、100MB 网卡、10～100MB 自适应网卡、1000MB 网卡。

笔记本专用网卡是专门为笔记本电脑设计的网卡，与普通网卡相比较，主要是为了适应笔记本电脑的工作方式。

无线网卡是随着无线局域网技术的发展而产生的，以无线的方式连接无线网络。常见的无线网卡形状与 U 盘相似。

2）网桥

网桥是连接两个局域网的一种存储或转发设备，能将一个较大的局域网分割为多个网段，或将两个以上的局域网互连为一个逻辑局域网。网桥最早只能连接同类网络且只能在同类网络之间传送数据。目前，异种网络间的桥接已经实现并已标准化。网桥可分为本地网桥和远程网桥。本地网桥能够直接连接同一区域内的多个局域网网段，远程网桥通常使用远程通信线路连接不同区域的多个局域网网段。

3）交换机

交换机是一种用于电信号转发的网络设备，可以为接入交换机的任意两个网络节点提供独享的电信号通路。最常见的交换机是以太网交换机，其他常见的还有电话语音交换机、光纤交换机等。交换机不仅可以对数据信号的传输进行同步、放大和整形处理，还可以保障数据的完整性和正确性。

交换机根据工作位置的不同，可以分为广域网交换机和局域网交换机。交换机有多个端口，每个端口都具有桥接功能，可以连接一个局域网、一台高性能服务器或工作站。实际上，交换机有时也被称为多端口网桥。网桥与交换机示意图如图 7-12 所示。

图 7-12　网桥与交换机示意图

4）路由器

所谓"路由"，是指把数据从一个地方传送到另一个地方的行为和动作，而路由器正是执行这种行为动作的设备，可连接多个网络或网段，能将不同网络或网段之间的数据信息进行"翻译"，使它们能够相互"读懂"对方的数据，从而构成一个更大的网络。路由器是互联网的主要节点设备。通过路由决定数据的转发，转发策略称为路由选择。

路由器最主要的功能可以理解为实现信息的转送，因此，把这个过程称为寻址过程。路由器在进行信息转送时有一张路由表，就如同快递公司发送邮件，邮件并不是瞬间到达最终目的地，而是通过不同分站的分拣，不断地接近最终地址，从而实现邮件的投递过程。路由器寻址过程也是类似原理，通过最终地址，在路由表中进行匹配，通过算法确定下一个转发地址。这个地址可能是中间地址，也可能是最终的到达地址。路由器具体功能如下所述。

（1）实现网络的互连。

（2）对数据进行处理。收发数据包，具有对数据的分组过滤、复用、加密、压缩及防护墙等各项功能。

（3）依据路由表的信息，对数据包下一个传输目的地进行选择。

（4）进行外部网关协议和其他自治域之间拓扑信息的交换。

（5）实现网络管理和系统支持功能。

3．网络传输介质

传输介质是通信中实际传送信息的载体。计算机网络中采用的传输介质可分为有线和无线两大类,有线介质常用的有双绞线、同轴电缆和光纤;无线介质包括卫星、无线电通信、红外通信、激光通信以及微波通信等。

1) 有线传输介质

(1) 双绞线。双绞线俗称"网线",是局域网中最常用的一种传输介质,由两根具有绝缘保护层的铜导线组成,把两根绝缘的铜导线按一定密度互相绞在一起,可降低信号干扰的程度。把一对或多对双绞线放在一个绝缘套管中,每根铜导线的绝缘层分别涂上不同的颜色,便成了双绞线。双绞线示意图如图 7-13 所示。

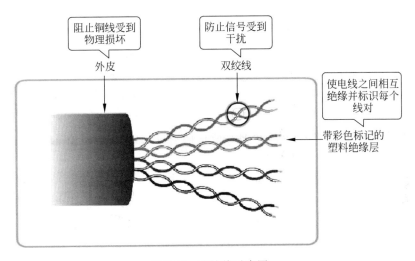

图 7-13　双绞线示意图

每条双绞线两头都必须通过安装 RJ-45 连接器(俗称水晶头)才能与网卡和集线器(或交换机)相连接。RJ-45 连接器的一端连接在网卡上的 RJ-45 接口,另一端连接在集线器或交换机上的 RJ-45 接口。RJ-45 接口与水晶头如图 7-14 所示。

(2) 同轴电缆。同轴电缆用来传递信息的一对导体是按照一层圆筒式的外导体套在内导体(一根细芯)外面,两个导体间用绝缘材料互相隔离的结构制成的,外层导体和中心轴芯线的圆心在同一个轴心上,所以叫作同轴电缆。同轴电缆示意图如图 7-15 所示。同轴电缆之所以设计成这样,是为了防止外部电磁波干扰信号的传递。

图 7-14　RJ-45 接口与水晶头

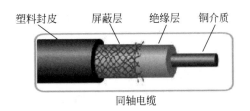

图 7-15　同轴电缆示意图

广泛使用的同轴电缆有两种：一种为50Ω同轴电缆，用于数字信号的传输，即基带同轴电缆，俗称"细缆"；另一种为75Ω同轴电缆，用于宽带模拟信号的传输，即宽带同轴电缆，俗称"粗缆"。同轴电缆以单根铜导线为内芯，外裹一层绝缘材料，外覆密集网状导体，最外面是一层保护性塑料。金属屏蔽层能将磁场反射回中心导体，同时也使中心导体免受外界干扰，故同轴电缆比双绞线具有更高的带宽和更好的噪声抑制特性。细缆适用于传输速率不高(10Mb/s)、距离短(小于185m)的传输；粗缆适用于传输速率也不高(10Mb/s)、距离小于500m的传输。同轴电缆一般采用总线型拓扑结构。

（3）光纤。即光导纤维，是一根很细的、可传导光线的纤维媒体，其半径仅为几微米至一、二百微米。光纤由纤芯、包层、一次涂覆层和套层4部分组成。纤芯是一股或多股光纤，通常为超纯硅、玻璃纤维或塑料纤维；包层包裹在纤芯的外面，对光的折射率低于纤芯；一次涂覆层用于吸收没有被反射而被泄露的光；套层对光纤起保护作用。

光纤是通过内部的全反射来传输一束经过编码的光信号。光纤的折射率大于包层，只要入射角大于临界角，就会产生光的全反射，通过光在光纤内不断地全反射来传输光信号。即使光纤发生弯曲或扭结，光束也能沿着纤芯传播，光信号在光纤中的传播损耗极低。用光纤传播信号之前，在发送端要通过发送设备将电信号转换为光信号；而在接收端则要把光纤传来的光信号再通过接收设备转换为电信号。光纤示意图如图7-16所示。

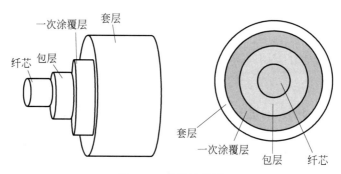

图7-16　光纤示意图

对于双绞线和同轴电缆等金属介质来说，光纤的优点是能在长距离内保持高速率传输，体积小，重量轻，低衰减，大容量，不受电磁波的干扰，且无电磁辐射、耐腐蚀等。缺点是价格昂贵，安装不易。目前，广泛应用于电信网络、有线电视、计算机网络和视频监控等行业。

2）无线传输介质

无线传输介质非常适用于难于铺设传输线路的偏远山区和沿海岛屿，也为大量便携式计算机入网提供了条件，目前常用的无线传输介质有无线电通信、红外通信、激光通信和微波通信等。

（1）无线电通信。无线电通信在无线电广播和电视广播中已被广泛应用，国际电信联盟已将无线电的频率划分为若干波段。在低频和中频波段内，无线电波可以轻易地通过障碍物，但能量随着与信号源距离的增大而急剧减小，因而可沿地表传播，但距离有限；高频和超高频波段内的电波，会被距地表数百千米高度的电离层反射回地面，因此可用于远距离传输。无线电波的频谱及用途如表7-2所示。

表 7-2 无线电波的频谱及用途

波 段		波 长	频 率	传 播 方 式	主 要 用 途
长波		3000～30 000m	10～100kHz	地波	超远程无线电通信、导航
中波		200～3000m	100～1500kHz	地波和天波	调幅（AM）无线电广播、电报、通信
中短波		50～200m	1500～6000kHz	天波	
短波		10～50m	6～30MHz	近似直线传播	
微波	米波	1～10m	30～300MHz	直线传播	调频（FM）无线电广播、电视、导航
	分米波	0.1～1m	300MHz～3GHz		
	厘米波	1～10cm	3～30GHz		电视、雷达、导航
	毫米波	1～10mm	30～300GHz		

蓝牙（Bluetooth）是通过无线电介质来传输数据的，它是由东芝、爱立信、IBM、Intel 和诺基亚于 1998 年 5 月共同提出的近距离无线数据通信技术标准。

（2）红外通信。红外通信是利用红外线进行的通信，已广泛应用于短距离的传输。这项技术自 1974 年发明以来，得到市场的普及、推广与应用，如红外线鼠标、红外线打印机、红外线键盘、电视机和录像机的遥控器等。由于红外线不能穿透物体，在通信时要求有一定的方向性，即收发设备在视线范围内。红外通信很难被窃听或干扰，但是雨、雾等天气因素对它的影响较大。此外，红外通信设备安装非常容易，无须申请频率分配，不授权也可使用。它也可以用于数据通信和计算机网络。

（3）激光通信。激光通信原理与红外通信基本相同，具有与红外线相同的特点，但不同之处是由于激光器件会产生低量放射线，需要加装防护设施。激光通信必须向政府管理部门提交申请，授权分配频率后方可使用。

（4）微波通信。微波通信是沿直线传播的，但方向性比红外线和激光弱，受天气因素影响不大。微波传输要求发送和接收天线精确对准，由于微波沿直线传播，而地球表面是曲面的，天线塔的高度决定了微波的传输距离，因此可通过微波中继接力来增大传输距离。

Wi-Fi 属于微波通信。Wi-Fi 信号是由有线网提供的，只要接入一个无线路由器，就可以把有线信号转换成 Wi-Fi 信号。在这个无线路由器的电波覆盖的有效范围内，都可以采用 Wi-Fi 连接方式进行联网。

卫星通信可以看作是一种特殊的微波通信。与一般地面微波通信不同，卫星通信使用地球同步卫星作为中继站来转发微波信号。

7.2.2 计算机网络软件

1. 网络操作系统

网络操作系统用于管理网络软、硬件资源，提供简单网络管理的系统软件。常见的网络操作系统有 Windows NT、Netware、UNIX、Linux 等。

2. 网络协议

网络中计算机之间要想相互通信，必须遵守共同的规则。在计算机网络中，为使计算机之间或计算机与终端设备之间能有序而准确地传送数据,必须在数据传输顺序、格式和内容等方面有统一的标准、约定或规则,这组标准、约定或规则称为计算机网络协议。

网络协议主要由 3 部分组成,称为网络协议三要素,即语法、语义和规则。

(1) 语法。语法用于规定双方对话的格式,即数据与控制信息的结构或格式。

(2) 语义。语义指对构成协议的协议元素的解释,即需要发出何种控制信息、完成何种协议以及做出何种回答。

(3) 规则。规则用于规定双方的应答关系,如运行时序等。

【例 7-1】 网络协议三要素。

高级数据链路控制(High-Level Data Link Control,HDLC),是链路层协议的一项国际标准,用以实现远程用户间资源共享和信息交互。它的协议数据单元(PDU)的结构与格式(报文格式)如下:

Flag	Address	Ctrl	Data	FCS	Flag

这个协议的格式即为语法;Flag 表示报文的开始和结束,这就是语义;在通信过程中,通信双方操作的执行是有步骤和顺序的,A 和 B 完成一个通信,当 A 发出请求时,B 才会发出确认信息,这就是时序,也是协议规则重要的一部分。

3. 网络服务器软件

网络服务器软件是用于提供网络服务的应用软件,如 IIS、Apache。

(1) IIS:互联网信息服务(Internet Information Services,IIS)是由微软公司提供的基于运行 Microsoft Windows 的互联网 Web 服务组件。

(2) Apache:Apache 是世界上使用排名第一的 Web 服务器软件,可以运行在几乎所有计算机平台上,是最流行的 Web 服务器端软件之一。Apache 具有快速、可靠的优点,并且可通过简单的 API 扩充,将 Python 等解释器编译到服务器中。

4. 网络工具软件

网络工具软件是用来进行网络维护、监控、诊断、管理的应用软件,如操作系统提供的 ping 命令,主要作用是检查网络是否连通;ipconfig 命令可以查看当前终端的 IP 地址等。

5. 网络客户软件

网络客户软件主要指面向用户网络服务的应用软件,如 360 浏览器、网易邮箱、QQ、微信等。

7.3 计算机网络的体系结构

7.3.1 网络协议的分层结构

计算机网络是一个复杂的系统,包含不同的传输介质(有线、无线),运行在不同的操作系统(Windows、UNIX、Linux),涵盖不同的应用环境(移动、本地、远程),承载不同种类业务(分时、交互、实时)。那么,计算机网络作为一个复杂系统的信息传输是如何进行的呢?最有效的管理方法就是"分而治之",采用分层处理,将复杂的问题分解成若干个小的简单问题。

计算机网络被设计成一种层次结构,在不同层次上予以实现,每一层包含若干个协议,用于实现本层的功能。协议是按层次结构来组织的,定义了对等层之间的通信规则,网络层次结构模型与各层协议的集合称为计算机网络体系结构。计算机网络分层的好处如下所述。

1. 独立性强

各层都可以采用最合适的技术来实现,某层技术的改进不会影响其他层,上层只须关心下层能够提供什么服务,而无须关心其实现方法。

2. 适应性强

只要提供的服务和接口不变,每层的实现方法可任意改变。

3. 结构清晰

分层使系统的设计、实现、调试和维护变得简单和容易;使相关人员能将精力集中于所关心的功能模块;降低开发工作量和开发难度。

7.3.2 数据封装与解封装

1. 数据封装

数据封装就是在数据前面加上用于传输过程的控制信息,是协议语法的具体实现。当某一层实体要进行通信时,将要传输的数据(即协议数据单元 PDU)通过层间接口提交给下一层,下层收到上层的 PDU 后,加上报文头部(header)形成本层 PDU,然后传递给下一层,给下层数据加上 header 的过程称为封装。网络数据传送的封装如图 7-17 所示。

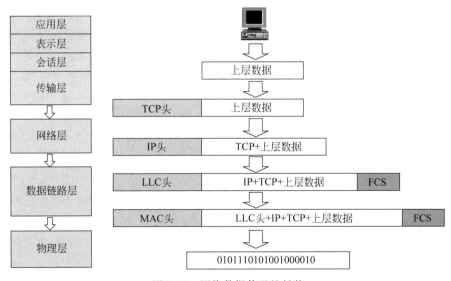

图 7-17 网络数据传送的封装

2．数据解封装

每一层都按数据封装的方法在最底层将逐层封装后的数据传送到目的端。目的端的每一层只处理本层的 header，并把去掉 header 后的数据部分提交给其上层，本层不对数据部分做任何处理，去掉 header 的过程称为解封装。网络数据传送的解封装如图 7-18 所示。

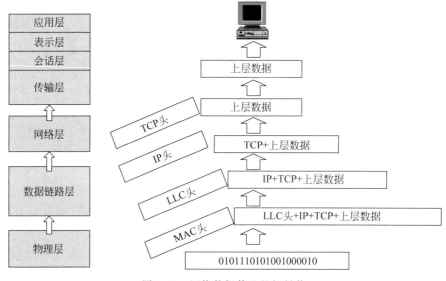

图 7-18   网络数据传送的解封装

封装的过程类似于在邮寄信件前需要在外面套上信封。解封装的过程类似于收信人拆开信封取出信件。

7.3.3   OSI 参考模型

为了使不同的计算机厂家生产的计算机能够相互通信，以便在更大的范围内建立计算机网络，国际标准化组织（ISO）于 1978 年提出了开放系统互连参考模型（Open System Interconnect，OSI）。根据分而治之的原则，OSI 参考模型将整个通信功能划分为 7 个层次。OSI 参考模型如图 7-19 所示。

物理层、数据链路层和网络层是 OSI 参考模型的低三层，这三层偏于硬件技术，其包含不同的通信媒体、不同的网络拓扑结构、不同的网络访问方式；会话层、表示层和应用层是 OSI 参考模型的高三层，这三层偏向于软件技术，包含了字码的转换、数据的压缩和解压缩，用户的应用程序等。传输层是高三层与低三层之间的连通接口。

1．物理层

物理层是整个 OSI 参考模型的最底层，也是唯一涉及通信介质的一层。物理层的任务就是提供与通信介质的连接，作为系统和通信介质的接口，把需要传输的信息转变为可以在实际线路上传送的物理信号，使数据在链路实体间传输二进制位。物理层主要包括电缆、物理端口和附属设备，如双绞线、同轴电缆、接线设备（如网卡等）、RJ-45 接口、串口和并口等在网络中都是工作在这个层次的。物理层传送的基本单位是 bit。

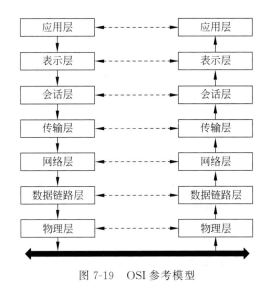

图 7-19 OSI 参考模型

2. 数据链路层

数据链路层主要任务就是进行数据封装和数据链接的建立,可使用的协议有 SLIP、PPP 和帧中继等。常见的集线器、调制解调器和低档的交换机网络设备都是工作在数据链路层。

数据链路层的功能包括建立和拆除数据链路,将数据信息按约定的格式组装成"帧",以便无差错地实现传输。此外,数据链路层还具有处理应答、差错控制、顺序和流量控制等功能。数据链路层传送的基本单位是帧。

3. 网络层

网络层解决的是网际间的通信问题。网络层主要用于提供路由,即根据数据传输的目的地址(IP 地址)选择到达目标主机的最佳路径,称为路由选择。除此之外,网络层还有拥塞控制、流量控制的能力。路由器、较高档的交换机就工作在这个层次上。

网络层传送的基本单位是分组(包),协议主要包括 IP、IPX、ARP、RARP 等。

4. 传输层

传输层解决的是数据在网络之间的传输质量问题,用于提高网络层服务质量,提供可靠的端到端的数据传输。

传输层的主要功能包括映像传输地址到网络地址、传输连接的建立与释放、多路复用与分割。传输层传送的基本单位称为报文。传输层协议主要包括 TCP、UDP、SPX 等。

5. 会话层

会话层主要提供会话服务,会话可能是一个用户通过网络登录到一个主机或一个正在建立的用于传输文件的应答。会话层的功能主要有通信方式(全双工或半双工)、纠错方式等。会话层不参与具体的数据传输,对数据传送进行管理。

6. 表示层

表示层用于数据管理的表示方式,如用于文本文件的 ASCII,如果通信双方用不同的数据表示方法,彼此就不能互相理解,表示层就是用于协调这种不同之处。表示层的功能主要有数据语法转换、语法表示、数据加密和数据压缩等。

7. 应用层

应用层是 OSI 参考模型的最高层,解决的是程序应用过程中的问题,直接面对用户的具体应用,负责网络中应用程序与网络操作系统之间的联系,为用户提供各类应用服务。用户运行相应的应用程序,并根据不同的应用协议,创建自己的服务请求。应用层协议主要包括 Telnet、FTP、HTTP、SNMP 等。

7.3.4 TCP/IP 参考模型

Internet 采用的协议是 TCP/IP,共 4 层结构,自下而上分别为网络接口层、网络层、传输层和应用层,与 OSI 的 7 层结构不同但又有些联系和相似之处。OSI 模型与 TCP/IP 模型的对比关系如图 7-20 所示。

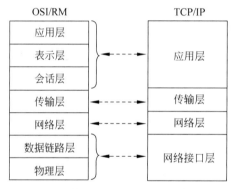

图 7-20 OSI 模型与 TCP/IP 模型的对比关系

TCP/IP(全称为 Transmission Control Protocol/Internet Protocol)实际上是由 100 多个协议组成的协议簇,并且还在不断地扩充之中。其中,传输层的 TCP 和网络层的 IP 是最基本也是最重要的两个协议,TCP/IP 由此得名。TCP/IP 协议簇常见协议如表 7-3 所示。

表 7-3 TCP/IP 协议簇常见协议

	HTTP	超文本传输协议
	TELNET	远程登录协议
应用层	POP3	邮局协议版本 3
	SMTP	邮件传输协议
	DNS	域名系统
	FTP	文件传输协议
传输层	UDP	用户数据报协议
	TCP	传输控制协议

续表

	RARP	反向地址转换协议
网络层	ARP	地址解析协议
	IP	网际协议(互联网协议)
网络接口层	PPP	点对点协议
	SLIP	串行线路网际协议

TCP/IP 定义了通信设备如何连入 Internet 以及数据如何在它们之间传输的标准。通俗而言,TCP 负责传输的可靠性,发现传输的问题,遇到问题就发出信号,要求重新传输,直到所有数据安全地传输到目的地;而 IP 是给 Internet 的每个终端规定一个地址,并负责传输的有效性。TCP/IP 各层的功能如下所述。

应用层对于客户发出的一个请求,服务器作出响应并提供相应的服务。

传输层为通信双方的主机提供端到端的服务,传输层对信息流具有调节作用,提供可靠性传输,确保数据到达无误。

网络层功能是可以进行网络互连,根据网间报文 IP 地址,从一个网络通过路由器传到另一网络。

网络接口层负责接收 IP 数据报,并负责把这些数据报发送到指定网络上。

7.4 Internet 基础与应用

Internet 是世界上规模最大、覆盖面最广、信息资源最为丰富的计算机信息资源网络,也是将遍布全球各个国家和地区的计算机系统连接而成的一个计算机互联网络。从技术上看,Internet 是一个以 TCP/IP 作为通信协议,连接各国、各地区、各机构计算机网络的数据通信网络;从资源角度来看,Internet 是一个集各部门、各领域的各种信息资源为一体的、供网络用户共享的信息资源网络。

7.4.1 Internet 的形成与发展

Internet 最早源于美国高级研究计划局(Advanced Research Project Agency,ARPA)建立的军用计算机网络 ARPANET,它利用分组交换技术将斯坦福研究所、加州大学圣巴巴拉分校、加州大学洛杉矶分校和犹他大学连接起来,于 1969 年开通。ARPANET 被公认为世界上第一个采用分组交换技术组建的网络,是现代计算机网络诞生的标志。ARPANET 被称为 DARPANET Internet,简称为 Internet。1974 年提出的 TCP/IP 在 ARPANET 上的应用使 ARPANET 成为初期 Internet 的主干网。

1985 年,美国国家科学基金会(National Science Foundation,NSF)筹建了互联网中心,将位于新泽西州、加州、伊利诺斯州、纽约州、密西根州和科罗拉多州的 6 台超级计算机连接起来,形成 NSFNET,并通过 NSFNET 资助建立了按地区划分的近 20 个区域性的计算机广域网。同时,NSF 确定了 Internet 的 TCP/IP 标准,所有网络都采用 TCP/IP 连接 NSFNET,从而使各个 NSFNET 用户都能享用所有用于 Internet 的服务。随后,NSFNET 又把各大学和学术团体的各种区域性网络与全国学术网络连接起来。1990 年 3 月,ARPANET 停止运转,NSFNET 接替 ARPANET 成为 Internet 新的主干网络。1995 年 4 月,NSFNET 停止运行,由美国政府指定的三家私营企业介入网络的运作,网络进入了商业化全盛发展时期,Internet 发展成为遍布世界各地的大小不等的网络连接组成的、结构松散的、开放性强的计算机网络体系。到 1995 年,网络节点个数达到 25000 多个,主计算机个数达 680 多万台,用户数达 4000 多万人,遍布世界 136 个国家和地区。

最权威的 Internet 管理机构是国际互联网协会(Internet Society,ISOC)。ISOC 是一个由志愿者组成的组织,目的是推动 Internet 的技术发展,促进全球性的信息交流。

7.4.2 Internet 在中国的发展

中国于 1994 年开通了与 Internet 的专线连接。2019 年上半年工业和信息化部最新发布的通信业经济运行情况显示,4G 用户总数达到 12.3 亿户,占移动电话用户总数的比重达到 77.6%;光纤接入用户总数达 3.96 亿户,占固定宽带用户总数的 91%;手机上网用户数为 13 亿户,对移动电话用户的渗透率为 82.2%;IPTV(交互式网络电视)用户达 2.81 亿户,对固定宽带接入用户的渗透率为 64.7%。

7.4.3 Internet 地址

Internet 中有三类地址:IP 地址、域名地址、MAC 地址。在网上辨别一台计算机位置的方式是利用 IP 地址,一组 IP 地址数字很不容易记忆,因此为网上的服务器取一个有意义又容易记忆的名字,这个名字的地址就是域名地址。MAC 地址也叫物理地址或硬件地址,由网络设备制造商生产时烧录在网卡的 EPROM 闪存芯片中。

1. IP 地址

IP 地址也可以称为互联网地址或 Internet 地址,是用来唯一标志互联网上计算机的逻辑地址,每台联网计算机都依靠 IP 地址来标志自己。这类似于电话号码,通过电话号码来找到相应的电话主人。

IP 地址的主要特性:IP 地址必须唯一;每台连入 Internet 的计算机都依靠 IP 地址来互相区分、相互联系;网络设备根据 IP 地址来查找目的端;IP 地址由统一的组织负责分配,任何个人都不能随便使用。

每个 IP 地址本质上是一个唯一的 32 位二进制序列,被分成 4 组,每组 8 位,组别之间用点号分开,通常使用的 IP 地址是 4 组十进制数,IP 地址图例如图 7-21 所示。

常见的 IP 地址,分为 IPv4 与 IPv6 两大类。IP 地址的格式:网络地址+主机地址。网络地址用来表示这个 IP 地址属于哪一个网络,就像电话号码中的区号;主机地址表示在这个网络中的具体位置,就像区号后面的电话号码。

1)IPv4 地址

IP 寻址支持 A 类、B 类、C 类、D 类和 E 类这 5

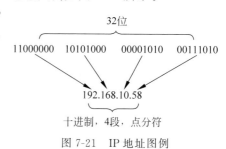

图 7-21 IP 地址图例

种不同的地址。在商业应用中只能提供 A 类、B 类和 C 类这 3 种主要类型地址；D 类地址是留给 Internet 体系结构委员会使用的多播地址，一般用于多路广播用户；E 类地址是扩展备用地址，各类 IP 地址划分情况见表 7-4 所示。

表 7-4　各类 IP 地址划分情况

IP 地址类	格　式	目标	高位	地址范围	首字节范围	网络位/主机位	最大主机数
A	N. H. H. H	大型组织	0	1. 0.0.1～126.255.255.254	1～126	7/24	16 777 214 ($2^{24}-2$)
B	N. N. H. H	中型组织	1,0	128.0.0.1～191.255.255.254	128～191	14/16	65 534 ($2^{16}-2$)
C	N. N. N. H	小型组织	1,1,0	192.0.0.1～223.255.255.254	192～223	22/8	254 ($2^{8}-2$)
D	N/A	多广播组	1,1,1,0	224.0.0.1～239.255.255.254	224～239	多点广播地址(不可用)	
E	N/A	高级	1,1,1,1	240.0.0.1～254.255.255.254	240～254	保留(供实验和将来使用)	

2）IPv6 地址

IPv6 采用 128 位地址长度，简化了报头结构，减少了路由表长度，但是也导致了与 IPv4 不能兼容的问题；IPv6 简化了协议，提高了网络服务质量，在安全性、优先级和支持移动通信方面也有一定的改进。

IPv6 采用"冒分十六进制"的方式，每 16 位为一组，写成 4 位十六进制数，组间用"："分隔。地址的前导 0 可以不写，如 69DC：8864：FFFF：FFFF：0：1280：8C0A：FFFF。由于 IPv4 和 IPv6 的协议互不兼容，因此从 IPv4 到 IPv6 是一个逐渐过渡的过程。

3）子网与子网掩码

2019 年 11 月 25 日，RIPE NCC 宣布，其最后的 IPv4 地址空间储备池已完全耗尽，所有的 43 亿个 IPv4 地址已分配完毕。对下层网络运营商而言，获得的 IP 地址是一种稀缺资源。如何有效地利用分配到的 IP 地址空间？解决的方法就是划分子网。将主机号部分划出若干位作为网络号的一部分(子网号)，剩余部分作为子网的主机号，子网的划分如图 7-22 所示。

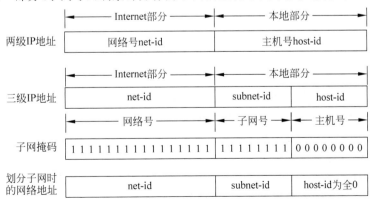

图 7-22　子网的划分

【例 7-2】　子网的划分。有一 B 类网络的 IP 地址为 10.5.x.x,二进制表示方法为 00001010.00000101.xxxxxxxx.xxxxxxxx,主机位是 8 个二进制位,欲划分 4 个子网,借用两位作为子网号,那么原来的一个网段就可以划分为 4 个网段。

00001010 00000101 `00` xxxxxx xxxxxxxx　　　　　10.5.0.0

00001010 00000101 `01` xxxxxx xxxxxxxx　　　　　10.5.64.0

00001010 00000101 `10` xxxxxx xxxxxxxx　　　　　10.5.128.0

00001010 00000101 `11` xxxxxx xxxxxxxx　　　　　10.5.192.0

【例 7-3】　子网的划分。将 C 类网络 202.117.58.0 划分成 8 个子网。

将 202.117.58.0 写成二进制形式:11001010.01110101.00111010.00000000,划分为 8 个子网需要从主机号中分出 3 位作为子网号:11001010.01110101.00111010.SSS00000,因此 8 个子网的划分方法如下:

子网 1 地址:`000` 00000(202.117.58.0)　　子网 2 地址:`001` 00000(202.117.58.32)

子网 3 地址:`010` 00000(202.117.58.64)　　子网 4 地址:`011` 00000(202.117.58.96)

子网 5 地址:`100` 00000(202.117.58.128)　　子网 6 地址:`101` 00000(202.117.58.160)

子网 7 地址:`110` 00000(202.117.58.192)　　子网 8 地址:`111` 00000(202.117.58.224)

路由器根据 IP 地址的网络号(包括子网号)将分组转发到指定的网络,路由器通过子网掩码获取 IP 地址的网络号。子网掩码标志了 IP 地址的结构,子网掩码的格式与 IP 地址一样,由 32 位二进制数组成,由一连串 1 后跟一连串 0 组成,1 的个数与网络号(包括子网号)位数相同,0 的个数与主机号位数相同。例 7-2 中的子网掩码为 11111111.11111111.11000000.00000000,即 255.255.192.0;例 7-3 中的子网掩码为 11111111.11111111.11100000.00000000,即 255.255.224.0。

子网掩码的主要功能是告知网络设备,一个特定的 IP 地址的哪一部分包含网络地址与子网地址,哪一部分是主机地址。网络的路由设备只要识别出目的地址的网络号与子网号便可进行路由寻址决策,IP 地址的主机部分不参与路由器的路由寻址操作,只用于在网段中唯一标志一个网络设备的接口。如果网络系统中只使用 A、B、C 这 3 类地址,而不对这 3 类地址做子网划分,则网络设备根据 IP 地址的单一字节的数值范围即可判断它属于 A、B、C 中的哪一类地址,进而可确定该 IP 地址的网络部分和主机部分,不需要子网掩码的帮助。A、B、C 这 3 类地址的默认子网掩码分别为:

A 类　　　255.0.0.0

B 类　　　255.255.0.0

C 类　　　255.255.255.0

【例 7-4】　子网与子网的掩码应用。已知网络 IP 地址和子网掩码为:

IP 地址　　11000000 01001110 00101110 01100001=192.78.46.97

子网掩码　　11111111 11111111 11111111 11100000=255.255.255.224

则可以判断如下:

该 IP 地址高 3 位为"110",说明是一个 C 类地址。前 3 字节标志网络地址,即网络地址是 192.78.46.0,最后 1 字节标志主机号,对照子网掩码的最后 1 字节,前 3 位均是"1",后 5 位均为"0",所以子网地址编号占 3 位,主机地址占 5 位。根据 IP 地址最后 1 字节的前 3 位是"011",后 5 位是"00001",可知子网地址是 3,主机地址是 1。

2. 域名地址

用 IP 地址来识别虽然能方便、紧凑地表示互联网中发送数据的源地址和目的地址,但用户更愿意为机器指派易读的、易记忆的名字,即域名(相当于主机在网上的文字门牌)。

1) 域名结构

Internet 中实现机器分级的机制被称为域名系统(DNS)。域名的书写采用了类似于点分十进制表示的 IP 地址的书写方式,即用点号将各级子域名分隔开来,域的层次次序从右到左(即从高到低),分别称为顶级域名(一级域名)、二级域名、三级域名、……一般不超过 5级。典型的域名结构如下:

主机名. 网络名或单位名. 机构类型名. 国家或地区名

例如,域名 email. hljit. edu. cn 表示该电子邮箱(主机名:email,最低级域名)是中国(国家名:cn,顶级域名)教育机构(机构类型名:edu,二级域名)黑龙江工程学院(单位名:hljit,三级域名)校园网中的电子邮箱。

采用了域名系统后,用户可以直接使用域名访问网络服务器或主机设备,而不必关心和知晓被访问主机的 IP 地址。

2) DNS 服务

域名是不能被 TCP/IP 接收和路由的,使用域名访问主机时,必须首先转换为该主机域名所对应的 IP 地址,域名和 IP 地址的转换过程称为域名解析或简称为 DNS 服务,由专门的服务器完成,该服务器称为域名服务器。有了 DNS,凡域名空间中有定义的域名都可以有效地转换成 IP 地址;反之,IP 地址也可以转换成为域名。因此,用户可以等价地使用域名和 IP 地址。

3) 顶级域名

为了保证域名系统的通用性和唯一性,Internet 规定了一些命名的通用标准作为顶级域名使用。一般分为区域名和类型名两类。区域名用两个英文字母表示世界各个国家。表7-5 列出了部分国家的区域名代码标准。类型域名如表 7-6 所示。

4) 中国互联网的域名体系

中国互联网的域名体系顶级域名为"cn",二级域名共 40 个,分为类别域名和行政区域名两类。其中,类别域名共 6 个,行政区域名 34 个,对应中国的各省、自治区和直辖市,采用两个字符的汉语拼音表示。例如,北京市为"bj",上海市为"sh"等。中国互联网络二级类别域名如表 7-7 所示。

表 7-5 以国家区分的域名

域　　名	含　　义	域　　名	含　　义	域　　名	含　　义
au	澳大利亚	fr	法国	nl	荷兰
br	巴西	gb	英国	nz	新西兰
ca	加拿大	in	印度	pt	葡萄牙
cn	中国	jp	日本	se	瑞典
de	德国	kr	韩国	sg	新加坡
es	西班牙	my	马来西亚	us	美国

表 7-6　类型域名

域　名	含　义	域　名	含　义	域　名	含　义
com	商业类	edu	教育类	gov	政府部门
int	国际机构	mil	军事类	net	网络机构
org	非盈利组织	arts	文化娱乐	arc	娱乐活动
firm	公司企业	info	信息服务	nom	个人
stor	销售单位	Web	与 WWW 有关单位		

表 7-7　中国互联网络二级类别域名

域　名	含　义	域　名	含　义	域　名	含　义
ac	科研机构	edu	教育机构	net	电信与网络机构
com	工商金融	gov	政府部门	org	非营利组织

3. MAC 地址

1）MAC 地址概述

媒体存取控制（Media Access Control，MAC）地址简称为 MAC 地址，也称为硬件地址或物理地址，是一个用来确认网络设备位置的地址。MAC 地址一般固化在网络接口中，由数据链路层进行识别和处理。每一个 MAC 地址都是全球唯一的，它标志了一台主机的网络硬件接口地址。

MAC 地址是一个 48 位的二进制编码，通常以十六进制形式表示。例如，00-1A-4D-47-9C-68，高 24 位是生产厂商的代码，后 24 位为产品序列号。在 Windows 系统中，可以使用"网络连接详细信息"来查看网卡的 MAC 地址。MAC 地址查询如图 7-23 所示。

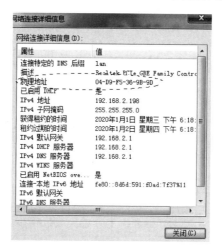

图 7-23　MAC 地址查询

2）MAC 地址和 IP 地址的比较

（1）MAC 地址在数据链路层处理，IP 地址在网络层处理。

（2）MAC 地址类似身份证号，而 IP 地址类似邮政编码或住址。一个人无论居住在哪里，身份证号不会改变，一台主机无论在哪个网络中 MAC 地址不会改变。而如果这个人换个居住地,邮政编码或地址就会改变,相应地,主机移到另外一个网络,IP 地址也会随之发生变化。

(3) IP 地址在逻辑上是具有层次的(网络号+主机号),而 MAC 地址是不分层次的。

7.4.4 Internet 的接入方式

高速公路上川流不息,如果要开车上高速公路,就要找一个就近的高速公路入口。Internet 也类似,若想利用 Internet 的资源就需要接入 Internet;要接入 Internet,必须向提供接入服务的 Internet 服务提供者(Internet Service Provider,ISP)提出申请,也就是说要找一个信息高速公路的入口。例如,美国最大的 ISP 是美国在线,中国最大的 ISP 是中国四大骨干网。用户需要先向当地的 ISP 申请,并填写相关信息,即可接入 Internet。用户的环境不同、要求不同,接入方法也不同。

7.4.5 Internet 的应用

1. WWW 服务

万维网(World Wide Web,WWW)是 Internet 上应用最广泛的一种服务。任何一个人都可以通过 WWW 查找、检索、浏览或发布信息。

浏览器访问服务器时所看到的画面称为网页(又称为 Web 页),多个相关的网页合在一起便组成一个 Web 站点。从硬件的角度来看,放置 Web 站点的计算机称为 Web 服务器;从软件的角度来看,Web 页指提供 WWW 服务的服务程序。

用户输入域名访问 Web 站点时看到的第一个网页称为主页(Home Page),主页是一个 Web 站点的首页。从主页出发,通过超链接可以访问其他所有页面,也可以链接到其他网站。主页文件名一般为 index. html 或者 default. html。如果将 WWW 视为 Internet 上的一个大型图书馆,Web 站点就像图书馆中的一本书,主页则像是一本书的封面或目录,而 Web 页则是书中的某一页。

2. URL

统一资源定位器(Uniform Resource Locator,URL),可完整地描述 Internet 上超媒体文档的地址。文档地址可能在本地磁盘上,也可能在局域网的某台机器上,更多的是 Internet 上一个网站的地址。简单地说,URL 约定了资源所在地址的描述格式,通常将它简称为网址。

1) URL 地址的一般格式

<协议:>//<主机名>:<端口号>/<文件路径>/<文件名>

协议:指 HTTP、FTP、Telnet 等信息传输协议,最常用的是 HTTP,它是目前 WWW 中应用最广的协议。当 URL 地址中没有指定协议时,默认的就是 HTTP。

主机名:指要访问的主机名字,可以用它的域名,也可以用它的 IP 地址表示。

端口号:指进入服务器的通道。只有用户的端口号与服务器端指定的端口号一致时,用户才能得到要求的服务。一般服务器管理者将任何用户都能访问的服务指定为默认端口,如 HTTP 的端口号为 80,FTP 的端口号为 21。有时候为了安全起见,不希望任何人都能访问服务器上的资源,就可以在服务器上对端口号重新定义,即使用非默认的端口号,此时访问服务器就不能省略端口号了。

文件路径:指明要访问的资源在服务器上的位置(其格式与 DOS 系统中的格式一样,通常由目录/子目录/文件名这种结构组成)。路径与端口号一样,并非总是需要的。

必须注意,在浏览器中,输入地址时可以省略协议,这是将 HTTP 当作默认协议,但主机名是不可缺少的,文件路径和文件名根据具体情况也可以省略。此外,WWW 上的服务器很多是区分大小写字母的,所以,千万要注意正确的 URL 大小写表达形式。

2) URL 示例

`http://www.edu.cn/examples/mypage.html`

含义:通知浏览器使用 HTTP,请求调用服务器 www.edu.cn 上的 examples 目录下的 mypage.html 这一文档。

`ftp://user@202.192.116.26`

含义:在浏览器中使用 FTP 访问服务器 202.192.116.26,并以用户名 user 登录。

`202.187.16.125`

含义:使用 HTTP 访问 IP 地址为 202.187.16.125 主机的 WWW 服务的默认目录中的默认文件。

使用 Internet 的域名服务,可以保证 Internet 上机器名字的唯一性,而每台机器中文件所处的目录及其文件也是唯一的,这样通过 URL 就可以唯一地定位 Internet 上所有的资源。

3. 信息资源检索

Internet 是信息的海洋,在大量信息中如何找到自己需要的信息是许多使用 Internet 的人最关注的问题,搜索引擎是一个很好的解决方案。目前,有许多专业搜索服务运营商为用户提供信息搜索服务,如百度(www.baidu.com)、谷歌(www.google.com)等;另外,大部分具有一定规模的门户网站也都提供搜索服务。将提供搜索服务的系统称为搜索引擎,搜索引擎使用技巧如下所述。

1) 引号

搜索引擎会将引号括起来的关键字看成是一个不可分割的词组,如搜索带引号的内容是"计算机网络",则只有完整地出现"计算机网络"这个词的网页才会被检索出来,而像只含有"计算机"或"网络"的网页不会被检索出来。

2) AND 关系

AND 可用"&"符号表示,等价于"空格"的用法,只有同时满足了给定的两个条件的信息,才会被检索出来。例如,"计算机 AND 软件"。

3) OR 关系

OR 可以用"|"表示,等价于"逗号"的用法,只要满足给定两个条件之一的信息,就会被检索出来。例如,"计算机 OR 软件"。

4）英文句点

英文句点"."用于禁止单词的扩展。例如：关键词"gene."表示搜索结果只能得到gene，而得不到 genetics、general 等前 4 个字母相同的其他单词。

5）"＋、－"连接符

"＋"号表示必须满足的条件，"－"号表示必须排除的条件。如果想要查询的信息中含有"天津"，但是不含有"北京"，而"上海"则可有可无，可在查询处输入"＋天津，－北京，上海"作为查询条件。

6）"filetype"类型符

如要搜索某一类文档，而排除含有关键字的其他类文档，可在 filetype 类型符后面标注文档的扩展名。例如：输入"大学计算机 filetype：ppt"，关于"大学计算机"方面的图片、新闻等信息都不会显示，而只会显示 PPT 演示文稿类型的关于"大学计算机"关键字的网页信息。

4．电子邮件

电子邮件（Electronic Mail，E-Mail）是一种基于计算机网络的通信方式。它可以把信息从一台计算机传送到另一台计算机，像传统的邮政系统服务一样，会给每个用户分配一个电子邮箱，电子邮件被发送到收信人的邮箱中，等待收信人去阅读。

在 Internet 中，电子邮件的传送、收发涉及一系列的协议，如 SMTP、MIME、POP3 和IMAP 等。SMTP 用于邮件服务器之间发送和接收邮件；MIME 用于对邮件及附件进行编码，实现在一封电子邮件中附加各种其他格式的文件；POP3 用于用户从邮件服务器接收邮件；IMAP 提供了一条可以保证传送数据的通道。电子邮件工作过程如图 7-24 所示。

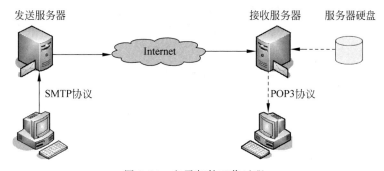

图 7-24　电子邮件工作过程

5．文件传输

尽管用户可以用电子邮件传送文件，但电子邮件的设计初衷是传送小的正文文件，在TCP/IP 协议簇中，专门有一个用于传送大量数据文件的协议，称为文件传送协议（File Transfer Protocol，FTP）。

FTP 采用 C/S 模式。用户的本地计算机称为 FTP 客户机，远程提供 FTP 服务的计算机称为 FTP 服务器。从远程服务器上将文件复制到本地计算机称为下载（Download），将本地计算机上的文件复制到远程服务器上称为上传（Upload）。构建服务器的常用软件是IIS（包含有 FTP 组件）和 Serv-U FTP Server；客户机上使用 FTP 服务器的常用软件有 IE

浏览器以及专用软件 Cuteftp。

使用浏览器访问 FTP 服务器有以下两种方式。

（1）匿名方式。

不使用账号和密码。如 ftp://dxjsj.hljit.edu.cn，这种形式相当于使用了公共账号 Anonymous，密码是任意一个有效的电子邮件地址或 Guest。

（2）使用账号和密码。

在 ftp://users：123456@dxjsj.hljit.edu.cn 中，users 是账号，123456 是密码。FTP 用户的权限是在 FTP 服务器上设置的，不同的 FTP 用户拥有不同的权限。

6. "互联网＋"

"互联网＋"就是利用互联网的平台和信息通信技术，把互联网和包括传统行业在内的各行各业结合起来，在新的领域创造一种新的生态。简而言之"互联网＋XX 传统行业＝互联网 XX 行业"。例如，传统集市＋互联网有了淘宝，传统百货卖场＋互联网有了京东，传统银行＋互联网有了支付宝，传统的红娘＋互联网有了世纪佳缘，传统交通＋互联网有了滴滴出行等。"互联网＋"行动计划，有力地推动了移动互联网、云计算、大数据、物联网、区块链等技术与现代制造业的结合，促进电子商务、工业互联网和互联网金融的健康发展，引导互联网企业拓展国际市场。

7. 用户交流与分享

1）即时通信

即时通信是 Internet 提供的一种能够即时发送和接收信息的服务。现在即时通信不再是一个单纯的聊天工具，它已经发展成集交流、资讯、娱乐、搜索、电子商务、办公协作和企业客户服务等为一体的综合信息平台。随着移动互联网的发展，即时通信也在向移动化发展，用户可以通过手机收发消息。常见的即时通信服务有腾讯公司的 QQ 和微信等。

2）博客和微博

博客又称为网络日志，是一种通常由个人管理、不定期发布新的文章的网站，是社会媒体网络的一部分。

微博是一个基于用户关系的信息分享、传播以及获取的平台。用户可以通过微博组建个人社区，以 140 字以内的文字更新信息，并实现即时分享。最早的也是最著名的微博是美国的 Twitter，中国应用最广泛的微博是新浪微博。

3）VPN

虚拟专用网络（Virtual Private Network，VPN）是一种远程访问技术。那么，什么是远程访问？出差在外地的员工访问单位内网的服务器资源就是远程访问。实现远程访问的一种常用技术就是 VPN，即在 Internet 上架设一个专用网络。VPN 实现方案是在单位内网架设一台 VPN 服务器，它既能连接内网，又能连接公网。不在单位的员工通过 Internet 找到 VPN 服务器，然后通过 VPN 进入单位内网。从用户的角度来说，使用 VPN 后，外地用户的计算机如同单位内网上的计算机一样，这就是 VPN 得以广泛应用的原因。为了保证数据的安全，VPN 服务器和客户机之间的通信数据都进行了加密处理。

7.4.6　简单网页设计

网页设计工具有很多,常用的是 Adobe Dreamweaver 和 FrontPage。不管使用何种设计工具,最终都是产生由超文本标记语言所组成的网页。由于网页中嵌入许多图片和动画,所以也会用到 Photoshop 和 Flash。因此,Adobe Dreamweaver、Photoshop 和 Flash 被称为网页设计的三剑客。

1. 超文本标记语言

超文本、超媒体是通过超文本标记语言(Hyper Text Markup Language,HTML)来实现的。HTML 是一种专用的标记语言,它使用各种标记定义文档中文字、图片等对象的格式所规定的标记将文档中的文字或图像与其他文档链接起来,即定义超级链接。用 HTML 语言编写的文件称为 HTML 文档,也称为 Web 文档。HTML 文档的扩展名通常是 .html 或 .htm,它可以使用简单的字处理软件(如记事本)编辑,也可以用专业的软件(Adobe Dreamweaver)进行编辑处理。

下面是一个简单的 HTML 文档,其中用"< >"括起来的是标记符号,< HTML >与</HTML>成对出现,表示一个 HTML 文档的开始和结束;< HEAD >与</HEAD>成对出现,通常用来设置网页的标题和文档主体的格式和构造,而< BODY >与</BODY>也成对出现,中间的内容是网页显示的主体内容。

```
< HTML >
  < HEAD >
    < TITLE >这是一个例子</TITLE >
  </HEAD >
  < BODY >
    < H1 >这是主体部分</H1 >
    < A HREF = "http://www.sina.com.cn">新浪主页的超链接</A>
  </BODY >
</HTML >
```

将以上文档输入到记事本中,保存类型为"所有文件",文件名的扩展名为 .HTML,就得到了一个 Web 文档。用浏览器打开后,会发现浏览器的标题栏上显示"这是一个例子",因为< TITLE >标记的功能就是设置标题栏的标题。页面上显示两行,第一行显示比较大的字体,内容为"这是主体部分";第二行显示一个文字链接,单击"新浪主页的超链接"文字链接后会进入到新浪主页,链接标记为"< A HREF = URL >……</A >",HTML 实例如图 7-25 所示。

HTML 可以说是目前最为成功的标记语言,由于它简单易学,在网页设计领域得到了广泛的应用。但 HTML 也存在缺陷,难以满足日益复杂的网络应用需求。所以在 HTML 的基础上发展起来了 XHTML。

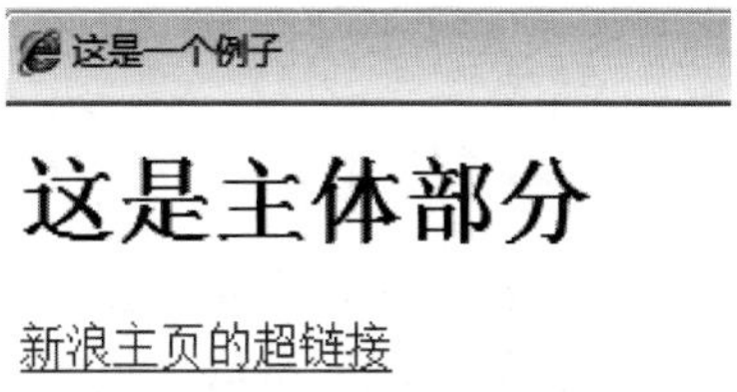

可扩展超文本标记语言(Extensible HyperText Markup Language,XHTML)是一个基于可扩展标志

🌐 这是一个例子

这是主体部分

新浪主页的超链接

图 7-25　HTML 实例

语言(Extensible Markup Language,XML)的标记语言,结合了 XML 的强大功能及 HTML 的简单特性,因而可以看成是一种增强版的 HTML。

2. Adobe Dreamweaver 概述

直接使用 HTML 或 XHTML 语言编写网页,需要一定的编程基础并且费时费力,而可视化网页设计工具可以使网页设计变得轻松自如,即使是非专业的人员也能制作出精美、漂亮的网页。Adobe Dreamweaver 集网页设计和网站管理于一身,将"所见即所得"的网页设计方式与源代码完美结合,在网站设计制作领域应用非常广泛。

7.5 移动互联网

移动互联网是互联网发展的必然产物,是互联网的技术、平台、商业模式和应用与移动通信技术结合并实践的总称。移动互联网集移动随时、随地、随身、开放、分享、互动等众多优势,是一个全国性的、以宽带 IP 为技术核心的,可同时提供语音、传真、数据、图像、多媒体等高品质电信服务的新一代开放的电信基础网络。移动互联网由运营商提供无线接入,由互联网企业提供各种成熟的应用。

7.5.1 移动互联网的发展历程

随着移动通信网络的全面覆盖,我国移动互联网伴随着移动网络通信基础设施的升级换代而快速发展,尤其是在 2009 年国家开始大规模部署 3G 移动通信网络,2014 年又开始大规模部署 4G 移动通信网络。2019 年 11 月,5G 网络已在全国大范围内正式商用。三次移动通信基础设施的升级换代,有力地促进了中国移动互联网的快速发展,服务模式和商业模式也随之大规模创新与发展。4G 移动电话用户扩张带来用户结构不断优化,支付、视频广播等各种移动互联网应用普及,带动数据流量呈爆炸式增长。5G 网络以更高的数据传输速率和较低的网络延迟在车联网、自动驾驶、外科手术、智能电网等领域中发挥了重要的作用。

7.5.2 移动互联网概述

相对于传统互联网而言,移动互联网强调可以随时随地并且可以在高速移动的状态中接入互联网并使用应用服务。此外,移动互联网与无线互联网并不完全等同,移动互联网强调使用蜂窝移动通信网接入互联网,因此常常特指手机终端采用移动通信网接入互联网并使用互联网业务;而无线互联网强调接入互联网的方式是无线接入,除了蜂窝网外还包括各种无线接入技术。

1. 移动通信网络

移动互联网时代无须连接各终端、节点所需要的网线。移动通信网络是指移动通信技术通过无线网络将网络信号覆盖延伸到每个角落,让用户能随时随地接入所需的移动应用服务。

2.移动互联网终端设备

无线网络技术只是移动互联网蓬勃发展的动力之一,移动互联网终端设备(如上网本、智能手机、智能导航仪等)的兴起才是移动互联网发展的重要助推器。移动互联网发展到今天,已成为全球互联网革命的新浪潮航标,受到来自全球高新科技跨国企业的强烈关注,并迅速在世界范围内普及,移动互连终端设备在其中的作用功不可没。

3.移动互联网相关技术

1)移动互联网终端技术

移动互联网终端技术包括硬件设备的设计和智能操作系统的开发技术。无论对于智能手机还是平板电脑来说,都需要移动操作系统的支持。在移动互联网时代,用户体验已经逐渐成为终端操作系统发展的至高追求。

2)移动互联网通信技术

移动互联网通信技术包括通信标准与各种协议、移动通信网络技术和终端距离无线通信技术。

3)移动互联网应用技术

移动互联网应用技术包括服务器端技术、浏览器技术和移动互联网安全技术。目前,支持不同平台、操作系统的移动互联网应用很多。

7.5.3 移动互联网的特征和应用

移动互联网是在传统互联网基础上发展起来的,因此二者具有很多共性,但由于移动通信技术和移动终端发展不同,它又具备许多传统互联网没有的新特性。当用户随时随地接入移动网络时,运用最多的就是移动互联网应用程序。音乐、手机游戏、视频、手机支付、位置服务等丰富多彩的移动互联网应用,正在逐步改变人们的社会生活。

7.6 物联网

近年来,伴随着网络技术、通信技术、智能嵌入技术的迅速发展,物联网一词频繁地出现在世人眼前。作为下一代网络的重要组成部分,物联网受到了学术界、工业界的广泛关注,引起了美、日、韩及欧洲等发达国家的重视。从美国IBM公司的"智慧地球"到中国的"感知中国",各国纷纷指定了物联网发展规划并付诸实施。业界专家普遍认为,物联网技术将会带来一场新的技术革命,是继个人计算机、互联网之后全球信息产业的第三次浪潮。

7.6.1 物联网的基本概念

1.定义

最早关于物联网的定义是1999年由麻省理工学院Auto-ID实验室提出的。本质上讲,物联网是利用二维码、RFID、各类传感器等技术和设备,使物体与互联网等各类网络相连,从而获取无所不在的现实世界的信息,实现物与物、物与人之间的信息交互,支持智能的信息化应用,实现信息基础设施与物理基础设施的全面融合,最终形成统一的智能基础设施。

2. 发展阶段

欧洲智能系统集成技术平台(the European Technology Platform on Smart Systems Integration,EPoSS)在 *Internet of Things in 2020* 报告中分析预测,全球物联网的发展将经历 4 个阶段。

第一阶段(2010 年之前):主要是基于 RFID 技术实现低功耗、低成本的单个物体间的互连,并广泛应用于物流、零售和制药等行业领域。

第二阶段(2010—2015 年):利用传感器网络及无所不在的 RFID 标签实现物与物之间的广泛互连,同时针对特定产业制定技术标准,并完成部分网络融合。

第三阶段(2015—2020 年):可执行指令标签将被广泛应用,物体进入半智能化,同时完成网间交互标准的制定,网络具有超高速传输能力。

第四阶段(2020 年后):物体具有完成智能的相应行为,不同系统能够协同交互,强调产业整合,实现人、物和服务网络的深度融合。

3. 互联网和泛在网

物联网并不是凭空出现的事物,它的神经末梢是传感器,它的信息通信网络则可以依靠传统的互联网和通信网等,对于海量信息的运算处理则主要依靠云计算、网络计算等计算方式。物联网与现有的互联网、移动网和泛在网有着十分微妙的关系。

1) 物联网的传输保障——互联网

物联网的核心和基础目前仍然是互联网,是在互联网的基础上进行延伸和扩展的网络。互联网主要用于处理人与人之间的信息交互,是一个虚拟世界。而物联网是互联网的极大拓展,用户端延伸和扩展到了任何物品与物品之间,进行信息交换和通信,是对现实物理世界的感知和互连。

2) 物联网发展的方向——泛在网

泛在网(Ubiquitous Network)也被称作无所不在的网络,概念的提出比物联网更早一些。泛在网将 4A 作为其主要特征,即可以实现在任何时间(Anytime)、任何地点(Anywhere)、任何人(Anybody)、任何物(Anything)都能方便地通信和联系,因此泛在网内涵上更多的是以人为核心,关注可以随时随地地获取各种信息,几乎包含了目前所有的网络概念和研究范畴。

7.6.2　物联网的体系架构

物联网需要有统一的架构,能支持不同系统的互操作性,适应不同类型的物理网络,适应物联网的业务特性。

1. 物联网的系统架构

物联网打破了地域限制,实现了物物之间按需进行信息获取、传递、融合、使用等服务的网络。一个完整的物联网系统由前端信息生成、中间传输网络及后端的应用平台构成。物联网系统的 3 个层次如表 7-8 所示。

表 7-8　物联网系统的 3 个层次

层　次	特　征	具　体　说　明
感知层	全面感知	利用 RFID、传感器、一维/二维码、红外感应器、全球定位系统等信息传感装置随时随地获取物体的信息,包括用户位置、周边环境、个体喜好、身体状况、情绪、环境温度、湿度、用户业务感受及网络状态等
网络层	可靠传输	通过各种网络融合、业务融合、终端融合、运营管理融合,将物体的信息实时准确地传递出去
应用层	智能处理	利用云计算、模糊识别等各种智能计算技术,对感知层得到的海量数据和信息进行分析和处理,实现物体的智能化识别、定位、跟踪、监控和管理等实际特定应用服务

2.物联网的技术体系框架

物联网涉及感知、控制、网络通信、微电子、计算机、软件、嵌入式系统等技术领域,包括感知层技术、网络层技术、应用层技术以及公共技术。物联网技术体系框架如图 7-26 所示。每个层次都有很多相应的技术支撑,并随着科技发展不断涌现新技术。掌握这些技术,会促进物联网更快地发展。

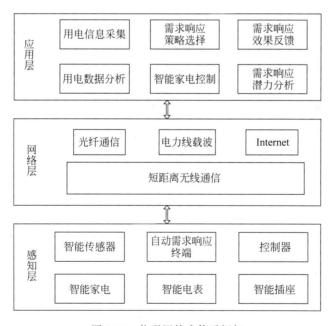

图 7-26　物联网技术体系框架

1)感知层

物联网的感知层:全面感知,无处不在。感知层是物联网发展和应用的基础。其主要目标是实现对客观世界的全面感知,核心是解决智能化、小型化、低功耗、低成本的问题,包括传感器等数据采集设备以及数据接入到网关之前的传感器网络。感知节点有 RFID、传感器、嵌入式系统、IC 卡、磁卡、一维或二维的条形码等。

物联网感知层解决的是人类世界和物理世界的数据获取问题,包括各类物理量、标志、音频、视频数据,一般包括数据采集和数据短距离传输两部分,即通过传感器、摄像头等设备采集外部物理世界的数据,通过蓝牙、红外、ZigBee、工业现场总线等短距离有线或无线传输技术进行协同工作或者传递数据到网关设备。关键技术包括传感器技术、RFID 技术、条码识别技术、EPC 编码、GPS 技术、短距离无线通信技术以及信息采集中间件技术。

2)网络层

物联网的网络层:智慧连接,无所不容。物联网网络层是在现有网络(移动通信网和互联网)的基础上建立起来的,由汇聚网、接入网、承载网组成,承担着数据传输的功能。要求能够把感知层感知到的数据无障碍、高可靠性、高安全性地进行传送,解决了感知层所获得的数据在一定范围,尤其是远距离传输的问题。

汇聚网技术。主要采用短距离通信技术,如 ZigBee、蓝牙、Wi-Fi 等技术,实现小范围感知数据的汇集。

接入网技术。主要采用 6LoWPAN(实现 IPv6 协议的通信标准)及 M2M(为客户提供机器到机器的无线通信服务类型)架构实现感知数据从汇聚网到承载网的接入。

承载网技术。包括三网融合(电信网、广电网、互联网)、下一代移动通信网络技术(无处不在的感知识别)、光纤通信技术。

3)应用层

物联网的应用层:广泛应用,无所不能。应用层包括各类用户界面显示设备以及其他管理设备等,应用层也是物联网体系结构的最高层,实现了物联网的最终目的——将人与物、物与物紧密地结合在一起。应用是物联网发展的驱动力和目的,旨在解决信息处理和人机界面的问题,软件开发、智能控制技术将为用户提供丰富多彩的物联网应用。

物联网的应用层技术主要包括公共中间件(操作平台和应用程序之间通信服务的提供者)、云计算、人工智能(AI)、数据挖掘和专家系统。

4)公共技术

公共技术不属于物联网技术框架中的某个特定层面,与感知层、网络层和应用层都有关系,能够保证整个物联网安全、可靠地运行。它包括标志与解析、安全技术、网络管理和服务质量(QoS)管理。

7.6.3 物联网的典型应用

1. 物联网在智能交通方面的应用

智能交通系统(Intelligent Transportation System,ITS)是将信息技术、通信技术、传感技术及微处理技术等有效地集成运用于交通运输领域的综合管理系统。目标是将道路、驾乘人员和交通工具有机结合在一起,建立三者间的动态联系,使驾驶员能实时地了解道路交通以及车辆情况,减少交通事故,降低环境污染,优化行车路线,以安全和经济的方式到达目的地;同时管理人员通过对车辆、驾驶员和道路信息的实时采集来提高管理效率,更好地发挥交通基础设施效能,提高交通运输系统的运行效率和服务水平,为人们提供高效、安全、便捷、舒适的出行服务。

1) 共享单车

共享单车(Bicycle-sharing)是指在校园、地铁站点、公交站点、居民区、商业区、公共服务区等提供自行车单车共享服务,是共享经济的一种新形态。

一扫即开的智能锁,实现快速找车还车。单车智能锁内集成了嵌入式芯片、GPS 模块和 SIM 卡,能快速地定位附近的自行车,并可监控其在路上的具体位置。

实时定位的防盗系统。智能锁内置了振动传感器,可采集震动强度信息,当剧烈破坏行为引起的振动强度超过了预先设定的阈值时,振动传感器就会唤醒定位模块实时地采集定位信息,同时指示报警模块进行报警。

2) 快速公交

快速公交(Bus Rapid Transit,BRT)是公交公司采用的一种新型交通模式,以高效、快速、载客量大、建设周期短、成本相对较低等优点,成为解决城市"堵局"之首选,采用物联网技术中的无线传感 BRT 信号和优先控制系统,保证 BRT 车辆快速、准点、可靠地到达目的地。

例如,当交通拥堵的时候,交通路口通过传感天线测量快速公交的距离,然后以此来规划红绿灯的切换周期,以保证在下一辆快速公交车到达路口的时候,正好是绿灯,这样就减少了 BRT 车辆的等待时间。快速公交(BRT)如图 7-27 所示。

3) 不停车收费系统

不停车收费系统(Electronic Toll Collection,ETC)是通过安装在车辆挡风玻璃上的车载电子标签与收费站 ETC 车道上的微波天线之间的微波专用短程通信,利用计算机联网技术与银行进行后台结算处理,实现车辆通过路桥收费站时不用停车交纳路桥费。

不停车收费系统 ETC 以星状拓扑结构连接车道计算机为主,远距离视频识别系统设备、信号灯、显示牌和红外车辆检测器等,利用微波自动识别技术,通过设备自动完成对通行车辆的收费工作。

4) 汽车防碰撞预警系统

车辆间防追尾与防碰撞预警系统的原理是利用卫星导航系统定位车辆的位置与行驶方向,通过无线网将信息传送到距离 300～400m 的其他车辆上,实现双方动态测距。当发现两车相会并且各自的前行速度与方向有超出安全范围的趋势时就立即发出警报,提醒双方驾驶员注意并提示立即采取相应措施,也会在司机该刹车却未刹车的情况下,车上计算机系统自动刹车,避免追尾或碰撞事故发生。防碰撞预警系统如图 7-28 所示。

图 7-27　快速公交(BRT)

图 7-28　防碰撞预警系统

2. 物联网在智能物流方面的应用

智能物流系统(Intelligent Logistics System,ILS)是在智能交通系统相关信息技术的基础上,以电子商务方式运作的现代物流服务体系,通过相关信息技术完成物流作业的实时信息采集,并在一个集成环境下对采集的信息进行分析和处理。ILS通过在各个物流环节中的信息传输,为物流服务提供商和客户提供详尽的信息和咨询服务。

1) LOGWIN 采用 RFID 追踪轮胎的装配和运送

奥地利国际物流提供商 LOGWIN 业务之一是为汽车制造商和轮胎批发商提供轮胎装配和仓储服务。由于轮胎外观相似,LOGWIN 面临着可能混淆顾客轮胎的风险,早在 2007 年初就实施了一套条形码系统来追踪轮胎。但是这也存在一些问题,如由于磨损,使一些条形码不可读,且工人经常不得不转动重达 16kg 的轮胎来定位条形码进行扫描。

后来,公司采用 RFID 射频识别系统来追踪轮胎,正确装配轮胎后,会在每个轮胎上贴一张具有黏附性的 RFID 标签。轮胎被装载到货盘上,经过一对金属框架,金属架安装两台阅读器,翼侧配备一条自动传送带。如果阅读器识别某个批次的轮胎数量齐全、类别正确,仓库管理系统就会通过货盘存放的区域,传送带将轮胎货盘传送到存储区域。

2) 麦德龙的"未来商店"

德国麦德龙集团是世界上第四大零售商,其旗下的一些超市被改造成了"未来商店",这一改造使 RFID、智能货架、智能秤等技术应用更加成熟,同时削减了业务的运营成本。RFID 是"未来商店"里最重要的技术,在货物→供应商→配送中心→商场货架的过程中发挥着跟踪作用,主要目的是优化供应链,避免缺货现象。

(1) 货品管理。货物到"未来商店"后通过商场后面入口处的 RFID 大门进入,每个托盘和包装箱上安装的芯片数据会被读取,所有货物被登记为"收到"。每一个货位也都装有一个"聪明芯片",经过扫描进入商场的商品管理系统,这样商品的位置和数量就变得清晰透明了,员工拿着货物走出库房,往货架上补货时通过一个 RFID 读取器,商品包装盒上的芯片会再一次被读取,"已被放到货架"的数据就会立即被传送到商品管理系统中,退回到存放区域的货物在经过存货间门口时也要被读取,这样一件货物就不会同时在货架上和存货间里留有记录了。

(2) 智能货架。"未来商店"货架上的电子标签可以显示商品的即时价格,同时商场经理们可以在几秒钟之内调整商品的价格,一小时之内则可以调整多达 40000 件货物包装单元的价格。智能货架不仅可以在需要补货的时候通知库房,而且还支持质保功能,能够在商品过保质期的时候自动通知商场员工。

(3) 智能购物车。顾客在商场购物时必须使用购物车,购物车同时也装有 RFID,商场入口处的读取器能够告诉商场经理有多少购物车进入或离开商场。根据这些数据,商场也可以决定开通多少条结账通道。购物车上的平板电脑,也叫作个人购物助理,可以显示商品的位置,告诉顾客应该走哪一条通道,帮助顾客准确而快速地找到具体的货架。个人购物助理可以显示顾客的购物清单,顾客用个人购物助理卡扫描放在购物车里的商品,电脑则会通过无线局域网把商品的价格信息传送到收款台。在结账出口处,收款系统就会自动显示购物待付款的总额。智能购物车如图 7-29 所示。

图 7-29　智能购物车

3. 物联网在智能家居方面的应用

智能家居又称为智能住宅,是以家庭住宅为平台,利用综合布线技术、网络通信技术、安全防范技术、自动控制技术、音频和视频技术,将与家居生活有关的设施集成,构建高效的住宅设施与家庭日程事物的管理,提升家居的安全性、便利性、舒适性,并营造环保节能的居住环境。

4. 物联网在智能农业方面的应用

智能农业是指在相对可控的环境条件下,采用工业化生产,实现集约、高效、可持续发展的现代农业生产方式。智能农业集科研、生产、加工、销售于一体,实现周年性、全天候、反季节的企业化规模生产;集成现代化生物技术、农业工程、农用新材料等学科相关技术,以现代化农业设施为依托,实现科技含量高、产品附加值高、土地产出率高和劳动生产率高的目标。

5. 物联网在医疗健康方面的应用

智能医疗是物联网利用传感器等信息识别技术,通过无线网络实现患者与医务人员、医疗机构、医疗设备的互动。致力于构建以病人为中心的医疗服务体系,可在服务成本、服务质量方面取得一个良好的平衡。建设智能医疗体系能够解决当前看病难、病例记录丢失、重复诊断、疾病控制滞后、医疗数据无法共享、资源浪费等问题,实现快捷、协作、经济、可靠的医疗服务。

6. 物联网在智慧城市方面的应用

智慧城市是智慧地球的重要组成部分,指充分利用物联网、传感网,涉及智能楼宇、智能家居、路网监控、智能医院、城市生命线管理、食品药品管理、票证管理、家庭护理、个人健康与数字生活等诸多领域,把握新一轮科技创新和信息产业浪潮的重大机遇,充分发挥信息通信产业发达、RFID 相关技术领先、电信业务及信息化基础设施优良等优势,通过建设信息通信基础设施、认证、安全等平台和示范工程,加快产业关键技术攻关,构建城市发展的智慧环境,形成基于海量信息和智能过滤处理的新的生活、产业发展、社会管理等模式,让城市中各个功能彼此协调运作,为企业提供优质的发展空间,为市民提供更高的生活品质。

1）智慧城市发展

1993 年,全球进入信息化高速公路建设阶段,信息化高速公路的理念最早由美国提出,随即蔓延到全世界。1998 年,时任美国副总统的戈尔做了一个关于数字地球的报告。2006 年,物联网、云计算开始应用。2008 年,IBM 公司在奥巴马政府组织的会议上提出智慧城市的概念。经过多年的探索,中国的智慧城市建设已进入新阶段,一座座更高效、可持续发展的城市正在应运而生。数据统计显示,截至 2017 年底,中国已有超过 500 个城市均已明确提出建设或正在建设智慧城市。

2）智慧城市特点

全面互连。遍布各处的智能传感设备将城市公共设施物联成网,对城市运行的核心系统实时感测。

充分整合。物联网与互联网系统完全连接和融合,将数据整合为城市核心系统,提供智慧的基础设施。

激励创新。鼓励政府、企业和个人在智慧基础设施之上进行科技和业务的创新应用,为城市提供源源不断的发展动力。

协同合作。基于智慧的基础设施城市里的各个关键系统和参与者进行和谐高效的协作,达到城市运行的最佳状态。

7. 物联网在智能旅游方面的应用

智能旅游是利用物联网的先进技术,通过互联网或移动互联网,借助便携式终端上网设备,主动感知旅游资源、旅游活动等方面的信息,便于游客及时安排和调整旅游计划,达到对各类旅游信息的智能感知和方便使用的效果。

8. 物联网在智能工业方面的应用

智能工业通过物联网与服务联网的融合来改变当前的工业生产与服务模式,将各个生产单元全面联网,实现物与物、人与物的实时信息交互与无缝连接,使生产系统按不断变化的环境与需求进行自我调整,从而大幅提升生产制造效率、改善产品质量、降低产品成本和资源消耗,将传统工业提升到智能工业的新阶段。

山东济宁的许厂煤矿将信息化与工业化深度融合,应用物联网技术和移动通信技术,实现了"智能矿山"的愿望。煤矿智能化的一个重要表现,就是在煤矿的井上、井下安装各类传感设备,如瓦斯传感器、一氧化碳传感器等,对井下环境信息进行实时采集,并通过射频技术、传感等技术将采集来的信息进行处理,传送到管理人员的设备上,从而实现数字监控。进入巷道的工作人员必须随身携带标志卡,当持卡人员经过设置识别系统的地点时,会被系统识别,系统将读取该卡号信息,通过系统传输网络,将持卡人通过的路段、时间等信息传输到地面监控中心进行数据管理,并可同时在地理信息屏幕墙上出现提示信息,显示通过人员的姓名。巷道一旦发生安全事故,监控中心在第一时间就可以知道被困人员的基本情况,救援队通过移动式远距离识别装置,可在 80m 的范围内快速探测锁定遇险人员的位置,便于救护工作的安全和高效运作,便于事故救助工作的开展。

7.7 本章小结

本章对计算机网络技术的概念、软硬件、体系结构及其应用作了详尽的介绍,针对当前与计算机网络相关的移动互联网与物联网两大技术的定义、特点和应用进行了系统描述。

7.8 赋能加油站与扩展阅读

IP 地址与子网的规划。一个公司有 5 个部门,每个部门有 20 个人,公司申请了一个201.1.1.0/24 的网络,请你为该公司做一下 IP 地址规划。注意,需要算出每个子网的主机数、子网掩码、可用的子网。

请举例说明分层分类管理思想的具体应用。

在生活中还有哪些物联网的应用实例? 谈谈你对物联网的看法与思考。

请尝试给出一份关于智能家居网络的设计方案。

扩展阅读

7.9 习题与思考

1. 什么是计算机网络? 计算机网络的拓扑结构有哪几种? 各自有什么特点?

2. 简述计算机网络发展简史。

3. 计算机网络的主要功能有哪些?

4. 简述 TCP/IP。

5. 什么是 IP 地址? 什么是域名地址? 什么是 MAC 地址?

6. 常见的 Internet 接入方式有哪几种?

7. 计算机网络传输介质有哪些? 各自有什么特点?

8. Internet 的应用有哪些?

9. 什么是 URL? URL 的一般格式及各部分含义是什么?

第8章

信息安全与信息伦理

信息安全的概念在 20 世纪经历了一个漫长的历史阶段,在 20 世纪 90 年代得到了深化。进入 21 世纪,随着信息技术的不断发展,信息安全问题也日渐突出,如何确保信息系统的安全已成为全社会关注的问题。国际上对于信息安全的研究起步较早,投入力度大,已取得了许多成果,并得以推广应用。目前,中国已有一批专门从事信息安全基础研究、技术开发与技术服务工作的研究机构与高科技企业,形成了中国信息安全产业的雏形。但由于中国专门从事信息安全工作技术人才严重短缺,阻碍了中国信息安全事业的发展。

信息伦理是指涉及信息开发、信息传播、信息管理和利用等方面的伦理要求、伦理准则、伦理规约,以及在此基础上形成的新型的伦理关系。信息伦理又称为信息道德,它是调整人们之间以及个人和社会之间信息关系的行为规范的总和。

8.1 信息安全

8.1.1 信息安全概述

1. 信息安全的定义

随着计算机网络的重要性和对社会的影响越来越大,大量数据需要进行存储和传输,偶然或恶意的原因都有可能造成数据的破坏、泄露、丢失或更改。因此,信息安全的根本目标是使信息安全体系不受外来的威胁和侵害。

信息安全是指信息系统(包括硬件、软件、数据、人、物理环境及其基础设施)受到保护,不会因偶然的或者恶意的原因而遭到破坏、更改和泄露,保障系统连续可靠的正常运行和信息服务不中断,最终实现业务的连续性。

2. 信息安全的特征

(1) 完整性和精确性。信息安全的完整性和精确性是指信息在存储或传输过程中保持不被改变、不被破坏和不丢失的特性。

(2) 可用性。信息安全的可用性是指信息可被合法用户访问并按要求的特性使用。

(3) 保密性。信息安全的保密性是指信息不泄露给未经授权的个人、实体或供其利用的实体。

(4) 可控性。信息安全的可控性是指具有对信息的传播及存储的控制能力。

8.1.2 计算机病毒及其防范

1．计算机病毒概述

1988 年 11 月美国康奈尔大学的研究生罗伯特·莫里斯（Robert Morris）利用 UNIX 操作系统的一个漏洞，制造出一种蠕虫病毒，导致连接美国国防部、美军军事基地、宇航局和研究机构的 6000 多台计算机瘫痪数日，这就是第一个在网络上传染的计算机病毒。

计算机病毒是指编制或者在计算机程序中插入的破坏计算机功能或数据、影响计算机使用并且能够自我复制的一组计算机指令或者程序代码。计算机病毒本身并不是存在于实际世界的病毒生物，简言之，计算机病毒就是编程人员人为编写的一段计算机代码程序。这种程序的产生并不是为了服务于人们的生产生活，而是为了对特定的计算机网络进行破坏，从而达到盗取数据和私人账户信息的目的。

2．计算机病毒分类

从不同的角度来看，计算机病毒有不同的分类方式。从功能的角度来区分，计算机病毒可以分为木马病毒和蠕虫病毒。从传播途径的角度来区分，可以分为邮件型病毒和漏洞型病毒。

1）木马病毒和蠕虫病毒

木马病毒是一种后门程序，它会潜伏在操作系统中窃取用户资料，如 QQ 密码、网上银行密码、游戏账号密码等。

蠕虫病毒的传播途径很广，可以利用操作系统和程序的漏洞主动发起攻击，每种蠕虫都有一个能够扫描到计算机当中的漏洞的模块，一旦发现后立即传播出去。由于蠕虫的这一特点，它的危害性也更大，可以在感染了一台计算机后通过网络感染这个网络内的所有计算机。当计算机被感染后，蠕虫会发送大量的数据包，所以被感染的网络速度就会变慢，也会因为 CPU、内存占用过高而产生或濒临死机状态。

2）邮件型病毒和漏洞型病毒

邮件型病毒是由 E-mail 进行传播的，病毒会隐藏在 E-mail 的附件中，利用伪造虚假信息，欺骗用户打开或下载该附件，有的邮件病毒也可以通过浏览器的漏洞来进行传播。这样，用户即使只是浏览了邮件内容，并没有查看附件，也同样会让病毒乘虚而入。与漏洞型病毒相比，邮件型病毒更容易被清除。

漏洞型病毒在 Windows 操作系统中的应用最为广泛，而 Windows 操作系统的系统操作漏洞非常多，微软公司会定期发布安全补丁，即便用户没有运行非法软件或者不安全连接，漏洞性病毒也会利用操作系统或软件的漏洞攻击计算机，如 2004 年风靡的冲击波和震荡波病毒就是漏洞型病毒的一种，它们造成了全世界网络计算机的瘫痪和巨大的经济损失。

3．计算机病毒的特点

（1）感染速度极快。

单机运行条件下，病毒仅仅会经过移动磁盘由一台计算机感染到另一台。在整个网络系统中能够通过网络通信平台来进行迅速的扩散。结合相关的测定结果，在计算机网络正常运用的情况下,若一台工作站存在病毒,会在短短的十几分钟之内感染几百台计算机设备。

(2) 扩散面极广。

在网络环境中,病毒的扩散速度很快,且扩散范围极广,会在很短时间内感染局域网之内的全部计算机,也可经过远程工作站将病毒在短暂时间内快速传播至千里以外。

(3) 无法彻底清除。

若病毒存在于单机之上,可采取删除携带病毒的文件或低级格式化硬盘等方式来彻底清除掉病毒。若在整个网络环境中一台工作站无法彻底进行杀毒处理,就会感染整个网络系统中的设备;还有可能一台工作站刚刚清除,瞬间就被另一台携带病毒的工作站感染。针对此类问题,如果只是对工作站开展相应的病毒查杀与清除,是无法彻底解决因病毒对整个网络系统所造成的危害的问题。

4. 计算机病毒的传播机理

病毒自身传播的工作目的就是复制和隐蔽自己。其能够被传播的前提条件是当计算机开启后病毒至少被执行一次,并且具备合适的宿主对象。

(1) 传播目标。

病毒的传播目标通常为可执行程序,具体到计算机中就是可执行文件、引导程序、BIOS和宏。传播目标可以是移动磁盘或硬盘引导扇区、硬盘系统分配表扇区、可执行文件、命令文件、覆盖文件等。病毒的传播目标既是本次攻击的宿主,也是以后进行传播的起点。

(2) 传播过程。

计算机病毒的传播过程和医学中病毒的传播过程是相似的。病毒首先通过宿主的正常程序潜入计算机,借助宿主的正常程序对自己进行复制。如果计算机执行已经被感染的宿主程序时,那么病毒将截获计算机的控制权,宿主程序主要有操作系统、应用程序和命令程序这3种,而病毒感染宿主程序主要有连接和代替两种途径。当已感染的程序被执行时,病毒将获得运行控制权且优先运行,然后找到新的传播对象并将病毒复制。

(3) 传播方式。

计算机病毒和传统生物病毒一样都需要有传播方式才能进行传播,其传播方式大致可以分为 E-mail、Web 服务器以及文件共享等。

E-mail 及附件。一些蠕虫病毒会利用漏洞隐藏于 E-mail 中,与此同时,向其他的系统用户发送一个副本来进行病毒传播。漏洞只是存在于浏览器中,但是可以通过 E-mail 邮件来进行传播。当用户打开邮件的一瞬间,病毒就已经完成传播过程。蠕虫病毒还可将病毒藏在 E-mail 的附件之中,再配上一段吸引人的文字,诱使人们打开附件,从而实现病毒的传播。

Web 服务器。计算机之间的信息交互是依靠 Web 服务器来进行的,有一些病毒会攻击 Web 服务器。例如,尼姆达病毒具有两种攻击方法:一种是它自身会检测红色代码Ⅱ病毒是否已经破坏了计算机,因为这种红色代码Ⅱ病毒会在侵入过程创建一个“后门”,计算机是无法察觉到这个“后门”的,但是任何恶意用户(指病毒编写人员)都可以使用这个后门任意进出和攻击计算机;第二种方法就是病毒本身会尝试利用计算机 Web 服务器的漏洞进行攻击,一旦成功找到这个漏洞,就会利用这个漏洞来感染计算机。

文件共享。Windows 系统自身可以通过设置,允许其他用户读取系统中的文件。这样就会导致安全性的急剧降低。在默认情况下,系统仅允许已授权的用户读取系统中的所有文件。如果被恶意用户发现系统允许其他人读写系统文件,系统中就可能被植入带有病毒的文件,再借由文件传输过程完成新一轮的病毒传播。

5．计算机病毒所带来的危害

(1) 电脑运行缓慢。

病毒运行时不仅要占用内存,还会中断、干扰系统运行,使系统运行缓慢。有些病毒能控制系统的启动程序,当系统刚开始启动或是一个应用程序被载入时,这些病毒将执行它们的动作,导致花更多时间来载入程序。例如,储存一页的文字若需 1s,但病毒可能花几秒或更长时间来寻找未感染的文件。

(2) 消耗计算机资源。

如果没有插入磁盘,但磁盘指示灯狂闪不停,这可能预示着计算机已经受到病毒感染了。很多病毒在活动状态下都是常驻内存的。如果没有运行多少程序时,系统却已经被占用了不少内存,这就有可能是中毒了。一些文件型病毒传染速度很快,在短时间内感染大量文件,每个文件的容量都有不同程度的增大,造成磁盘空间的严重浪费。

(3) 破坏硬盘和数据。

引导区病毒会破坏硬盘引导区信息,使计算机无法启动,硬盘分区丢失。例如,发现计算机读取 U 盘后,再也无法启动,而且用其他的系统启动盘也无法进入,则很有可能是中了引导区病毒。正常情况下,一些系统文件或是应用程序的大小是固定的,当你发现这些程序大小与原来不一样时,很有可能是中了病毒。

(4) 窃取隐私账号。

据统计,木马在病毒中的比重已占 70% 左右,而其中大部分都是以窃取用户信息、获取经济利益为目的,如窃取用户资料、网银账号密码、网游账号密码等。一旦这些信息失窃,将给用户带来不小的经济损失。

6．计算机病毒防治原则与策略

(1) 强化网络用户安全防范意识。

计算机用户需要强化自身的安全防范意识,不轻易下载陌生的文档,从而降低计算机感染病毒的风险。此外,网络用户在浏览网页时,对于陌生的网页不能轻易点击,主要是因为网页、弹窗中可能存在恶意的程序代码。网页病毒是传播广泛、破坏性强的网络病毒程序,计算机用户需要强化自身的网络安全以及病毒防范意识,严格规范自身的网络行为,拒绝浏览非法的网站,防止计算机遭到计算机病毒的侵害。

(2) 及时更新计算机系统。

计算机会定期地检测自身的不足与漏洞,并发布系统的补丁,计算机的网络用户需要及时下载这些补丁并安装,避免计算机病毒通过系统漏洞入侵到计算机中,进而造成无法估计的损失。计算机用户需要及时对系统进行更新升级,维护计算机安全,关闭不用的计算机端口,并及时升级系统安装的杀毒软件。利用这些杀毒软件,可以有效地监控病毒,从而对病毒进行有效的防范。

（3）科学安装防火墙。

在计算机网络的内外网接口位置安装防火墙也是维护计算机安全的重要措施之一,防火墙能够隔离内网与外网,有效地提高计算机网络的安全性。当计算机病毒程序要攻击计算机时,病毒只有先避开和破坏防火墙,才能够攻击计算机用户。防火墙的开启等级是不同的,计算机用户需要自主选择相应的安全等级。

（4）有效安装杀毒软件。

利用杀毒软件是比较常见的查杀计算机病毒的方法。随着计算机病毒的不断出现,人们开始认识到杀毒软件的重要性。当前的杀毒软件能够对计算机进行实时监测,并且杀毒软件以及病毒库的及时更新能够有效地查杀新型的计算机病毒。在一般情况下,杀毒软件能够很好地对病毒进行查杀,同时不会占用系统太多的资源,使用起来也比较方便,即使计算机已被感染,也能够在短时间内自救。

（5）做好数据文件的备份。

计算机病毒入侵到计算机中,可能导致计算机系统出现瘫痪。因此,计算机用户在日常使用中需要备份计算机中的重要数据与文件。通过这样的方法,减少计算机病毒可能给计算机用户造成的损失。

8.1.3　网络安全

如今,信息技术飞速发展,人们的生活和工作已经离不开计算机和网络。在享受网络带来便利的同时,网络的安全问题也不能忽视。由于网络的开放性和共享性,软、硬件的缺陷和漏洞,计算机网络极易受到计算机病毒和黑客的攻击。因此,掌握网络安全知识和技术尤为重要。

【案例思考】

回顾2018年韩国平昌冬奥会安保问题,令人印象深刻的便是当天奥组委服务器遭遇黑客攻击,奥组委官网死机12小时,比赛场馆附近网络瘫痪,观赛门票无法打印导致观众无法正常入场。据国际知名安全公司McAfee报告,针对韩国平昌冬奥会,黑客组织开展了鱼叉式网络钓鱼攻击。攻击目标：@pyeongchang2018.com账号的相关用户。伪装身份：假装来自韩国国家反恐中心（NCTC）邮件,实际上邮件从新加坡发出。伪装内容：韩文编写,附件为含恶意宏的Word文档。当时NCTC正在为冬奥会进行反恐演习,邮件中特地提到了反恐演习,以骗取收件人信任,增加打开附件的概率。攻击手段：攻击者首先将恶意软件作为超文本应用程序文件嵌入恶意文档中。当用户打开文档时,韩文提示用户启用宏。当用户单击"启用宏"按钮时,恶意文档便启动PowerShell脚本,执行恶意软件。

1. 网络黑客

黑客起源于20世纪50年代美国麻省理工学院的实验室。20世纪60～70年代,"黑客"用于指代那些独立思考、奉公守法的计算机迷。到了20世纪80～90年代,计算机越来越重要,大型数据库也越来越多,同时,信息越来越集中在少数人的手里,这样一场新时期的

"圈地运动"引起了黑客们的极大反感。黑客认为,信息应共享而不应被少数人所垄断,于是他们将注意力转移到涉及各种机密的信息数据库上,这时"黑客"变成了网络犯罪的代名词。

黑客就是利用计算机技术和网络技术,非法侵入、干扰、破坏他人的计算机系统,或擅自操作、使用、窃取他人的计算机信息资源,对电子信息交流和网络实体安全具有威胁性和危害性的人群。黑客攻击网络的方法是不停地寻找 Internet 上的安全缺陷,以便乘虚而入。

2. 漏洞

漏洞是在硬件、软件、协议的具体实现或系统安全策略上存在的缺陷,从而可以使攻击者能够在未经授权的情况下访问或破坏系统。

(1) 软件漏洞。

软件漏洞即软件 bug,如缓冲区溢出等。下面 C 语言的代码段中,传给 str 的字符串长度超过 20 时,C 语言程序不做边界检查,超过的字符同样会写入缓冲区,这时就会造成缓冲区溢出,造成程序堆栈中的数据被破坏,导致程序崩溃。

```
void func (char * str)
{
char buf[20];
strcpy (buf,str);
}
```

(2) 系统漏洞。

系统漏洞即系统配置不当,如开放不安全端口等。为了方便网络通信,通常会开放一些网络端口,若不用时也处于打开状态,这就给攻击者有机可乘,比如勒索病毒就是利用 445 文件共享端口入侵传播的。

(3) 协议漏洞。

协议漏洞是指计算机网络协议存在的不安全因素,如 TCP/IP 中的明文传输。Internet 基于 TCP/IP,而 TCP/IP 最初设计时,主机之间通信数据都采用明文传输。这是由于网络设计的初衷是为共享资源、数据通信提供便利,并没有考虑安全问题。

3. 网络攻击的主要方法

网络攻击是指利用网络存在的漏洞和安全缺陷对网络系统的硬件、软件及其系统中的数据进行的攻击。常用的网络攻击手段包括计算机病毒、口令入侵、嗅探、欺骗等。计算机病毒已在前面的内容中做过介绍,此处不再赘述。

(1) 口令入侵。

攻击者通常将破解用户的口令作为攻击的开始,通过猜测或破译口令后,黑客获得网络的访问权,从而潜入网络内部,非法获得资源或实施攻击行为。口令入侵的主要方法有词典攻击、暴力破解。

① 词典攻击。黑客在破解密码时,逐一地尝试用户自定义词典中的密码(单词或短语)。使用一部 10 000 个单词的词典一般能猜测出系统中的 70% 的口令,并且能在很短的时间内完成。

② 暴力破解。暴力破解采用穷举法,是从长度为 1 的字符开始,按长度递增,尝试所有

可能的字符组合的攻击方式。由于人们往往偏爱简单易记的口令，暴力破解的成功率很高。

口令安全策略主要包括：设置排列合理的口令，如采用字母、数字、符号等组合，长度最好为 8 位以上，不能是生日、姓名、手机号码和单词等；保护口令，如不能泄露给他人、加密、定期更改和使用动态口令等；加强用户安全意识，加强系统的安全性，避免感染木马等恶意程序。

（2）嗅探。

嗅探是指利用嗅探器窃听网络上流经的数据包。攻击者就是利用一些欺骗手段，如 MAC 欺骗、ARP 欺骗，将自己伪装成其他受信任的主机，欺骗交换机将数据包发给自己，嗅探分析后再转发出去。

常用的嗅探器包括 SmartSniff、Sniffer Pro 等。其中，SmartSniff 是一款小巧的绿色工具，它可以捕获 TCP/IP 数据包，并且可以按顺序查看客户端与服务器之间会话的数据。SmartSniff 嗅探器界面如图 8-1 所示。

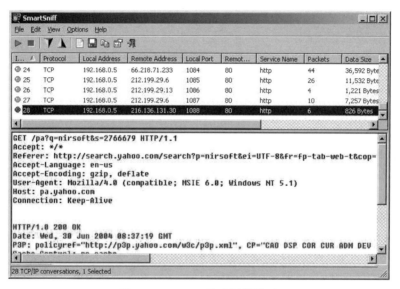

图 8-1　SmartSniff 嗅探器界面

防范嗅探的方法有数据加密，MAC 地址与交换机端口绑定，IP 地址与 MAC 地址绑定，利用 VLAN 虚拟局域网技术等。

（3）欺骗。

欺骗攻击是利用 TCP/IP 漏洞等缺陷进行的攻击行为，包括 IP 欺骗、Web 欺骗、ARP 欺骗等。欺骗攻击不是进攻的目的，而是实施攻击的手段。

① IP 欺骗。黑客通过伪造 IP 地址，将某台主机冒充为另一台主机，IP 欺骗的过程：假设攻击者 C 已找到要攻击的主机 A；发现与主机 A 有关的信任主机 B；利用某种方法攻击主机 B，使其瘫痪；通过与主机 A 某端口连接，获取主机 A 的 TCP 连接初始化序列号（ISN）；利用 ISN 号，攻击者 C 向主机 A 发送请求，源 IP 地址改为主机 B 的，主机 A 向主机 B 的 IP 地址发送响应，主机无法收到；攻击者 C 再次伪装成主机 B，利用预测的 ISN+1 向主机 A 发送请求，预测正确，则攻击者 C 与主机 A 建立连接。IP 欺骗示意图如图 8-2 所示。

防范 IP 欺骗的方法有：交换机控制每个端口只允许一台主机访问，IP 地址和 MAC 地

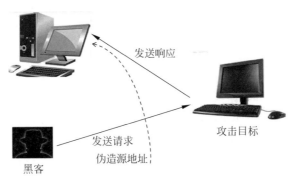

图 8-2 IP 欺骗示意图

址绑定等。

② Web 欺骗。Web 欺骗通常指网络钓鱼攻击,其原理为切断被攻击主机与 Web 服务器之间的正常连接,建立一条被攻击主机、攻击主机、真正 Web 服务器之间的连接。这样,攻击者就能够截获被攻击者和 Web 之间的信息,从而得到合法的用户名和密码等敏感信息。

Web 欺骗的方法:改写 URL,将 URL 地址前面加上攻击者的 Web 服务器的地址;诱骗用户浏览其伪造的 Web 站点,地址栏或状态栏通常会显示链接信息,为了不显示欺骗信息,攻击者通常利用 JavaScript 编程将改写后的状态显示为改前的状态,使之更为可信。

防范 Web 欺骗应注意,使用超链接时要保持检查域名的习惯,尽量少用浏览器中的 JavaScript ActiveX 等功能。

4. 网络安全的防御技术

(1) 加密技术。

密码学是研究编制密码和破译密码的技术科学。密码学的专业术语主要有密钥、明文、密文、加密、解密及密码算法等。

密钥分为加密密钥和解密密钥,可以是一个单词、一串数字或字符,通常记为 K;明文是没有加密的原始数据,通常记为 M;密文是经过加密处理之后的数据,通常记为 C。

加密是将明文转换为密文的过程;解密是将密文还原为明文的过程。密码算法分为加密算法和解密算法。加密算法是基于密钥 K,将明文 M 变换为密文 C 的函数 E,即 $C = E(M, K)$;解密算法是基于密钥 K,将密文 C 还原为明文 M 的函数 D,即 $M = D(C, K)$。

根据密钥的数量,可以将密码体制分为两类:对称密钥密码体制和非对称密钥密码体制。

① 对称密码。对称密码的特征是发送方和接收方共享相同的密钥,即加密密钥与解密密钥相同,对称加密如图 8-3 所示。

传统对称密码加密时所使用的两个技巧是代换和置换。代换法是将明文字母替换成其他字母、数字或符号的方法,如果将明文看作是二进制序列,那么代换就是用密文位串来代换明文位串;置换法是另外一种传统的加密方法,置换密码是通过置换而形成新的排列,单纯的置换密码因与原始明文有着相同的字母频率特征而容易被识破,多步置换密码相对来讲要安全得多,但复杂的置换是不容易构造出来的,可以采用置换法再反复加密几次,将会隐藏更多的字母频率特征,破坏原有的规律性,增加破解的难度。

对称密码的优点是加解密处理速度快,而缺点同样明显,突出表现在密钥管理和分发复杂、代价高。当多人通信时密钥组合的数量会出现爆炸性增长,使密钥分发更加复杂化,n个人进行两两通信,总共需要的密钥数为 $n(n-1)/2$ 个。密钥是保密通信安全的关键,发送时必须安全、妥善地把密钥护送到接收方,不能泄露其内容。如何才能把密钥安全地送到收信方,是对称密码算法的突出问题。

② 非对称密码。非对称密码也称为公开密钥密码。1976 年 Diffie 和 Hellman 第一次提出了公开密钥密码的概念,开创了一个密码新时代。公开密钥密码体制中,一个用户有两个密钥,即公钥 K_e 和私钥 K_d,K_e 是公开的,K_d 是保密的。当用户甲发送信息给用户乙时,用户甲获得用户乙的公钥 K_e;利用乙的公钥 K_e 执行加密算法 E,将明文 M 加密,得到密文 C:$C=E(M,K_e)$;用户乙收到密文 C 后,用自己的私钥执行解密算法 D,得到明文 M:$M=D(C,K_d)$。非对称加密如图 8-4 所示。

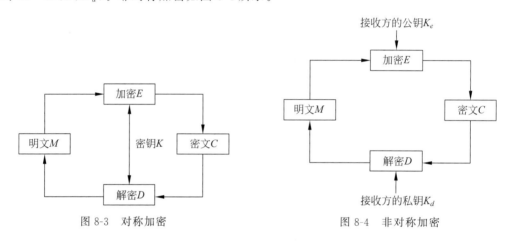

图 8-3　对称加密　　　　　图 8-4　非对称加密

非对称加密的优点是它从根本上克服了对称密码在密钥分配上的困难,且易于实现数字签名。当 n 个人进行通信,需要的密钥数为 $2n$ 个。然而,由于非对称加密通常依赖于某个难题的问题设计,虽然安全性高,但降低了加解密效率。非对称加密中的私钥必须保密,而公钥可以公开发布。

③ 数字签名。数字签名又称为公钥数字签名,是只有信息的发送者才能产生的别人无法伪造的一段数字串。这段数字串同时也是对信息真实性的一个有效证明,与写在纸上的普通的物理签名类似,但它是由公钥加密领域的技术来实现的,用于鉴别数字信息的方法。一套数字签名通常定义两种互补的运算:一种用于签名;另一种用于验证。数字签名是非对称密钥加密技术与数字摘要技术的应用。一种完善的数字签名机制应满足以下 3 个条件:签名者事后不能抵赖自己的签名;其他任何人不能伪造签名;如果当事人双方关于签名的真伪发生争执,能够通过验证签名来确认其真伪。

(2) 认证技术。

① 消息认证。消息认证是指接收方收到发送方的消息后,能够验证收到的消息是否是真实的和未篡改的,包括消息内容认证、消息的源和宿认证及消息的序号和操作时间认证等。消息认证在票据防伪中具有重要作用,如税务的金税系统和银行的支付密码器。

消息认证所用的摘要算法与一般的对称或非对称加密算法不同,它并不用于防止信息被窃取,而是用于证明原文的完整性和准确性,也就是说,消息认证主要用于防止信息被篡改。

② 身份认证。在现实生活中,个人身份主要是通过各种证件来确认的,如身份证、户口本等,计算机网络信息系统中,各种计算资源(如文件、数据库、应用系统)也需要认证机制的保护,确保这些资源被应该使用的人使用。身份认证是对网络中的主体进行验证的过程,用户必须提供其身份的证明。身份认证往往是许多应用系统中安全保护的第一道设防,身份认证的失败可能导致整个系统的失败。身份认证的基本手段包括静态密码方式、动态口令认证、USB KEY 认证以及生物识别技术等。

(3) 防火墙。

防火墙是一种位于内部网络与外部网络之间的网络安全系统,也是信息安全的防护系统。依照特定的规则,允许或限制传输的数据通过,防火墙示意图如图 8-5 所示。

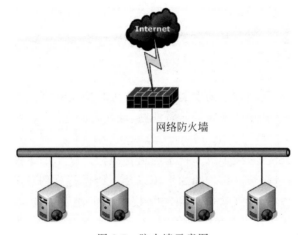

图 8-5 防火墙示意图

防火墙是一种综合性技术,涉及计算机网络技术、密码技术、安全技术、软件技术、安全协议、网络标准化组织 ISO 的安全规范以及安全操作系统等多方面。防火墙应具有的基本功能有以下 5 点。

① 过滤进出网络的数据包,只有满足条件的数据包才允许通过,否则被抛弃,从而有效地防止恶意用户利用不安全的服务对网络进行攻击。

② 管理进出网络的访问行为,允许授权的程序访问,封堵某些禁止的访问行为。

③ 记录通过防火墙的信息内容和活动的安全日志,同时提供网络使用情况的统计数据。

④ 关闭不适用的端口,禁止特定端口的通信,封锁特洛伊木马。

⑤ 对网络攻击进行检测和警告。

(4) 入侵检测。

入侵检测是一种对正在发生或已经发生的入侵行为的发现和识别的过程。入侵检测是一种动态的安全防护手段,能主动地寻找入侵信号,给网络和主机系统提供对外部攻击、内部攻击和误操作的安全保护,是一种增强系统安全的有效方法。

入侵检测系统(Intrusion Detection System,IDS)是一种能对网络传输进行即时监视,在发现可疑传输时发出警报或者采取主动反应措施的网络安全设备。

IDS 的两大职责是实时监测和安全审计。实时监测指实时地监视、分析网络和系统中所有的数据信息,发现并实时处理所捕获的数据信息。安全审计通过对 IDS 记录的网络和系统事件进行统计分析,发现其中的异常现象,统计出系统的安全状态数据,找出所需要的证据。

根据系统检测对象的不同,IDS 划分成基于网络数据包分析的 NIDS(Network Based Intrusion Detection System)和基于主机分析的 HIDS(Host Based Intrusion Detection System)两种基本类型。

HIDS:检测系统安装在主机上,以主机的审计数据、系统日志、应用程序等为数据源,主要对主机的网络实时连接以及主机进行分析和判断,发现可疑事件并作出响应。

NIDS:网络上的监听设备(或一个专用主机),通过监听网络上的所有报文,根据协议进行分析,对网络中的入侵行为报警或切断网络连接。

8.2 信息伦理

随着计算机的普及、网络技术的发展和信息资源共享规模的扩大,也带来了一系列的问题,信息化社会面临着信息安全问题的严重威胁,如病毒问题、网络用户隐私泄露问题、黑客攻击问题等。

作为信息时代的公民,必须了解新技术的道德风险。技术的迅速变化意味着个人面临的选择也在迅速变化,风险与回报之间的平衡以及对错误行为的理解也会发生变化。而且由于信息全球化的趋势逐渐加强,信息和网络技术的飞速发展冲击着社会生活的各个领域,改变了人类传统的生活方式和生存状态,在给人类带来机遇的同时,也衍生出一些对信息秩序造成影响的信息伦理问题。因此,提高大众的信息伦理水平,是现代社会的重要责任。

8.2.1 信息伦理的产生

伦理与道德在西方的词源意义是相同的,都是指人际行为应该遵守的规范。但在中国的词源意义却不同。伦理是整体,其含义包括人际关系规律和人际行为应该如何规范两个方面。而道德是部分,其含义仅指人际行为应该如何规范这一方面。伦理是通过道德规范来体现的,信息伦理是由每个社会成员的道德规范来体现的。

《大学》讲:"君子先慎乎德"。国以人为本,人以德为本。信息伦理道德是信息伦理的一个重要内涵,是信息社会每个成员应当具备且须遵守的道德行为规范。良好的信息伦理道德环境是信息社会进步和发展的前提条件。信息伦理的兴起与发展植根于信息技术的广泛应用所引起的利益冲突和道德困境以及建立信息社会新的道德秩序的需要。

8.2.2 信息伦理准则与规范

信息伦理作为规范信息活动的重要手段,具有信息法律所无法替代的作用。在世界上的许多国家和地区,除了制定相应的信息法律外,还通过民间组织制定信息活动规则,用伦理规约来补充法律的不足。全球信息伦理整合构建的基本原则包括底线原则和自律原则。

1. 底线原则

对于世界上所有国家和地区共同面对的全球性伦理问题,信息活动最基本的伦理要求包括如下 4 个原则。

(1) 无害原则。

无害原则是指信息的开发、传播、使用的相关人群,在信息活动中都尽量避免对他人造成伤害。

(2) 公正原则。

公正原则是指公平地维护所有信息活动参与者的合法权益。对于专有信息,他人在取得信息权利人的同意后,有时还要在支付费用的前提下,才可以使用专有信息,否则,侵权使用专有信息就是违背了公正原则;对于公共信息,要注意维护其共有共享性,使其最大限度地发挥信息的使用价值,反对任何强权势力的信息垄断。

(3) 平等原则。

平等原则是指消息主体间的权利平等。每一个人、每一个国家,作为单一的信息权利主体,在同一类别主体的信息地位上,权利是完全平等的。

(4) 互利原则。

互利原则是指信息主体既享受权利,又承担义务;既享受他人带给自己的信息便利,又帮助他人实现信息需求。

2. 自律原则

(1) 自尊原则。

自尊原则是自律的基础,一个缺少自尊自爱的人是难以做到自觉自律的。自我尊严的养成是人格完善到一定程度的结果。

(2) 自主原则。

自主原则要求信息主体既能维护自己的信息自主权,又要尊重他人的信息权利。为了确保自主权利的正确实施,信息主体必须同时维护自己的知情权,通过合法渠道,尽可能地充分知晓信息开发、传播和使用过程,及其潜在的风险和可能的后果,能够对自主选择承担责任。

(3) 慎独原则。

"慎独"是儒家伦理的重要内容,慎独原则强调在一人独处时,内心仍然能坚持道德信念,一丝不苟地按照一定的道德规范做事。

(4) 诚信原则。

言必信,行必果。信息活动的严重失信行为会导致信息秩序的紊乱、无序,最终使信息活动无法进行。

8.2.3 计算机伦理、网络伦理

信息伦理学与计算机伦理学、网络伦理学虽具有密切的关系,但信息伦理学不完全等同于计算机理论学或网络伦理学,信息论理学有着更广阔的研究范围,涵盖了后两者的研究范围。

计算机伦理与网络伦理的研究范围既有相似、重合的地方,又有不同之处。计算机伦理是计算机从业人员应遵守的职业道德准则和规范的总和,计算机伦理学侧重于利用计算机的个体性行为或区域行为的伦理研究。网络伦理是指人们在网络空间中的行为所应该遵守的道德准则和规范的总和,网络伦理学主要关注不同文化背景的网络信息传播者和网络信息利用者的行为。

1. 计算机伦理

计算机伦理学是当代研究计算机信息与网络技术伦理道德问题的新兴学科。计算机伦理的内容主要包括以下 7 部分。

(1) 隐私保护。

隐私保护是计算机伦理学最早的课题。随着计算机信息管理系统的普及,越来越多的计算机从业者能够接触到各种各样的保密数据,这些数据不仅仅局限于个人信息,更多的是企业或单位用户的业务数据,它们同样是需要保护的对象。

(2) 计算机犯罪。

信息技术的发展带来了更多的犯罪形式。《中华人民共和国刑法》对计算机犯罪的界定包括:违反国家规定,侵入国家事务、国防建设、尖端科学技术领域的计算机信息系统的;违反国家规定,对计算机信息系统功能进行删除、修改、增加、干扰,造成计算机信息系统不能正常运行的;违反国家规定,对计算机信息系统中存储、处理或者传输的数据和应用程序进行删除、修改、增加的操作,后果严重的;故意制作、传播计算机病毒等破坏性程序,影响计算机系统正常运行的。

(3) 知识产权。

知识产权是指创造性智力成果的完成人或商业标志的所有人依法所享有的权利的统称。计算机行业是一个以团队合作为基础的行业,从业者之间可以合作,他人的成果可以参考、公开利用,但是不能剽窃。

(4) 软件盗版。

软件盗版问题是一个全球化问题,几乎所有计算机用户都在已知或未知的情况下使用着盗版软件。中国已于 1991 年宣布加入保护版权的《伯尔尼国际公约》,并于 1992 年修改了版权法,将软件盗版界定为非法行为。

(5) 计算机病毒。

计算机病毒破坏计算机功能,影响计算机使用,不仅在系统内部扩散,还会通过媒体传染给其他的计算机。

(6) 黑客。

黑客已成为人们心中的“骇客”,黑客是网络安全最大的威胁。由于 Internet 的出现和飞速发展给黑客活动提供了广阔的空间,使之能够对世界上许多国家的计算机网络连续不断地发动攻击。据统计,全世界现有约 20 万个黑客网站专门负责研究和传播各种最新的黑客技巧,每当一种新的袭击手段产生,一周内便可在世界范围内传播。

(7) 行业行为规范。

随着整个社会对计算机技术的依赖性不断增加,由计算机系统故障和软件质量问题所带来的损失和消费是惊人的。因此,必须建立行业行为规范。

2. 网络伦理

网络伦理危机的表现及危害主要有以下6个方面。

(1) 虚假信息的散布。

网络是一个虚拟存在的事物,虚拟性是其独有的特征之一,任何人都可以在网络上化身为一个虚拟的对象。通过各种渠道,散布未加证实或虚假的信息,污染网络环境,破坏网络秩序。在大量的网络信息中,尤以网络假新闻最为恶劣,一些电子商务运营商在网络中大肆地生产、传播虚假信息,损害正常的商业秩序。

(2) 国家安全问题。

网络已成为各个领域发展的重要基础,国家安全系于一"网"。网络安全作为一个日益突出的全球性和战略性的问题,对国家安全提出了重大的挑战,使国家安全面临着各种新的威胁。美国中央情报局局长约翰·多奇说:"到21世纪,计算机入侵可能成为仅次于核武器、生化武器的第三大威胁。随着国际形势的变化,黑客们越来越热衷于入侵国防部门、安全部门等强力机构的网站,刺探和窃取各种保密信息,从而给国家的安全造成巨大威胁。"

(3) 隐私权的侵犯。

隐私权是指公民个人生活不受他人非法干涉或擅自公开的权利。随着网络的兴盛,网络技术的使用,使得传统意义上的个人隐私被转化成为流动在虚拟网络上的符号,这一过程的出现使得个人隐私在网络中处于失控的边缘。

(4) 不良信息的充斥。

据有关部门统计,近60%的青少年犯罪是受到了网络不良信息的影响,多种信息传播手段的运用,也在一定程度上加剧了网络色情信息、虚假信息、诈骗信息、网络传销信息、骚扰信息等信息的传播。

(5) 网络知识产权的侵犯。

网络侵权主要表现在很多方面:在网页、电子公告栏等论坛上随意复制、传播、转载他人的作品;将网络上他人作品下载并出售;将他人享有版权的作品上传或下载使用,或超越授权范围使用共享软件,软件使用期满,不注册继续使用;网络管理的侵权行为等。

(6) 网络游戏挑战伦理极限。

网络游戏作为一种大众娱乐项目本无可厚非,但也有越来越多的人沉迷于网络游戏难以自拔,因此有人将网络游戏称为"电子海洛因"。

为净化网络空间,规范网络行为,需要从技术方面、法律方面和伦理教育方面着手,构建网络伦理。

技术的监控。通过防火墙和加密技术防止网络上的非法进入者;利用一些过滤软件过滤掉有害的、不健康的信息;限制调阅网络中不良内容等;通过技术跟踪手段,使有关机构可以对网络责任主体的网上行为进行调查和控制,确定网络主体应承担的责任。

加强法律法规建设。通过制定网络伦理规则来规范人们的行为,违背伦理规范应受到社会舆论的监督与惩罚。

加强伦理道德教育。伦理道德的内容就是人的行为准则和道德规范。通过信息伦理教育才能有效地让大众凭借内在的良心机制，依据自身的道德信念，自觉地选择正确的道德行为。

8.2.4　知识产权及保护

1. 知识产权基本知识

知识产权是指受法律保护的人类智力活动的一切成果。知识产权包括文学、艺术和科学作品；表演艺术家的表演及唱片和广播节目；人类一切活动领域的发明、科学发现；工艺品外观设计；商标、服务标记以及商业名称和标志；制止不正当竞争以及在工业、科学、文学或艺术领域内由于智力活动而产生的其他一切权利，一般分为著作权和工业产权两大类。

2. 知识产权的特点

（1）专有性。

专有性又称为独占性、垄断性、排他性，如同一内容的发明创造只给予一个专利权，由专利权人所垄断。

（2）地域性。

地域性即国家所赋予的权利只在本国国内有效，如要取得某国的保护，必须要得到该国的授权。

（3）时间性。

知识产权都有一定的保护期限，保护期失效，即进入公有领域。

8.3　本章小结

本章从信息安全与网络安全的概念入手，介绍了计算机病毒的定义、特点、危害及防治方法，针对网络安全常见的攻击方法，详述了相应的防治策略；在信息伦理中介绍了计算机伦理、网络伦理及知识产权的相关内容。

8.4　赋能加油站与扩展阅读

"人肉搜索"就是利用现代信息科技、广聚五湖四海的网友力量、由人工参与解答而非搜索引擎通过机器自动算法获得结果的搜索机制。有人认为：它有着打击违反犯罪行为、监督政府官员行为、为人排忧解难的正面效用；还有人认为：它会利用不正当的泄密当事人个人档案信息，侵犯当事人隐私权、名誉权，还有可能演变成"网络暴力"。可根据这方面观点利用所学的知识展开讨论或辩论。

搜索整理常见病毒（系统、木马、蠕虫、脚本、宏等）的特征、传播方式和防范方法，写一份调查报告。

"信息伦理是构建和谐信息社会有力手段"，谈谈对这句话的理解。

扩展阅读

8.5 习题与思考

1. 信息安全的目的是什么？信息安全的基本特征主要包括哪些？

2. 什么是计算机病毒？简述计算机病毒的特征和分类。如何预防计算机病毒？

3. 什么是黑客？什么是恶意软件？

4. 什么是防火墙？

5. 简述数据加密的概念。

6. 什么是信息伦理？

7. 什么是知识产权？

第9章

人工智能概述

近年来,各种关于人工智能的新闻和话题大量涌现,从扫地机器人、无人机到无人超市,人工智能技术正逐渐渗入人们生活的每一个角落,人工智能时代已悄然而至,人工智能技术的飞速发展正以颠覆性的力量改变着人类社会和世界的面貌。2017年7月,我国正式颁布了《新一代人工智能发展规划》,并在2018年的政府工作报告中明确提出"加强新一代人工智能研发应用"。对人工智能有所了解是时代发展对当代大学生的新要求。那么,究竟什么是人工智能?人工智能包含了哪些关键技术?这些技术又能在哪些领域进行实际应用?本章将针对上述问题逐一讲解。

9.1 初识人工智能

9.1.1 人类智能与人工智能

人工智能是一门新思想、新观念、新理论、新技术不断涌现的新兴前沿学科,是在计算机科学、控制论、信息论、神经心理学、哲学、语言学等多种学科研究的基础之上发展起来的综合性学科。人工智能自诞生之日起就引起了人们无限的想象和憧憬,但其理论发展跌宕起伏,像许多新兴学科一样,人工智能至今尚没有统一的定义,不同学科背景的人对人工智能有着不同的理解。在介绍人工智能的定义和内涵之前,先从词语结构上来简单分析一下"人工智能"的含义:"人工智能"的核心是"智能","人工"是定语,简单来讲,"人工智能"的字面意思就是"人工的智能"也可以说是"人造的智能"。众所周知,所谓"人造"即人类通过模仿自然而创造出来的事物。例如,人类模仿鸟类制造了飞机,模仿天然河流开凿了人工运河,模仿人类器官培植了人造器官、模仿真实的卫星创造了人造卫星、模仿天然蚕丝制造了人造丝等。与此相似,"人工智能"也是人类通过模仿创造出来的人造智能,那么模仿的对象是什么呢?就是人类智能。

人类智能是人类在漫长的进化过程中发展起来的,是人类认识世界和改造世界的关键。关于人类智能的起源和内涵也有着诸多来自不同学科、学派的探讨,这里不做具体展开,仅给出以下简要定义。

人类智能是指人类所具有的认识、理解客观事物并运用知识、经验等解决问题的能力,包括记忆、观察、想象、思考、判断等。既然人工智能是模仿人类智能创造的,那么人工智能也应该具有上述的特征,即能够认识事物并且运用知识和经验解决问题。

通过与人类智能的类比,"人工智能"已经有了一个较为模糊的影像,但仍然是缥缈而不可触及的。众所周知,人类智能的核心是大脑,而人工智能也有"大脑"。但它的"大脑"与人类的不同,人工智能的"大脑"是由一段段计算机算法构成的,人工智能思考的过程也就是计算程序执行的过程。人类依靠思考获得解决问题的方法,人工智能则依靠程序运行结果获得解决问题的方法。人类智能与人工智能的初步对比如表 9-1 所示。

表 9-1 人类智能与人工智能的对比

	人 类 智 能	人 工 智 能
智能来源	自然与进化	人类创造
智能核心	人脑	计算机算法
感知事物的途径	视觉、听觉等感觉器官	摄像头、麦克等各种电子传感器
知识的保存	大脑的记忆系统	计算机存储设备
寻找解决方法的过程	大脑的思维活动	运行计算机程序
采取行动的载体	人体	各种计算机硬件、机械装置等

人类创造人工智能的目的就是让机器能够像人一样会思考,代替人类去解决部分问题。那么什么样的机器才算是智能的呢? 这个问题也困扰了很多人,1950 年,计算机科学的创始人之一阿兰·麦席森·图灵(Alan Mathison Turing)就发表了一篇名为《计算机器与智能》的论文,提出了一个"模拟游戏"来测试和评定机器智能,这个模拟游戏被后人称为图灵测试。图灵测试示意图如图 9-1 所示。

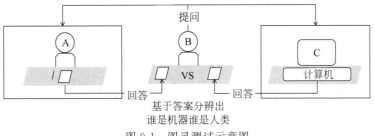

图 9-1 图灵测试示意图

图灵测试有 A、B、C 这 3 个参与者,A、B 是人类,C 是机器设备。A 和 C 被分别安置在不同的房间里;B 在房间外当裁判,B 不断地向 A 和 C 提出相同的问题。A 和 C 同时作答,提问和回答都通过纸条传递,即 B 并不能从感官上进行直接判断,只能通过问题的回答情况来进行判断。如果在若干轮问答之后,B 仍然无法判断出 A 和 C 谁是人类谁是机器,那么就可以认为机器 C 具有智能。显然,图灵测试的核心并不是机器能否和人对话,而是机器能不能表现出与人等价或无法区分的智能。图灵测试常被认为是判断机器是否能够思考的标志性试验。阿兰·麦席森·图灵首次对于"机器"和"思考"的含义进行了探索,从而为后来的人工智能科学提供了一种创造性的思考方法。论文中,图灵还对人工智能的发展给出了非常有益的建议。他认为,与其去研制模拟成人思维的计算机,不如去试着制造更简单的系统,如类似于一个幼儿智能的人工系统,然后再让这个系统不断地学习。这种思路正是今天用机器学习方法来求解人工智能问题的核心指导思想。从图灵测试的设计可以看出,图灵理想中的人工智能应能够实现与人类智能的无差异化。图灵开启了人类对于人工智能未来的美好想象,从那时起,人类便前赴后继地开展着与人工智能相关的一系列研究。目前,人工智能技术尚没有实现图灵的伟大愿景,本书所探讨的人工智能更为宽泛,并不把通过图灵测试作为机器具有智能的严格准则,但图灵测试仍是帮助大家认识人类智能与人工智能关系的一个重要辅助。

9.1.2　人工智能的定义

在人工智能的发展史上,图灵让人工智能从 0 走到 1,而在人工智能从 1 扩展到无限大的过程中,则包含了无数科学家共同的努力。图灵提出了让机器思考的问题,也描述了智能系统的雏形,但他并没有明确提出"人工智能"这一概念。一般认为现代人工智能(Artificial Intelligence,AI)起源于 1956 年夏季在美国达特茅斯学院召开的一场学术研讨会。

参加研讨会的学者一共有 10 名,主要包括会议的召集者,时任达特茅斯学院数学系助理教授的约翰·麦卡锡(John McCarthy),马文·明斯基(Marvin Minsky),克劳德·香农(Claude Shannon),赫伯特·西蒙(Herbert A. Simon)和艾伦·纽厄尔(Allen Newell)等。会议上,大家交流了各自的研究内容和研究进展,约翰·麦卡锡首次提出了 Artificial Intelligence 一词。当时的参会人员大部分还只是名不见经传的青年学者,虽然在年龄上这些人显得十分稚嫩,但在学术上他们却有着很深的造诣,可以称得上是人工智能领域的先驱。后来,马文·明斯基创建了麻省理工学院人工智能实验室,并于 1969 年获得图灵奖,成为人工智能领域获此殊荣的第一人;约翰·麦卡锡协助建立了斯坦福大学人工智能实验室,并于 1971 年获得图灵奖;赫伯特·西蒙和艾伦·纽厄尔于 1975 年获得图灵奖,提出了"物理符号系统假说",成为人工智能中影响最大的符号主义学派的创始人。正是如此,达特茅斯会议才被认为是人工智能发展史上的一个重要节点。自此之后,人工智能也进入了一个大步向前发展的时代。

达特茅斯会议上提出了人工智能一词,但并没有给出精确的定义。那么到底什么是人工智能? 为什么说机器翻译、语音助理、智能搜索引擎、计算机视觉、无人驾驶、机器人等技术属于人工智能,而诸如手机操作系统、浏览器、媒体播放器等则不被归入人工智能的范畴? 人工智能究竟有没有一个容易界定的科学定义呢?

历史上,人工智能的定义历经多次转变,一些肤浅的、未能揭示其内在规律的定义很早就被研究者抛弃,但直到今天,被大家广泛接受的定义仍有很多种。以下列出的是较为常见且接受度较高的关于人工智能的定义。

(1) 人工智能是一门科学,是使机器做那些人需要通过智能来做的事情。

(2) 人工智能是制造能够完成需要人的智能才能完成的任务的机器的技术。

(3) 人工智能是研究如何让计算机做现阶段人类才能做得更好的事情。

(4) 人工智能是一种使计算机能够思维、使机器具有智力的激动人心的新尝试。

(5) 人工智能是那些与人的思维、决策、问题求解和学习等有关活动的自动化。

(6) 人工智能是关于知识的科学,主要研究知识的表示、获取和运用。

(7) 人工智能是用计算模型对智力行为进行的研究。

(8) 人工智能是一门通过计算过程力图解释和模仿智能行为的学科。

(9) 人工智能是智能机器所执行的、通常与人类智能有关的智能行为,这些智能行为涉及学习、感知、思考、理解、识别、判断、推理、证明、通信、设计、规划、行动和问题求解等活动。

(10) 人工智能是研究理解和模拟人类智能、智能行为及其规律的一门学科。其主要任务是建立信息处理理论,进而设计可以展现某些近似于人类智能行为的计算系统。

这些定义各有侧重,但却有着相似的内涵,即人工智能是基于对人类智能的理解而构造出的具有一定智能的人工系统。人工智能学科主要研究如何应用计算机的软硬件来模拟人类智能行为的理论、方法和技术,其研究的目的是让计算机去完成以往需要人类智力才能胜任的工作。

9.1.3　人工智能三大学派

符号主义、连接主义和行为主义这三者被称为人工智能三大学派,具体内容请详见 9.6 节的扩展阅读。

9.1.4　人工智能的发展历史

自 1956 年达特茅斯会议上人工智能的概念正式提出以来,人工智能探索的道路曲折起伏,人工智能的发展历程可以总结为以下 6 个阶段。

1. 起步期(1956 年—20 世纪 70 年代中期)

人工智能概念提出后,人工智能迎来了发展史上的第一个小高峰,研究者疯狂涌入,相继取得了一批令人瞩目的研究成果,如机器定理证明、跳棋程序等,掀起人工智能发展的第一个高潮。例如,1956 年,IBM 公司的塞缪尔(A. . M. Samuel)研制了一个具有学习能力的跳棋程序,该程序能够从棋谱中学习,也能在实践中总结经验,提高棋艺。1958 年,约翰·麦卡锡(John McCarthy)开发了 Lisp 语言,该语言已经成为人工智能研究中最受欢迎的编程语言。1959 年,第一台工业机器人在美国诞生。1964 年,麻省理工学院研发了首台按固定套路聊天的机器人。1965 年,斯坦福大学爱德华·费根鲍姆(Edward Jay Feigenbaum)领导的研究小组成功研制出了第一个专家系统,它能根据质谱仪的数据推知物质的分子结构。1970 年,第一个拟人机器人在日本早稻田大学诞生,它具有可移动的肢体、视觉以及交谈的能力。这一时期美国政府向这一新兴领域投入了大笔资金,大量成功的 AI 程序和新的研究方向不断涌现。

2. 暗淡期(20 世纪 70 年代中后期)

20 世纪 60 年代人工智能的快速发展大大提升了人们对人工智能的期望,很多研究者开始过于乐观,提出了一些不切实际的研发目标,甚至预言具有完全智能的机器将在 20 年内出现,然而接下来却迎来了接二连三的失败和预期目标的落空。例如,无法用机器证明两个连续函数之和还是连续函数;下棋程序当了州冠军后便止步不前;机器翻译更是频繁出错等。早期的人工智能大多是通过执行固定指令来解决特定的问题,并不具备真正的学习和思考能力,问题一旦变得复杂,人工智能程序就不堪重负,变得不智能了。由于此前的过于乐观使人们期待过高,当研究人员的承诺无法兑现时,公众便开始批评研究人员,许多机构不断减少对人工智能研究的资助,直至停止拨款,人工智能迎来了第一个寒冬。

3. 发展期(20 世纪 70 年代后期—80 年代末)

1977 年,爱德华·费根鲍姆教授在第 5 届国际人工智能大会上提出了"知识工程"的概念,人工智能进入了"知识期"。知识处理成为人工智能研究的热点,一类名为"专家系统"的人工智能程序开始迅速发展。专家系统通过模拟人类专家的知识和经验来解决特定领域的问题,实现了人工智能从理论研究走向实际应用的重大突破。1980 年,卡内基梅隆大学为美国数字设备公司设计了名为 XCON 的专家系统,该系统的应用每年能够为 DEC 公司节省数千万美金。此后,专家系统在医疗、化学、地质等领域广泛应用,人工智能迎来了应用发展的新高潮。与此同时,连接主义学派的神经网络也迎来了新的突破。1982 年,物理学家约翰·霍普菲尔德(John Hopfield)提出了离散神经网络模型,1984 年又提出了连续神经网络模型;1986 年,大卫·鲁梅尔哈特(David Rumelhart)等人提出了反向传播算法。这些发现使 1970 年以来一直不受重视的联结主义重获新生,人工神经网络的研究重新受到关注。

4. 低迷期(20 世纪 80 年代末—90 年代初)

这一阶段人工智能的发展再次遭遇了困难。其一,苹果公司和 IBM 公司生产的台式机性能不断提升,到 1987 年时其性能已经超过了 Symbolics 公司和其他厂家生产的昂贵的 Lisp 机,致使人工智能硬件市场需求迅速下跌;其二,随着专家系统应用规模的不断扩大,其难以与现有数据库兼容,不易更新迭代与维护等问题逐渐暴露出来,实用性仅仅局限于某些特定情景,商业上很难获得成功。到了 20 世纪 80 年代晚期,各方对人工智能的资助再次大幅度削减,人工智能的研究进入第二个寒冬。

5. 稳健期(20 世纪 90 年代中—2010 年)

经历了两次低谷,研究者们越来越趋于理性,不再过度渲染人工智能的威力,人工智能的研究进入了稳健的增长时期。网络技术特别是互联网技术的发展加速了人工智能的创新研究,人工智能技术的应用化进程也步入了成熟期。1997 年,IBM 公司深蓝超级计算机战胜了国际象棋世界冠军卡斯帕罗夫,这是人类国际象棋特级大师首次在比赛中被计算机击败。1999 年,索尼推出了一款机器人宠物狗 AIBO,AIBO 能够通过与环境、所有者和其他宠物狗的互动来"学习",能够理解和响应 100 多个语音命令。2005 年,斯坦福大学研发的一台机器人在一条沙漠小径上成功地完成自动行驶,赢得了 DARPA 挑战大赛头奖。2006 年,杰弗里·辛顿提(Geoffrey Hinton)出了基于多层神经网络的深度学习算法,引起业界的广泛关注。2008 年 IBM 公司提出了"智慧地球"的概念。2009 年,谷歌公司启动了无人驾驶汽车的研究。

6. 爆发期(2010 年至今)

大数据、云计算、互联网、物联网等信息技术的发展进一步推动了以机器学习为代表的人工智能技术的飞速发展,填充了研究与应用之间的"技术鸿沟"。人工智能技术在图像分类、语音识别、机器翻译、知识问答、人机对弈、无人驾驶等领域实现了从"不能用"到"可以用"的技术突破,迎来了爆发式增长的新高潮。2010 年,微软公司推出了第一款使用 3D 摄像头和红外探测技术跟踪人体动作的游戏设备 Kinect。2011 年,美国苹果公司发布了Apple iOS 操作系统的虚拟助手 Siri,能够对语音命令进行响应。2013 年,卡内基梅隆大学的研究团队发布了一种可以比较和分析图像关系的语义机器学习系统 NEIL。2014 年,微软公司发布了 Windows 操作系统的虚拟助手 Cortana。2016 年,谷歌旗下公司 DeepMind 研发的计算机程序 AlphaGo 击败了围棋九段高手李世石,并于此后一年击败了排名世界第一的围棋冠军柯洁。2017 年,华为正式发布全球第一款 AI 移动芯片麒麟 970。2018 年 9 月,阿里巴巴公司发布智慧城市系统"杭州城市大脑"2.0 版。2018 年 11 月,第五届世界互联网大会上,新华社联合搜狗公司发布了全球首个"AI 合成主播",顺利完成了 100s 的新闻播报。2019 年 9 月,图森科技公司在美国亚利桑那州开展了自动驾驶配送货服务,与美国邮政、UPS 合作,每天运行 22h 以上。2019 年 10 月,腾讯公司发布了觅影青光眼筛查 AI 系统,该系统能够对医学影像进行分析,辅助临床医生筛查眼底病变等疾病。2019 年 11 月,小马智行有限公司宣布将与韩国现代汽车合作推出无人出租车服务。2019 年 12 月,百度公司发布语音交互硬件产品小度在家 X8,具有远程语音交互、人脸识别、手势控制、眼神唤醒等功能。人工智能近十年的成功应用不胜枚举,中国的研究人员也在人工智能领域取得了许多具有国际领先水平的创造性成果。人工智能作为新一轮产业变革的核心驱动力,不断催生新技术、新产品、新产业的诞生,正以前所未有的速度蓬勃发展。

9.1.5　人工智能的发展趋势

历经多年的发展,人工智能在理论和应用上都取得了重要进展,但人工智能领域还有许多问题亟待解决,未来仍有很长一段路要走。目前,人工智能的重要性已得到了各国政府的重视。人工智能未来的发展可以归纳为以下几个方面。

从专用人工智能转向通用人工智能。专用人工智能即专门面向某一领域的人工智能,如下棋程序。通用人工智能也叫强人工智能或人类级人工智能,指的是像人类大脑一样全能的计算机,其能力范围不局限于某狭窄的领域。通用人工智能是人工智能研究与应用领域的重大挑战。

从机器智能走向人机混合智能。人机混合智能即借鉴脑科学和认知科学的研究成果,将人的作用或认知模型引入人工智能系统中,以提升人工智能系统的性能,使人工智能成为人类智能的自然延伸,通过人机协同可以更加高效地解决复杂问题。在我国新一代人工智能规划和美国的脑计划中,人机混合智能都被定义为重要的研发方向。

从"人工+智能"走向自主智能。近年来,深度学习成绩斐然,但其应用过程却需要大量的人工干预,比如需要人为地设计深度神经网络模型、设定应用场景,此外还需要人工采集和标注大量训练数据,非常费时费力。下一步发展趋势将是研发关于减少人工干预的自主智能方法,提高机器智能对环境的自主学习能力。

应用一直是 AI 产业发展的瓶颈,近年来,AI 产业化的主体基本上是大型的互联网企业和 AI 创业公司。随着人工智能技术日趋成熟,政府和产业界的投入日益增长,扩大人工智能的应用广度与深度,让人工智能进入各个传统产业是必然趋势。这不能仅仅依靠人工智能技术本身,而是要建立开放融合的人工智能生态,从底层硬件到上层应用软件,产业的上中下游要紧密配合,实现传统产业的 AI 化转变。

人工智能的社会学研究将日趋成熟。为了确保人工智能的健康可持续发展,使其发展成果造福于民,需要从社会学的角度系统全面地研究人工智能对人类社会的影响,制定完善的人工智能法律法规,规避可能的风险。

如果说在 20 世纪末期,推动世界发展的引擎是信息化,那么在 21 世纪,引领世界发展的火车头就是智能化。人工智能既具有巨大的理论与技术创新空间,也具有广阔的应用前景。未来,人工智能必将深刻改变人类社会和世界的面貌。

9.2　人工智能现代方法

9.2.1　知识表示

知识表示起源于 20 世纪 70 年代,由符号主义学派提出,是让人工智能学会求解问题的第一步。按照符号主义的观点,知识是一切智能行为的基础,要使计算机具有智能必须使它拥有知识。

1．知识的概念

知识是人们在改造客观世界的实践中积累起来的认识和经验,其中认识包括对事物现象、本质、属性、状态、联系等的认识;经验包括解决问题的微观方法(步骤、操作、规则、过程等)和宏观方法(战略、战术、计谋、策略等)。例如,"雪是白色的"是一条知识,反映的是人们对于雪与白色关系的认识;"空调要接通电源后才能使用"是一条知识,反映的是日常生活中使用电器的步骤和方法;"如果违规停车,就要被交警开罚单"也是一条知识,反映的是人们对于交通规则的认知。

知识与数据和信息密不可分。任何数字、符号、文字等都可以称为数据。只有当数据用来描述客观事物或客观事物之间的关系,形成有逻辑的数据流时,这些数据才能被称为信息。信息与信息之间的关联便构成了知识。简而言之,数据是信息的载体,知识则是信息的关联。例如,35 是一个孤立的数据,他既可以是气温,也可以是建筑物的高度,还可以是某个人的年龄,只有将它和其他数据连接起来用来描述某个客观事物的时候才构成了一条信息(如今天气温为 35℃);若干条这样的信息关联在一起便构成了知识。如"今天气温为 35℃,长时间在室外容易中暑",这是一条人们由生活常识总结出来的规律性知识。

2．知识的分类

为了便于表示和使用知识,人们往往按照一定的标准对知识进行分类。根据不同的划分标准,知识可以划分为不同的类别。按知识的性质,知识可以分为概念、命题、公理、定理、规则和方法;按照知识的作用域,可以分为常识性知识和领域性知识;按照知识的作用,可以分为事实性知识、过程性知识以及控制性知识;按知识的层次,可以分为表层知识和深层知识;按知识的确定性,可以分为确定性知识和不确定性知识;按人类的思维及认识方式,可分为逻辑性知识和形象性知识;按知识的获取方式,可分为显性知识和隐性知识。

在传统人工智能系统中,一个智能程序想要高水平的运行主要需要 3 种类型的知识:事实知识、规则知识和元知识。

事实知识:反映事物的分类、属性、事物间关系、科学事实、客观事实等。它是静态的、为人们共享的、可公开获得的、公认的知识,常以"……是……"的形式出现,在知识库中位于最底层,如"北京是中国的首都""鸟有翅膀""小张和小李是好朋友""这辆车是王强的"等。

规则知识:通过对领域内各种问题的比较和分析得出的规律性知识,是动态的、可变的,常以"如果……那么……"的形式出现。对于一个智能系统,规则知识是否是完善的、丰富的以及一致的,将直接影响到系统的性能及可信任性。

元知识:即知识的知识,它是关于如何运用已有的知识进行问题求解的知识,包括怎样使用规则、解释规则、校验规则等知识。

3. 知识表示的含义

知识是问题求解的基础,人类在进化和成长的过程中不断积累知识、依靠记忆系统存储知识。对于人类来说,语言和文字是传达知识的主要手段,但计算机并不会理解人类的语言和文字。那么,如何才能让计算机像人类一样拥有知识呢?这就需要采用一种计算机能够接受的结构把人类的知识存储到计算机中,即对知识进行抽象与组织,使其成为计算机可以接受的某种内部数据结构,这一过程就是知识表示。

知识表示并非是人工智能领域的专属问题,在认知科学领域同样要面对知识表示的问题。在认知科学里,知识表示关系到人类如何存储和处理资料;在智能科学里,知识表示的目的是把知识存储到计算机中以便后续使用,最终目标则是让计算机利用这些知识解决问题。同一知识的表示方法并不唯一,知识表示方法的选取既要考虑知识的存储又要考虑到后续知识的使用。

4. 状态空间法

状态空间法是人工智能中最基本的形式化方法,以"状态"和"算符"为基础来表示与问题求解相关的知识。

状态:用于描述某类不同事物间的差别而引入的一组最少变量 $q_0, q_1, \cdots, q_n$ 的有序集合。其中,每个元素 $q_i(i=0,1,\cdots,n)$ 为集合的分量,称为状态变量。给定每个分量的值就得到一个具体的状态。

算符:使问题从一种状态变化为另一种状态的手段称为操作符或算符。

状态空间图:针对某一具体问题,采用状态空间法表示的结果是一个包含该问题全部可能状态及状态间转换关系的有向图,称为该问题的状态空间图,可以用一个三元组 (S, F, G) 来概括描述。其中,S 为所有可能的问题初始状态集合;F 为操作符集合;G 为目标状态集合。

【例 9-1】 八数码问题,如图 9-2 所示。在 3×3 的方格棋盘上,分别放置了标有数字 1、2、3、4、5、6、7、8 的八张牌,还有一个是空格,与空格相邻的数字牌可以移动到空格的位置。已知初始状态,希望通过移动数字牌达到目标状态。用状态空间法表示该问题,结果如图 9-3 所示。

图 9-2 八数码问题

用状态空间法表示这个八数码问题,结果是一个有向图:图的每个节点代表问题的一个可以达到的状态;每条边代表一个算符,表示基于当前状态可以进行的操作(移动)。比如,从初始状态出发,有 3 种移动数字牌的方法,向上移动数字牌 8 则获得了与初始状态连接的最左侧的顶点(新状态),其他节点的获得与其相似。不难看出,八数码问题的状态空间图包括了从初始状态开始玩这个小游戏的所有可能走法,其中一种走法恰好可以达到目标状态。那么,当把问题用状态空间法表示出来后,便可以采用算法对状态空间图进行搜索,找到从初始状态到目标状态的一条路径,这条路径上的所有操作序列(即每步如何移动数字牌)便是问题的解,具体算法将在 9.2.2 小节介绍。

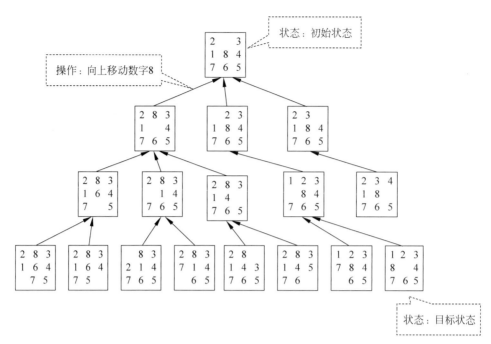

图 9-3   八数码问题的状态空间图

5. 问题规约法

归约是一种问题求解的思想,即在原问题不容易直接求解的情况下,从问题目标出发,逆向推理,采用一系列变换把原问题变为与其等价的子问题集合,且这个集合中的每个子问题都是本原问题(不能再分解或变换且直接可解的子问题称为本原问题)。这样,通过求解这些子问题就可以达到解决原问题的目的。

使用问题规约法表示与问题求解相关的知识最终得到的是一个特殊的树结构,称为"与或树",树的每个节点是"问题/子问题",边是"问题的变换操作"。问题规约法实际上描述的是对待求解问题进行各种变换的知识。

【例 9-2】   三阶汉诺塔问题如图 9-4 所示。有 3 个柱子(编号为 1、2、3)和 3 个不同尺寸的圆盘(编号为 A、B、C)。在每个圆盘的中心有一个孔,圆盘可以叠放在柱子上。最初,3 个圆盘都在柱子 1 上(最大的圆盘 C 在底部,最小的圆盘 A 在顶部)。要求把所有圆盘都移到柱子 3 上,每次只许移动一个圆盘,并且只能移动柱子顶部的圆盘,移动过程可以借助柱子 2,但整个移动过程中不允许把较大的圆盘叠放在较小的圆盘上。

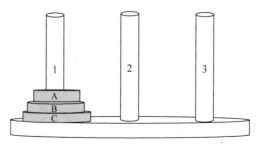

图 9-4   三阶汉诺塔问题

显然,面对这样一个汉诺塔问题,第一时间很难想到移动盘子的方法。此题可以采用问题规约法,将原始问题转化为一系列简单问题的集合,具体思路如下所述。

要把所有圆盘都移至柱子3,必须首先把圆盘C移至柱子3;在移动圆盘C至柱子3之前,柱子3必须是空的;只有在移开圆盘A和B之后,才能移动圆盘C;移动圆盘C至柱子3时,圆盘A和B应该在柱子2上。因此,要想解决原问题,至少要做这样一系列操作:首先,把圆盘A和B移到柱子2上;然后,把圆盘C移至柱子3上;最后把圆盘A和B移动到柱子3上,叠放在圆盘C上,这3个操作实际上就是对原问题转换后获得的3个子问题。用三元组(i,j,k)表示在任意时刻圆盘在柱子上的状态,其中,i表示柱子圆盘A当前所在柱子的编号;j表示圆盘B当前所在柱子的编号;k表示圆盘C当前所在柱子的编号,则原三阶汉诺塔问题可以表示为:$(1,1,1) \rightarrow (3,3,3)$。上述求解思路可以用图9-5概括表示,以此类推,继续对非本原问题的子问题进行分解,最后把问题分解转化的过程用与或树表示出来如图9-6所示。

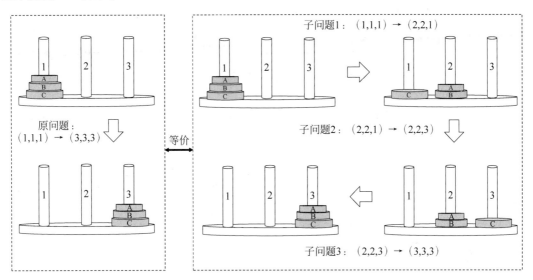

图 9-5 三阶汉诺塔问题求解思路

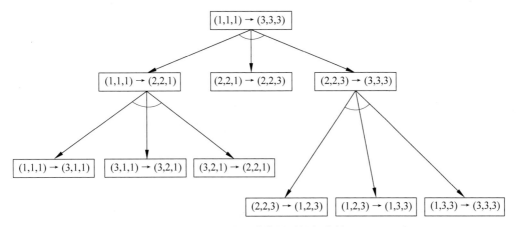

图 9-6 三阶汉诺塔问题的与或树

图 9-6 中,与或树的根节点对应着原问题;所有叶节点都是直接可解的本原问题;边之间的圆弧表示这种变换是对问题的分解。只有所有子问题都解决了,父节点对应的问题才能解决。三阶汉诺塔问题的与或树只是一个简单地用问题规约法表示知识的例子,在问题规约法中除了能对问题进行分解,还可以将问题转换为容易求解的等价问题。对原问题进行分解转换后,使用算法搜索与或树即可得到原问题的解决方法。

6. 语义网法

语义网法是一种将人类的语义结构转化成网络结构的表示方法。在这种表示方法中,"概念"用节点表示,通过节点之间的连接就能将各个语义串联起来。这种网络结构称为语义网。语义网表达能力强且灵活。目前,已经广泛应用于人工智能各研究领域,尤其是在自然语言处理方面。

采用语义网法表示知识得到的是一个"带标志的有向图",有向图的节点代表实体,表示各种事物、概念、情况、属性、状态、事件、动作等,节点还可以是一个语义子网络,形成嵌套结构;有向图的弧代表语义关系,表示它所联结的两个实体之间的语义联系;弧线上必须带有标志,弧线的方向也是有意义的,需要根据事物间的关系确定。例如,在表示概念之间的类属关系时,箭头所指的节点代表上层概念,而箭尾节点代表下层概念或者一个具体的事物。

【例 9-3】　用语义网表示以下知识。王强 28 岁,是理想公司的经理,理想公司在中关村,表示的结果如图 9-7 所示。

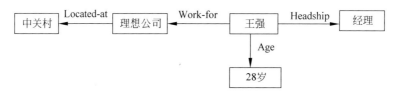

图 9-7　语义网表示知识的实例

图 9-7 中的语义网法表达出了王强的属性(年龄)、职务(经理)、王强与理想公司的关系(雇佣关系),理想公司的属性(地理位置)。把这样一个网络图存储到计算机中,在求解相关问题时,计算机就可以通过算法对该网络图进行搜索,找到相关的答案。比如,想让人工智能回答王强的年龄是多大,就可以通过运行计算机程序在图中搜索"王强"这个节点,再沿着与他连接的 Age 这条弧找到弧尾指向的节点 28,便得到了问题的答案。这里只是举一个简单的例子,让大家对语义网有一个较为直观的认识。在真实应用中,语义网要远远复杂得多,而基于语义网法求解问题的方法也要复杂得多。随着人们对语义网的深入研究,语义网的标准与技术也在不断地发展演变。近年来比较流行的"知识图谱"实际上就是对语义网的进一步完善。

7. 谓词逻辑法

谓词逻辑法是较早用于人工智能出现的逻辑学方法,对于知识的形式化表示,特别是定理的证明起到了重要作用。谓词逻辑是在命题逻辑的基础上发展而来的。命题逻辑依赖的是人类的语言系统,所谓命题就是具有真假意义的语句。命题代表人们进行思维时的一种判断,若命题的意义为真,称它的真值为"真",记作"T";若命题的意义为假,称它的真值为"假",记作"F"。例如,"10 大于 6"是真值为"T"的命题。一个命题不能同时既为真又为假,但可以在某种条件下为真,在另一种条件下为假。

命题逻辑能够把客观世界的各种事实表示为逻辑命题,但其基于自然语言这种最初级的符号体系,如果要深入研究思维过程,命题逻辑就不足以支撑了,需要更为彻底的符号化。比如,"张林是学生"和"李薇是学生"这两个命题,用命题逻辑表示时,无法把两者的共同特征"都是学生"表示出来。因此,逻辑学家们进行了进一步符号化,提出了谓词逻辑。

在谓词逻辑中,客观世界的各种事实用形如 $P(x_1, x_2, \cdots, x_n)$ 的谓词来表示。其中,"$x_1, x_2, \cdots, x_n$"是个体,表示独立存在的事物或某个抽象的概念,可以是常量、变量或函数形式,一般用小写字母表示;"P"是谓词名,表示个体的性质、状态或个体之间的关系,一般用大写字母表示。例如,命题"张林是学生"用谓词可以表示为 Student("张林")。其中,Student 是谓词名,"张林"是个体,Student 刻画了"张林"是个学生这一特征。在谓词中,个体可以是常量,也可以是变元,还可以是一个函数。例如,对于命题"x > 10"可以表示为 more(x,10),其中 x 是变量;又如,命题"小张的父亲是老师",可以表示为 Teacher(father(Zhang)),其中,father(Zhang)是一个函数,表示 Zhang 的父亲。与命题一样,谓词也有真值,对于个体中包含变元的谓词,当谓词中的变元都用特定的个体取代后,谓词就具有了确定的真值"T"或"F"。

谓词逻辑以数理逻辑为基础,是到目前为止能够表达人类思维活动规律的一种最精准的形式语言。它既与人类的自然语言比较接近,又可以方便地存储到计算机中,并被计算机处理。因此,谓词逻辑是人工智能中的一种重要的知识表示方法。用谓词表示知识时,主要使用的是一阶谓词公式。在 n 元谓词 $P(x_1, x_2, \cdots, x_n)$ 中,若每个个体均为常量、变元或函数,则称它为一阶谓词;用合取符号"∧"、析取符号"∨"、蕴含符号"→"、非符号"¬"等谓词连接符号将一阶谓词连接起来就形成了一阶谓词公式。

一阶谓词公式既可以表示客观世界事物的状态、属性和概念等事实知识,也可以表示事物间具有确定因果关系的规则知识。用谓词逻辑表示知识时,首先要定义谓词,然后再用连接词把有关的谓词连接起来,形成一个谓词公式以表达完整的意义。

【例 9-4】 用谓词逻辑表示如下知识。张林是计算机系的一名学生,但他不喜欢编程。

用谓词逻辑表示上述知识时,首先需要定义如下两个谓词。

COMPUTER(x):表示 x 是计算机系的;LIKE(x,y):表示 x 喜欢 y。

而后,用谓词公式把上述知识表示为:

$$COMPUTER("张林") \land \neg LIKE("张林","编程")$$

谓词逻辑是一种接近于自然语言的形式语言,用它表示问题易于被人理解和接受。用谓词逻辑表示知识的结果是一系列的谓词公式,谓词公式的逻辑值只有"真"和"假"两种结果。因此,谓词逻辑法适合表示确定性知识,而不适于表示不确定性知识。谓词公式可以比较容易地转换为计算机的内部形式,便于对知识的添加、删除和修改。在用谓词逻辑对问题相关的知识进行表示以后,按照谓词逻辑的推理方法,通过算法对谓词公式进行推理,即可求得问题的解。

9.2.2　搜索技术

人工智能虽然有多个研究领域,且每个研究领域都有自己的规律和特点,但它们都可抽象为"问题求解"的过程,最终目标都是让机器基于已知条件解决问题。但在缺乏足够知识或者没有成熟方法可依的问题领域,通常很难直接获得问题的答案。在这种情况下就必须依靠经验,利用已有的知识,从问题的实际情况出发,一步步地去摸索、尝试性地寻求问题的答案,这种问题求解的过程就是搜索。广义地讲,人工智能的大多数问题都可以看作是搜索问题,搜索技术是人工智能研究的重要方法。

1. 盲目搜索

盲目搜索是最简单而常见的搜索技术。之所以被命名为"盲目",是因为这种搜索不考虑问题本身的特性,只是按照预定的策略去搜索解空间。在搜索过程中获得的中间信息并不会被用来改变搜索策略。深度优先搜索和广度优先搜索就是两种典型的盲目搜索算法。

以迷宫图游戏为例,如果迷宫图比较简单,那么一眼就能看出通向出口的路线。如果迷宫图比较复杂,那么最常见的办法就是找一支笔或者用手指,在迷宫图上从入口出发,向出口方向移动。当发现一条路无法走到出口时,就回到起点或者是交叉口的位置寻找另外一条通向出口的路。这个尝试寻找走出迷宫路径的过程就是一个搜索过程。不难发现,如果每次都随机地选择走法,那将耗费很多时间,并且还不一定能够找到出口。聪明的办法是按照一定的策略选择走法,比如每次面临分叉路口时都选择没有走过的路中最左侧的那条,遇到障碍就回退到上一个分岔路口,按照这种预定的策略更容易在短时间内尝试更多的不重复的路线,这种预先设定策略的搜索就是一种盲目搜索。

9.2.1 小节的八数码问题,在把问题相关知识表示成状态空间图后,就可以采用盲目搜索算法对状态空间图进行搜索,找到问题的解。需要说明的是,在编程求解具体问题时,并不是先生成问题的状态空间图,再对状态空间图进行搜索,而是生成和搜索同时进行。这对于复杂问题来说,可以大大节省存储空间和求解时间。下面就以八数码问题为例,来说明采用盲目搜索算法对状态空间图进行搜索的过程。

【例 9-5】　八数码问题,如图 9-2 所示。在 3×3 的方格棋盘上,分别放置了标有数字 1、2、3、4、5、6、7、8 的八张牌,还有一个是空格,与空格相邻的数字牌可以移动到空格的位置,已知初始状态,希望通过移动数字牌达到目标状态。

状态空间搜索的基本思想:先把问题的初始状态作为"当前扩展节点",对其进行扩展。扩展即通过移动数字牌来改变棋盘的状态,生成一组子节点。需要说明的是,为了逻辑清晰、便于思考,扩展过程中并不真正以数字牌作为移动对象而是以空格作为移动对象。在生成子节点之后,检查问题的目标状态是否出现在这些子节点。若出现,则搜索成功,找到了问题的解;若未出现,则再按照某种既定策略(比如广度优先或者深度优先)从已生成的子节点中选择一个节点作为"当前扩展节点"。不断重复上述过程,直到目标状态出现在子节点中或者没有可供操作的节点为止。为了实现上述算法,定义如下数据结构和符号。

S:用于表示问题的初始状态。

OPEN 表:未扩展节点表,用于存放刚生成的节点。

CLOSED 表:已扩展节点表,用于存放当前扩展节点和已经扩展过的节点。

采用广度优先策略的盲目搜索算法流程如图 9-8 所示,算法执行过程如图 9-9 所示。

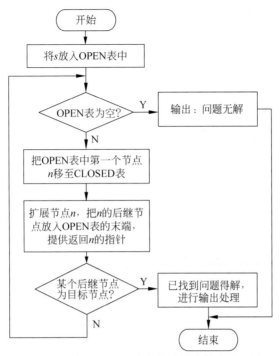

图 9-8 八数码问题的广度优先搜索算法流程图

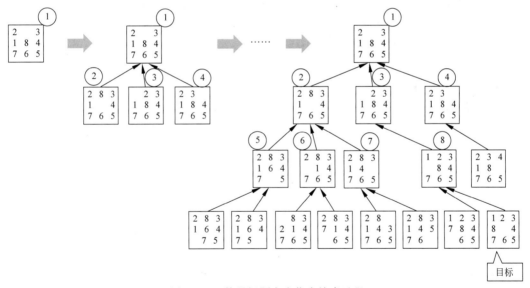

图 9-9 八数码问题广度优先搜索过程

算法开始时,把问题的初始状态 s(1 号节点)放入到 OPEN 表中,此时 OPEN 表中只有一个节点,将其取出放入 CLOSED 表;按照固定的操作顺序(空格上移、下移、左移、右移)对其进行扩展(即生成子节点);如果移动空格后获得的某个子节点(状态)前面已经出现过,则将其抛弃,否则将这个新生成的状态节点加添加至 OPEN 表的尾部。对 1 号节点扩展后,生成了 2 号、3 号和 4 号节点,此时 OPEN 表中的节点序列为"2,3,4",CLOSED 表中为"1";考查此时 OPEN 表中的节点是否包括目标节点,如果不包括目标节点则依照算法流程继续扩展:从 OPEN 表的头部取出 2 号节点,放入 CLOSED 表中,并依然按照固定的操作顺序对其进行扩展、将新节点加入 OPEN 表,此时 OPEN 表中的节点序列为"3,4,5,6",CLOSED 表中为"1,2";以此类推,如果在 OPEN 表中发现了目标节点,则找到了问题的答案,否则继续从 OPEN 的头部取出节点进行扩展。此例中,扩展到 8 号节点时,在其子节点中找到了目标节点,循环结束,按照之前保存的指针输出从 1 号节点到目标节点的操作序列:"左移空格,下以空格,右移空格",这就是例 9-5 给出的八数码问题的答案。按照上述算法给计算机编程,那么计算机就能通过运行程序找到这个问题的答案,被认为计算机具有了一定的智能。

2. 启发式搜索

由于思路简单,盲目搜索通常是被人们第一时间想到的,对于一些比较简单的问题,盲目搜索的效果非常好,但对于较为复杂的问题,盲目搜索算法就显得力不从心,不仅需要大量的内存空间,还可能无法在有限的时间内找到问题的解。为此,人们不断尝试新的搜索策略,提出了一类称为启发式搜索的搜索算法。

启发式搜索是在搜索过程中,利用问题自身的特征信息来引导搜索朝着最有希望的方向前进。搜索过程中引入的这种与问题自身的特征相关,并可以指导搜索朝着最有希望的方向前进的控制信息称为启发性信息。

启发式搜索的过程也可以看作是对人类智能行为的一种模拟。设想一下,如果你置身于一个陌生且不能直接看到出口的山洞中,怎样才能找到出口走出山洞呢?最简单的一种方法是分别朝着所有能走的方向前进。如果碰到洞壁无法前进则回到起点重新走,理论上,这样不断的尝试,总能找到出口。但这种方式显然太消耗体力了,在尝试几次都无法走出山洞后,为了保存有限的体力,你不得不停下来思考:这么盲目地走下去根本看不到希望,有没有更好的办法呢?于是你四处观察,看看有没有什么线索能够帮你排除一些方向。在仔细观察后你会发现有的方向稍微明亮一些,有的方向有凉风吹来,你的常识经验告诉你,出口直接连通外界,明亮且有风,那么对于寻找出口这个问题来说,光亮变化和风就是最好的线索,这时你便可以根据这些线索来选择方向。如果前进过程中,越来越明亮,风也越来越大,即使没有看到出口,你也知道你所走的方向是出口方向。找出口的这个过程就是一个启发式过程,你使用的线索(光亮和风)就是启发性信息。

采用启发式算法搜索状态空间图,在选择待扩展的状态节点时,不再是从 OPEN 表中按照固定的顺序进行选取,而是采用评价函数为每一个状态节点计算一个估计值。根据估计值的大小,确定将展开哪个状态节点,这样可以避免扩展无用节点,缩小搜索范围,加快求解速度。

评价函数:用于评价 OPEN 表中各节点的重要程度,从而决定它们被展开的次序,一般形式为:

$$f(n) = g(n) + h(n)$$

其中,$g(n)$ 表示从初始节点 S_0 到节点 n 的代价;$h(n)$ 是从节点 n 到目标节点 S_g 的最优路径的代价的估计,它体现了问题的启发性信息,$h(n)$ 称为启发函数。

【例 9-6】 八数码问题,如图 9-10 所示。在 3×3 的方格棋盘上,分别放置了标有数字

1、2、3、4、5、6、7、8 的八张牌,还有一个是空格,与空格相邻的数字牌可以移动到空格的位置,给定初始状态 S_0 和目标状态 S_g,请定义采用启发式算法求解当前问题的评价函数。

2	8	3
1	6	4
7		5

S_0

1	2	3
8		4
7	6	5

S_g

图 9-10　八数码问题

按照评价函数的定义: $f(n)=g(n)+h(n)$,$g(n)$ 是从初始节点 S_0 到当前节点 n 的代价,此问题中,这个代价就是从初始节点 S_0 到节点 n 所经历的操作次数(移动空格的次数),这里用 $d(n)$ 表示,$g(S_0)=0$。显然,从节省求解代价的角度,初始节点 S_0 到节点 n 所经历的操作次数越少,在选择待扩展节点时,节点 n 越应该被选择。

那么,$h(n)$ 如何确定呢? 什么样的信息才能作为这个八数码问题求解的线索呢? 一般来说,某状态中"错位"的方块个数越多,说明它离目标越远。这个经验不是完全正确的,但大部分情况下是正确的。因此,尝试按照这种思路定义启发式函数 $h(n)=W(n)$,其中 $W(n)$ 为状态节点 n 中"错位"的个数,即用节点 n 中"错位"的方块个数作为启发信息。例如,图 9-10 中与目标状态 S_g 相比,初始状态 S_0 中有 4 个错位数字牌:数字牌 1,数字牌 2,数字牌 6,数字牌 8,因此,$h(S_0)=W(S_0)=4$。

至此,完成了该问题评价函数的定义。

$f(n)=d(n)+W(n)$,其中 $d(n)$ 为从初始节点 S_0 到节点 n 所经历的操作次数,$W(n)$ 为节点 n 中"错位"的个数。用此评价函数计算初始节点 S_0 的代价估计值:

$$f(S_0)=g(S_0)+h(n)=d(S_0)+W(S_0)=0+4=4$$

定义评价函数 $f(n)$ 的目的是对待展开节点进行评价,抛弃无用节点,选择更有利于问题求解的节点进行展开,从而缩小搜索范围,加快求解速度。图搜索算法中,如果能在搜索的每一步都利用评价函数 $f(n)=g(n)+h(n)$ 对 OPEN 表中的节点进行排序,则该搜索算法称为 A 算法,即启发式搜索算法。根据搜索过程中选择扩展节点的范围,可以将启发式搜索算法分为全局择优搜索算法和局部择优搜索算法。全局择优搜索算法对 OPEN 表中的所有节点进行评价,再从中选择一个评价函数值最小的一个节点进行扩展;局部择优搜索算法仅从刚生成的子节点中选择一个评价函数值最小的一个进行扩展。采用例 9-6 中定义的评价函数 $f(n)$ 对该八数码问题进行全局择优启发式搜索的过程如图 9-11 所示。

图 9-11 中,每个节点用英文字母加以区分;英文字母旁括号内的数字即为用评价函数 $f(n)$ 计算出来的节点的代价估计值(计算思路与计算 $f(S_0)$ 相同);虚线圆圈中的数字代表节点被扩展的顺序。搜索过程与例 9-6 中的盲目搜索相似,二者的差别主要在于选取待扩展节点时,不再是按照某一个固定方式从 OPEN 表的头部取节点,而是根据评价函数值的大小进行选择。

当算法开始执行时,把问题的初始状态 S_0 放到 OPEN 表中,计算 $f(S_0)=4$,此时 OPEN 表中只有一个节点,将 S_0 取出放入 CLOSED 表;按照固定的操作顺序(空格上移、下移、左移、右移)对其进行扩展(即生成子节点),用评价函数 $f(n)$ 计算每个子节点的评价值,把这些子节点都送入 OPEN 表中,并对 OPEN 表中的全部节点按评价值从小至大的顺序进行排序。对 S_0 号节点扩展后,生成了 A、B 和 C 这 3 个节点,评价值分别是 6,4,6。此时,OPEN 表中的节点序列为"B,A,C",CLOSED 表中为"S_0";考查此时 OPEN 表中的节点是否包括目标节点。如果不包括目标节点则依照算法继续扩展。从 OPEN 表中取出评价值最小的节点 B,放入 CLOSED 表中,对其进行扩展,计算子节点的评价值,将新节点加

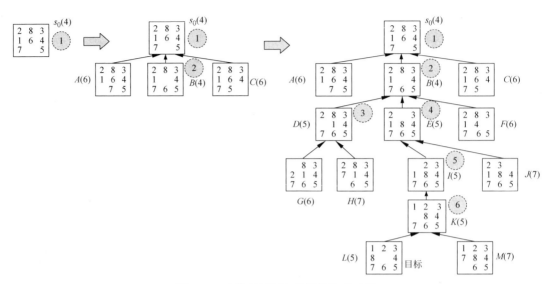

图 9-11　八数码问题全局择优搜索过程

入 OPEN 表,重排 OPEN 表。此时,OPEN 表中的节点序列为"E,D,A,C,F",CLOSED 表中为"S_0,B";以此类推,不断扩展下去,扩展到节点 K 时,在其子节点中找到了目标节点,循环结束。按照之前保存的指针输出从初始节点 S_0 到目标节点的操作序列:"上移空格,上移空格,左移空格,下以空格,右移空格"。

　　同样的初始状态,如果采用广度优先策略的盲目搜索算法,扩展节点 A 后才能扩展节点 B;扩展节点 D 后才能扩展节点 E;扩展节点 G 和节点 H 后才能扩展节点 I,然而目标节点并不在这些分支上。可见,启发式搜索算法能够有效避免扩展这些无用分支,缩小了搜索规模,节省算法的时间和空间。

　　启发式算法的本质是利用启发性信息缩小搜索范围,启发性信息的启发能力越强,扩展的无用节点越少,但可能找不到最优解。启发性信息的启发能力过弱则会导致搜索工作量加大,极限情况下算法将变为盲目搜索。

9.2.3　演绎推理

　　如 9.2.2 节所述,当把知识表示成某种图结构后,可以采用搜索技术对问题进行求解,那么当把知识表示成谓词公式后该如何求解呢? 这就需要演绎推理技术。

　　与 9.2.1 节知识表示法中的"谓词逻辑法"一样,演绎推理也是一种逻辑学方法。所谓演绎推理,就是从已知的一般性知识出发,通过演绎(也就是推导),求解一个具体问题或者证明一个结论的正确性。演绎推理最基本的推理规则是三段论推理,包括假言推理、拒取式和假言三段论。

　　假言推理:由 P→Q 以及 P 为真,可以推出 Q 为真。例如,由"x 是金属,则 x 能导电",以及"铜是金属",可以推出"铜能导电"。

　　拒取式:由 P→Q 为真以及 Q 为假,可以推出 P 为假。例如,由"如果下雨,则地上会湿",以及"地上没有湿",可以推出"没有下雨"。

　　假言三段论:由 Q→R 为真以及 P→Q,可以推出 P→R。假言三段论是演绎推理的核心。例如，"y 是手机，则 y 需要充电"，以及"华为 P30 是手机"，可以推出"华为 P30 需要充电"。

演绎推理的思维过程是由一般到个别的过程，推理的前提是"一般"，推出的结论是"个别"。事物有共性，"一般"中必然蕴藏着"个别"，演绎推理基于已知的一般知识，运用逻辑学方法寻找事物之间的关联，从而推出个别信息。演绎推理的过程只是使用知识，并不会增加新的知识，推理出来的结论是否可靠则取决于大前提是否正确以及推理过程是否合乎逻辑。

【**例 9-7**】　已知如下事实：只要是需要编写程序的课程，李程都喜欢；所有的程序设计语言课程都是需要编写程序的课；"C 语言"是一门程序设计语言课。求证：李程喜欢"C 语言"这门课。

首先定义如下谓词：

PROG(x)：x 是需要编写程序的课程。

LIKE(x,y)：x 喜欢 y。

LANG(x)：x 是一门程序设计语言课程。

定义谓词后，已知事实用谓词公式可以表示如下：

PROG(x)→LIKE("李程"，x)

(∀x)(LANG(x)→PROG(x))

LANG("C 语言")

问题目标用谓词公式可以表示如下：

LIKE("李程"，"C 语言")

基于已知事实，应用逻辑推理规则进行推理：

由(∀x)(LANG(x)→PROG(x))，LANG("C 语言")可以推出 PROG("C 语言")为真，再由 PROG("C 语言")，PROG(x)→LIKE("李程"，x)可以推出 LIKE("李程"，"C 语言")为真，也就是说可以从已知事实推理出目标谓词公式为真。因此，"李程喜欢 C 这门课"得证。

上述例子给出的是一个简单的演绎推理过程，演绎推理是一个大的技术范畴，包括很多复杂的推理规则和方法，不仅能够应用于问题证明，还能够对问题进行求解。演绎推理基于谓词逻辑，推理过程能够比较容易地用计算机程序实现，计算机通过运行推理程序便能够像人类一样基于已知事实进行推理，给出证明或者得出问题的答案，也就具有了"智能"。

9.2.4　进化计算

进化计算是一种模拟自然界生物进化过程和机制来求解问题的技术，可以看作是一种特殊的随机搜索技术。进化计算以达尔文进化论的"物竞天择、适者生存"作为算法的进化规则，并结合孟德尔的遗传变异理论，将生物进化过程中的"繁殖""变异""竞争"和"选择"引入到算法中。

遗传算法是进化计算中最为经典的算法。遗传算法的基本思想是采用染色体表示问题的潜在解，先按照某种策略生成一个染色体集合作为初始种群，进而开始模拟生物的进化过程,即采用优胜劣汰、适者生存的自然法则选择个体参与进化。通过交叉、变异等遗传操作来产生新一代种群,考查新一代种群中的个体是否可以作为问题的解。如果不可以,则逐代进化,直到满足目标为止。遗传算法中涉及以下概念。

初始种群:用遗传算法求解问题时,初始给定的多个潜在解的集合。遗传算法的求解过程就是从这个集合开始的。

个体:种群中可相互区分的单个元素。

染色体:染色体是指对个体进行编码后所得到的一串字符串。

基因:染色体中的一位。

适应度函数:用来对种群中个体的环境适应性进行度量的函数。其函数值是遗传算法实现优胜劣汰的主要依据。

遗传操作:作用于当前种群,为产生新种群而进行的一系列操作,包括选择、交叉以及变异。

遗传算法是一类算法的总称,最基本的流程图如图 9-12 所示,其中编码、生成初始种群、选择等遗传操作以及解码都需要根据具体问题设计具体的算法。

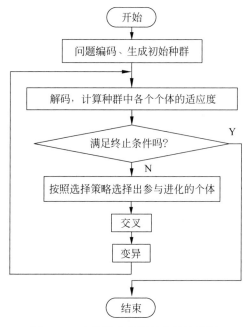

图 9-12　遗传算法的最基本的流程图

【例 9-8】　用遗传算法求函数 $f(x)=x^2$ 的最大值,其中 $0 \leqslant x \leqslant 31$ 且 x 是整数。

问题编码及构造初始种群:为了使用遗传算法,首先,要把问题的潜在解编码成染色体的形式(也就是一串字符串),这里采用 6 位二进制对问题的潜在解进行编码。例如,13 可以编码为"0 1 1 0 1"。在确定了编码规则以后,在 x 的取值范围为 $[0,31]$,随机选择 4 个值作为初始种群:0 1 1 0 1(13),1 1 0 0 0(24),0 1 0 0 0(8),1 0 0 1 1(19)。

确定适应度函数:因为要求的是函数的最大值,适应度函数可以直接使用题目给定的函数 $f(x)=x^2$。也就是说能使 $f(x)$ 的值越大的个体(对应着 x 的取值)适应度越高,越应该参与进化,把自己优良的基因遗传下去。

选择操作：采用"轮盘赌算法"进行选择操作，每次随机选择，但适应度高的个体被选中的概率更大。被选中的个体才能参与进化，繁育出下一代个体。

交叉：采用最简单的交叉操作，即参与进化的两个染色体，从最后一位处切断后交换重组，形成两个新的染色体。比如"01101"和"11000"进行交叉操作，把"01101"从最后一位处切断获得前半段"0110"和后半段"1"；同样地，把"11000"也从最后一位处切断获得前半段"1100"和后半段"0"；分别保留各自的前半段，交换后半段，便得到了两个新的个体"01100"和"11001"，这两个新的个体都携带了两个父辈的基因信息。

变异：采用最简单的单位变异操作，即随机选定染色体字符串中的一位。如果原来的值为"0"则将其变为"1"，如果原来的值为"1"则将其变为"0"。

进化结束条件：可以简单地设定进化代数，也可以设定相邻两代种群中最高适应度的值相等即结束。

定义了以上操作，按照图 9-12 中遗传算法的框架，便可以编程实现，程序执行过程的示意图如图 9-13 所示。

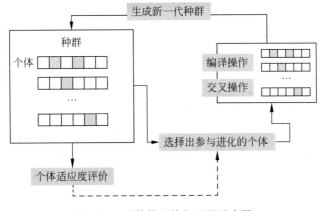

图 9-13　遗传算法执行过程示意图

程序终止在第 5 代种群，因为相比第 4 代种群中个体的最高适应度，第 5 代已经没有改善，也就是找不到更好的个体了。最终选择第四代中适应度最高的个体"11111"作为问题的解，解码（将二进制转化为十进制）后，输出问题的解"31"。

遗传算法非常适于解决复杂问题，在智能规划、智能机器人、图像处理等很多人工智能研究领域都有广泛的应用。

9.2.5　人工神经网络

人工神经网络源于连接主义学派的研究，连接主义学派认为人类智能来源于大脑皮层中大量神经元互连而成的神经网络，神经元是人类思维的基本单元。为此，连接主义学派的研究者们试图建立一种能够反映人脑结构和功能的抽象数学模型，进而用计算机程序实现这个模型，来模拟人类知识表示、知识存储以及知识推理的行为。

生物神经系统是人工神经网络的模仿对象。在介绍人工神经网络之前，先来了解一下生物神经系统，如图 9-14 所示。

图 9-14　生物神经元示意图

1943 年,美国心理学家麦克洛奇和数理逻辑学家皮茨基于生物神经元的功能和结构提出了一种将神经元看作二进制阈值元器件的简单模型——MP 模型,如图 9-15 所示。MP 模型是大多数人工神经网络模型的基础。

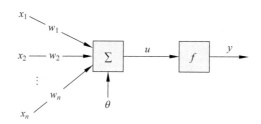

图 9-15　MP 模型

不难看出,图 9-15 的人工神经元与图 9-14 中的生物神经元结构非常相似:模仿生物神经元的树突,人工神经元也可以有 N 个输入(x_1,x_2 等);模仿生物神经元之间连接的强弱关系,每个输入端与人工神经元之间有一定的连接权值(w_1,w_2 等);模仿生物神经元的电位叠加,人工神经元接收到的总输入是对每个输入的加权求和;与生物神经元的激活过程相似,人工神经元也设有阈值(θ)。当人工神经元接收到的输入加权和超过其阈值 θ 时,按照如下公式计算该神经元的状态(用活跃值 u 表示)。

$$u = \sum_{i=1}^{N} w_i x_i - \theta$$

人工神经元的输出 y 是其状态 u 的函数,代入 u 的计算公式后:

$$y = f(u) = f\left(\sum_{i=1}^{N} w_i x_i - \theta\right)$$

其中,f 称为输出函数(也叫激励函数或激活函数)。输出函数可以是"二值函数"和"Sigmoid 函数"等多种形式,主要作用是完成该人工神经元的输入和输出之间的转换。如果采用"二值函数"作为输出函数 f,那么只要 $u>0$ 就输出"1";只要 $u<0$ 就输出"-1"。

人工神经元的模型确定之后,人工神经网络可以看成是以人工神经元为节点,用有向加权弧连接起来的有向图。其中,人工神经元是对生物神经元的模拟;有向弧是轴突-突触-树突对的模拟;有向弧的权值则表示相互连接的两个人工神经元间相互作用的强弱。一个简单的人工神经网络如图 9-16 所示。

人工神经网络中,有向弧的权值越大表示输入的信号对神经元的影响越大。对于相同的输入信号,权值不同,每个神经元的输出信号的计算也不同。通过调整权值可以得到固定输入下特定的输出值。应用人工神经网络求解问题的过程就是针对输入给出输出的过程:输入的是已知的、与问题求解相关的知识;输出的就是问题的答案。人工神经网络求解效

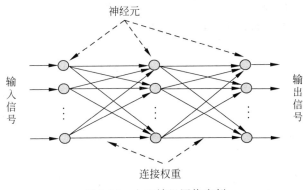

图 9-16　人工神经网络实例

果的好坏依赖于人工网络的结构。在使用人工神经网络求解问题之前,通常要先调试神经网络的相关参数,即采用一些已知正确的"输入—输出"对来训练神经网络,所谓"训练"就是不断尝试调整网络中的各个权值,以保证给定输入经过神经网络处理后,能够得到与其对应的正确输出。用来训练神经网络的"输入—输出"对称为训练数据,经过训练过程的调试,能够保证绝大部分训练数据正确的连接权值就可以被确定下来,用作后续问题的求解。这个训练过程也可以称为"学习"。在人工神经网络节点众多的情况下,训练过程通常是借助算法完成的。

"学习"是人工神经网络研究的一个重要内容。人工神经网络最具有吸引力的特点就是它的学习能力,也就是说通过训练能够让它变得越来越聪明。近年来,人工神经网络的研究不断深入,各种人工神经网络模型及算法不断被提出,并且在图像识别、预测、智能控制等诸多领域得到了成功应用,表现出了良好的智能特性。

9.2.6　机器学习

学习是具有特定目的知识获取和能力增长的过程,其内在行为是获取知识、积累经验、发现规律等;外部表现则是改进性能、适应环境、自我完善等。学习能力是人类智能的重要体现,人类的绝大部分能力并不是与生俱来的,而是通过学习获得的。刚出生的婴儿连最基本的认知能力都不具备,随着他的成长,逐渐学会了区分事物、讲话、走路等各种技能,每种能力的获取都与学习密不可分。比如,为了让孩子认识苹果,家长需要不断地给他看苹果的图片或者实物,让他尝苹果的味道,重复"苹果"这个词的发音等。经过一段时间的训练以后,孩子便理解了"苹果"这个概念,从而能够在众多水果中分辨出"苹果"。机器学习主要研究如何让计算机模拟人类的学习行为,从而利用历史经验对自身的性能进行改进和完善。

按照学习方法的不同,机器学习可以分为有监督学习、无监督学习以及强化学习。

1. 有监督学习

有监督学习是机器学习中最为重要的一类方法。目前,大部分机器学习算法采用的都是有监督学习。有监督学习就是采用给定的"输入—输出"训练出一个模型(函数),保证针对给定的输入,模型(函数)的输出与已知输出一致。这样,当新的输入到来时,便可以使用这个模型(函数)来进行预测。用来训练模型的一系列"输入—输出"对构成的集合称为训练数据集,训练数据集中的每条记录,也就是每个"输入—输出"对称为样本,样本在某方面的表现或性质称为特征。

有监督学习主要用来进行预测。以识别动物图像为例,要想让人工智能分辨出图片中的动物,首先需要一些用来训练机器学习模型的样本,这个例子中的样本就是一些人为事先标注好动物类别的猫、狗、兔等动物的图片。用这些标注好的动物图片进行训练,得到一个模型,接下来这个模型就能够对未知类型的动物图片进行判断,这个判断过程就是一种预测。按照目标的不同,预测问题又可以细分为回归问题和分类问题。如果只是预测一个类别值,则称为分类问题,如动物图片识别就是一个分类问题,预测的结果是"猫""狗"等有限的几个离散值。如果要预测出一个实数,则称为回归问题,如根据一个地区的若干个房产历史交易数据(包括房屋面积、价格等),对待售房进行估价,其预测的结果不再是属于一个固定的可能集合,而是连续实数,有无限的可能性。

常见的有监督学习算法有 K 近邻算法、决策树算法、朴素贝叶斯算法、支持向量机算法、逻辑回归算法等,以下仅以两个简单的小例子来介绍采用有监督学习算法求解问题的大致过程。

【例 9-9】 训练数据集及待分类样本如图 9-17 所示。坐标系中有 15 个训练样本点,分别属于两类(圆圈中的字母代表类别),现给出一个待分类的样本点(标有问号的点),采用 K 近邻算法对该样本进行分类。

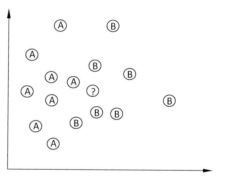

图 9-17　训练数据集及待分类样本

K 近邻算法是最简单的机器学习算法之一,用于解决分类问题。算法基本思想:分别计算待分类样本点与训练集中所有样本点的距离,取与其最近的前 k 个训练集中的样本点,考查这些样本点属于哪个类别的最多,那么待分类样本就被认为应该属于哪个类别。k 通常设定为不大于 20 的整数,此例中取 $k=3$。算法步骤如下所述。

(1) 分别计算待分类点与 15 个训练样本点之间的欧式距离。

(2) 按照距离递增的关系对训练样本点排序。

(3) 选取队列中前 3 个点,统计前 3 个点所在类别的出现频率。

(4) 将前 3 个点中出现频率最高的类别作为待分类样本点的预测分类。

由图 9-17 可以直观地看出,与待分类样本点距离最近的前 3 个训练样本点分别是 1 个 A 类点和两个 B 类点。由此可见,类别 B 在前 3 个点中出现频率最高(出现了两次)。因此,把类别 B 作为待分类样本点的预测类别。

K 近邻算法简单易实现,且不需要提前进行训练,但 K 近邻算法对参数取值较为敏感,选取不同的 k 值可能得到完全不同的结果。

【例 9-10】 给出如下一组已经标注好的学生数据,包括学生出勤率、回答问题次数、作业提交率、小测验分数这 4 个特征,采用决策树算法预测其他学生期末考试成绩是否能够高于 85 分。

表 9-2 学生样本数据

学号	出勤率	作业提交率	回答问题次数	小测验平均分	标注结果
CS2020001	80%	90%	5	95	是
CS2020002	100%	100%	6	85	是
CS2020003	100%	100%	7	65	否
CS2020004	60%	70%	8	50	否
CS2020005	70%	80%	9	95	否
CS2020006	60%	80%	10	98	是
CS2020007	65%	100%	11	92	是
CS2020008	80%	85%	12	91	是
CS2020009	80%	95%	13	85	是
CS2020010	91%	98%	14	85	是

决策树算法是一种基于树结构进行分类决策的算法。决策树中每个内部节点表示一个属性上的判断,每个分支代表一个判断结果的输出,每个叶节点存放一种分类结果。使用决策树进行决策的过程就是从根节点开始,测试待分类样本中相应的属性,并按照其值选择下一层的分支,直至某个叶节点,则将该叶节点存放的类别作为决策结果。

构造如图 9-18 所示的决策树,其中 A、B、C、D 称为阈值。通过输入表 9-2 中的样本数据对决策树进行训练,可以获得 A、B、C、D 的具体值,而后便可以使用这个决策树对新同学的期末成绩进行预测。

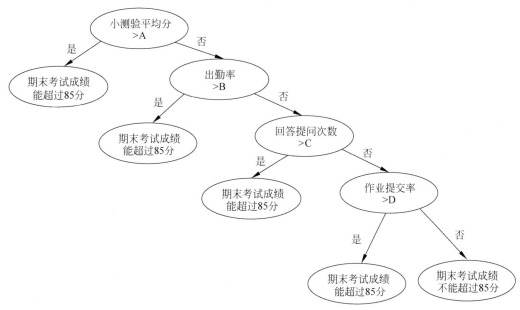

图 9-18 决策树示例

决策树算法有很多种,模型构造和训练方法各不相同。实际求解过程远没有这么简单,本例只是为了帮助大家理解使用决策树的基本过程。

2. 无监督学习

无监督学习是另外一类机器学习算法。与有监督学习不同,无监督学习没有训练集,不需要耗费人力进行样本标注，只有一组数据。机器学习算法直接对这组数据进行分析，在数据集内寻找规律。可以用一个简单的例子理解无监督学习：某公司的数据库中存储了许多客户的信息，老板希望能将客户分成不同的客户群，这样便可以针对不同类型的客户采用不同的促销策略。在没有算法帮助的情况下，业务员对这些客户的特征（年龄、性别、购买时间、购买数量等）进行比较，尽量把特征相似的客户放到一类里，然后分析这类客户的特点，大致确定了三类客户"大客户""一般客户"和"小客户"。业务员的这个分类过程就是一个无监督学习的过程。面临着大量客户信息，老板并没有事先告诉他什么样的客户是"大客户"，甚至连"大客户"这个名称都没有给出，业务员的分类行为完全没有先验知识指导，他所做的仅仅是通过比对这些客户之间的特征来把客户分成三类，并尽量保证同一类里的客户之间相似，不同类的客户之间不同，然后再分析每一类的特点，并按照个人理解取了名字。业务员的这个分类过程就可以采用无监督学习中的聚类算法来实现。

聚类算法是最典型的无监督学习算法，聚类算法的核心是根据输入数据（样本）之间的相似性对输入数据进行归类。无监督学习的另外一类典型算法是数据降维，它能在尽量保持数据内在信息和结构的同时，将一个高维向量变换到低维空间。目前，无监督学习并没有有监督学习应用广泛，但这种独特的学习方法为机器学习的未来发展带来了无限可能，正在引起越来越多的关注。

3. 强化学习

强化学习是一类特殊的机器学习算法，设计灵感来自心理学中的行为主义理论。强化学习的学习方法与有监督学习和无监督学习均不相同。强化学习没有训练数据，也不试图去寻找数据中的隐藏结构，而是通过不断尝试各个动作产生的结果，总结经验，并从经验中学习。

无论是人类还是动物，从与外界环境的交互中学习是必不可少的学习手段。强化学习实际上是对这种学习模式的模仿。行为主义认为有机体在环境给予的奖励或惩罚的刺激下，将逐步形成对刺激的预期，从而产生能获得最大利益的习惯性行为。强化学习强调如何基于环境而行动，以取得最大化的预期利益。简而言之，强化学习就是在训练的过程中不断尝试，对了就奖励，错了就惩罚，以得到在各个状态环境当中最好的决策。这个过程非常类似于马戏团驯兽师训练动物的过程：驯兽师与动物无法通过语言沟通，大部分动物也没有足够的智力去理解驯兽师的肢体动作，那么驯兽师是如何教会动物表演动作的呢？那就是食物和鞭子。驯兽师给出各种手势，动物做出相应的动作就会得到食物，反之就会被鞭子打一下。比如，驯兽员在动物面前放一个燃烧的火圈，并用手指向火圈，如果动物向前跳过火圈就喂它一些食物，动物做出除此以外的任何其他动作，都会被鞭子打一下。久而久之，动物为了得到食物且免遭鞭打，就会在驯兽师做出"指向火圈"这个动作时跳过火圈，也就是大家看到的"表演"。从驯兽师的视角看，这个训练过程就是强化学习的过程。所谓"强化"可以理解成通过多次交互反馈，不断地加强动物的经验。然而，从动物的视角来看，它对自己在做什么却一无所知，它所做的只不过是在不断试错后对当前"环境"所能做出的最有利于自己的行为。

与驯兽过程相似，强化学习算法就是根据当前环境状态确定一个动作来执行，然后进入下一个状态，如此反复，目标是收益最大化。探索和利用是强化学习中非常重要的两个概念。所谓探索就是尝试不同的行为,看是否会获得比之前行为更好的回报;利用则是使用过去经验中带来最大回报的行为。探索和利用是强化学习的重要手段,但他们之间又相互矛盾。这种矛盾可以用一个简单的例子加以说明:假设学校附近有 10 家餐馆,到目前为止,你在其中 8 家吃过饭,这 8 家餐馆中最好吃的餐馆被打 8 分,剩下的两家餐馆中可能打 9 分,但也可能只能打 5 分。那么,下一次吃饭你会去哪里?是去 8 分那家,保证吃到比较可口的饭菜,还是去没去过的那两家尝尝,期待遇到更好的食物呢?这就是探索与利用的矛盾。不探索永远找不到更好的行为,但是探索却有降低收益的风险。探索与利用是强化学习算法需要解决的难题之一,但是这并不影响它卓越的性能。谷歌旗下公司 DeepMind 研发的围棋程序 AlphaGo 采用的就是融合了深度学习的强化学习技术。2016 年,AlphaGo击败围棋九段高手李世石,一举成名,强化学习也随之大放异彩,成为机器学习领域的新热点。

9.3　人工智能研究领域

9.3.1　专家系统

专家通常是对精通某一领域或某项技能的人的称呼。当遇到难以解决的问题时,人们往往想到求助于这个领域的专家。比如,在医院,当遇到疑难杂症时经常需要进行专家会诊;在工厂,遇到难以解决的问题也需要求助于技术专家。但由于时间和空间的限制,很多情况下没有办法及时得到专家们的帮助,如果能将专家的知识以某种形式保存到计算机中,让计算机来使用这些知识,那么计算机系统是否就可以像专家一样帮助人们解决问题呢?于是,模拟人类专家解决领域问题的专家系统应运而生。专家系统是一种具有特定领域专门知识与经验的计算机程序系统,能够针对输入的问题,采用人工智能技术进行推理和判断,模拟人类专家给出解答。

专家系统的诞生是人工智能从理论研究转向应用研究迈出的第一步。1977 年,中国科学院自动化研究所涂序彦教授团队基于中医学家关幼波先生的医学经验,成功研制了我国第一个"中医肝病诊治专家系统"。1985 年,中国科学院合肥智能机械研究所熊范纶教授团队研发了我国第一个农业专家系统"砂姜黑土小麦施肥专家咨询系统"。除上述典型系统外,在世界各国还有无数的专家系统被成功地应用于工业、农业、商业、医学、气象、环境、交通、教育、军事等众多领域。按照用途,专家系统可以分为解释专家系统、诊断专家系统、预测专家系统、设计专家系统、规划专家系统、控制专家系统、监视专家系统、维修专家系统、教学专家系统以及调试专家系统等。专家系统的简化结构如图 9-19 所示。

人机交互界面是用户与系统进行交流时的界面。一般用户通过它输入待解决的问题以及与问题相关的已知事实;领域专家通过它输入知识、更新、完善知识库;专家系统的推理结果及相关的解释也是通过人机交互界面反馈给用户的。

知识获取是一组计算机程序,负责建立、修改和扩充知识库。知识获取是专家系统中把与问题求解相关的各种领域知识从人类专家的大脑中或者从其他知识源那里转换到知识库中的重要模块。

知识库是专家系统的核心组成部分,存放着求解问题所需的领域知识。知识库中的

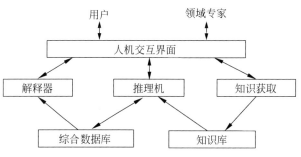

图 9-19　专家系统的简化结构

知识来源于该领域的专家。知识的质量和数量是决定专家系统能力的关键。通常情况下，专家系统中的知识库与专家系统程序是相互独立的，可以通过改变和完善知识库中的知识内容来提高专家系统的性能。

综合数据库用于存放系统运行过程中所产生的所有信息，以及所需要的原始数据，包括用户输入的信息、推理的中间结果、推理过程的记录等，既是推理机选用知识的依据，也是解释器获得推理路径的来源。

推理机是问题求解的核心执行机构，主要根据数据库中与当前待求解问题相关的事实知识，利用知识库中的领域知识，按一定的推理策略进行逻辑推理，给出问题的答案。

解释器用于回答用户的提问，解释系统的推理结果，使用户能够了解推理过程及所运用的知识和数据。简而言之，在已经给出推理结果后，如果用户继续提问"为什么是这个结果"，那么就需要解释器向用户说明推理过程，让用户理解程序做了什么和为什么这样做。

真实应用的专家系统结构要更为复杂，专家系统的结构直接影响着系统的适用性和有效性，专家系统结构设计要根据系统的应用环境和所执行任务的特点而定。近年来，随着人工智能技术的发展，专家系统在技术上也有了较大的进展，出现了模糊专家系统、神经网络专家系统、分布式专家系统、协同式专家系统等一系列新型专家系统。

9.3.2　自然语言处理

语言是信息的载体，是人类思维、沟通与交流的重要工具。自然语言处理是人工智能研究的重要研究领域，主要研究如何用计算机对人类的语言进行的有意义的分析与操作，实现人与计算机之间基于自然语言的有效通信。

用自然语言与计算机进行通信一直是人们长期以来的重要研究方向之一。设想一下，如果人类无须花费大量的时间和精力去学习各种计算机编程语言，可以直接使用自己最习惯的语言来和计算机进行交互，这该是多么美妙的一件事。然而，对于只能理解 0 和 1 的计算机来说，中文和英文毫无差别，单词和短语也没有什么实际意义，让计算机理解人类的语言并不是一件容易的事。

自动翻译是最早的关于自然语言处理方面的研究。自 2008 年以来，深度学习在图像识别和语音识别等领域的显著应用效果引起了自然语言处理领域研究人员的关注。深度学习逐渐被引入自然语言处理研究，并在机器翻译、问答系统、阅读理解等领域取得了一定的成功。目前，深度学习已经是自然语言处理中最常用的方法之一，深度学习技术与自然语言处理技术的结合,使之进入了崭新的发展阶段。

自然语言处理是一个层次化的过程,可以划分为语音识别、词法分析,句法分析,语义分析以及语用分析 5 个层面。自然语言处理层次如图 9-20 所示。

图 9-20　自然语言处理层次

语音识别是利用计算机实现从语音信号到文字的自动转换。词法分析是对构成句子的基本单元进行处理,找出词素,确定词性、词义的过程,具体包括形态还原、汉语切分、词性标注、命名实体识别、分词等。句法分析是对句子和短语的结构进行分析,找出句子所包含的句法单位以及这些单位之间的句法关系,判断句子的合法性。语义分析是根据句法结构和句子中每个实词的词义推导出能够反映这个句子意义的形式表示,确定语言所表达的实际意义。语用分析主要研究和分析语言使用者的真正用意,语用是指人对语言的具体运用,与语境和语言使用者的知识状态、言语行为、想法、意图都有关联,语用分析是对自然语言的深层次理解。

自然语言处理的具体研究内容主要包括以下 9 个方面。

机器翻译:运用计算机来实现不同语言之间的自动翻译。被翻译的语言称为源语言,翻译结果的语言称为目标语言。机器翻译就是从源语言到目标语言的转换过程,包括文本机器翻译和语音机器翻译。

自动文摘:利用计算机自动地将原始文档的主要内容或某方面的信息提取出来,形成原文档的摘要或缩写。文摘应具有压缩性、内容完整性和可读性。从文档个数角度,可分为单文档文摘和多文档文摘;从文摘技术角度,可分为抽取式文摘和理解式文摘。

信息检索:信息检索也称为情报检索,是利用计算机系统从大量文档中查找用户所需信息的过程。面向多语言的信息检索称为跨语言信息检索。人们日常使用的各种搜索引擎都是基于信息检索技术实现的。

信息过滤:通过计算机系统自动识别和过滤那些满足特定条件的文本信息。衡量信息过滤效果的依据是系统既要尽可能多地获取相关信息,又要尽可能多地屏蔽掉不相关信息。信息检索是针对动态变化的信息需求从固定的信息集合中获取相关知识,信息过滤则是针对固定的信息需求从动态变化的信息流中获取相关知识。

文本分类:文档分类也称为文本自动分类或信息分类,其目的就是利用计算机系统对大量的文档按照一定的分类体系或分类标准(如根据主题或内容等)实现自动归类。

复述与文本生成:复述主要针对短语或句子的同义现象进行研究,包括识别两个短语或句子是否互为复述—抽取关系;将给定的短语或句子复述成另外一个短语或句子。文本生成主要研究计算机如何根据信息在机器内部的表达形式生成一段高质量的自然语言文本。

问答系统:针对用户的自然语言提问,利用计算机自动地从互联网中找出问题的答案,且返回的结果是直接答案而不是网页。问答技术常与语音技术、多模态输入输出技术以及人机交互技术等结合,构成人机对话系统。

话题检测与跟踪:在海量数据流中自动发现话题,并将与话题相关的内容联系在一起,具有自动识别突发性话题,自动跟踪已知的持久性话题等功能。

文本情感分析:又称为意见挖掘或倾向性分析。互联网上充斥着大量的评论信息,这些评论信息表达了人们的各种情感色彩和情感倾向性。文本情感分析主要用于识别出文本中所包含的带有情感色彩的主观性句子,并对其情感趋势进行分析与判断。近年来,文本情感分析在市场营销、客户服务等方面发挥着重要作用。

9.3.3　计算机视觉

计算机视觉又称为机器视觉,是用计算机及相关设备来模拟人类宏观视觉的研究领域。通俗地讲,就是给计算机安装上"眼睛"(摄像机、照相机)和"大脑"(人工智能算法),让计算机能够像人类一样去"看"世界。具体地讲,计算机视觉首先要实现以下 3 个最基本目的。

(1)根据一幅或多幅二维图像计算出观测点到目标物体的距离。

(2)根据一幅或多幅二维图像计算出观测点到目标物体的运动参数。

(3)根据一幅或多幅二维图像计算出观测点到目标物体的表面物理特性。

计算机视觉的最终目的是实现计算机对于三维景物世界的理解,即实现对人类视觉感知能力的模拟。计算机视觉以图像处理技术、信号处理技术、概率统计分析、计算几何、神经网络、机器学习理论和计算机信息处理技术等为基础,试图建立从图像或多维数据中获取"信息"的人工智能系统,是当前最为活跃的几个人工智能研究领域之一。

目前,计算机视觉技术已经大规模地应用于工业检验、自动焊接、医疗诊断、移动机器人、指纹识别、智能交通、无人机与无人车驾驶、智能家居、军事目标跟踪等多个领域。

计算机视觉领域又包括了诸多不同的研究方向,比较基础和热门的研究方向包括图像分类、目标检测、语义分割、目标跟踪、视频理解等。

图像分类:由计算对输入图像进行分析,从给定的分类中为其选择一个类别标签。例如,定义一个类别集合 C={dog,cat,rabbit},之后提供一张如图 9-21 的图片给图像分类系统,分类系统会为该图片打上类别标签 cat,有些分类系统也会以概率的形式给出分类结果,dog:3%,cat:95%,rabbit:2%。图像分类对于人类来说再简单不过,但是对于所有计算机来说,它识别的并不是猫而是一个大的像素矩阵。

图 9-21　待分类图片

目标检测:在一个静态图像或动态视频中,计算机程序自动检测出人们感兴趣的目标对象,并将其所属类别及位置标识出来。十字路口车辆目标检测结果的示例如图 9-22 所示。可以看出,图中的车辆都被以方框的形式正确地标记出来了。

图 9-22 目标检测结果示例

目标跟踪：在一段给定的视频中跟踪某一个或多个目标对象的过程。跟踪算法需要从视频中检测到初始对象、继而不断地寻找跟踪对象的位置，并适应视频中光照变化、运动模糊及表观的变化。

语义分割：将整个图像分成一个个像素组，然后对其进行标记和分类。语义分割试图在语义上理解图像中每个像素的角色，即确定每个像素归属于哪个实体。一个语义分割的示例，如图 9-23 所示。左侧为原始图片，右侧为分割结果。

图 9-23 语义分割示例

视频理解：根据输入的图像或视频，算法自动生成一段描述该图像或视频内容的文本，或者是根据用户提问内容进行回答。比如，对于图 9-23 中，机器应该自动生成一段描述"一头牛在房子前的草地上"，或者能够回答"图片中有动物吗？有几只？"等这类问题。

图像修复：也称为图像重构，其目标就是修复图像中缺失的地方，常用于修复一些有损坏的黑白照片和影片。

9.3.4 多智能体系统

群体行为是自然界中常见的现象,比如编队迁徙的大雁、结队巡游的沙丁鱼群、分工协作的蜂群、合作捕猎的狼群等。这些群体现象的共同特征是一定数量的自主个体通过相互协作,在集体层面上呈现出有序的行为。在人类社会中,协作也是普遍存在的现象,是人类智能行为的重要表现形式之一。为了模仿群体协作这种智能行为,20世纪70年代末期,研究人员提出了分布式智能系统的概念,主要研究在逻辑上或物理上分散的智能体如何并行的、相互协作地求解实际问题。最初的研究主要集中在分布式问题求解,即建立一个由多个子系统构成的协作系统,各子系统间协同工作解决特定问题。这种早期的分布式智能系统采用的是"自上而下"的方法,上层系统根据任务,预先设定好各底层子系统之间的相互作用方式。因此,这种方法缺乏足够的灵活性,很难对复杂的大系统建模。为此,1986年,美国麻省理工学院教授马文·明斯基(Marvin Minsky)将社会与社会行为概念引入计算系统,提出了智能体(Agent)的概念。1989年,第一届国际多智能体欧洲学术会议举行,多智能体研究开始受到广泛关注。

与人工智能一样,智能体至今没有统一的定义,不同的研究人员给出的定义也不尽相同,但其内涵基本相似。智能体一般是嵌入环境中的一个计算实体,具备自主采取行动的能力,不仅能够感知外界环境,对外界环境的变化做出动作响应或采取主动行为实现目标,还能够使用某种通信语言与其他智能体进行交互,相互协作地实现共同目标。一个智能体可以是单独的软件,也可以是软件、硬件以及其他机械装置的组合。自主性、主动性、反应能力以及社会能力是智能体的4个基本属性。部分智能体研究者认为智能体除了满足上述4个基本属性外,还应该满足移动性、诚实性、理性、适应性、学习性等特性。按照设计理念以及侧重点的不同,现有的智能体理论模型可以分为以下4种。

反应型智能体:能够对环境进行主动监视,并做出必要的反应。反应式智能体最典型的应用就是智能机器人,行为主义学派代表布鲁克教授研制出的能在未知的动态环境中漫游的有6条腿的机器虫就是一个典型的反应型智能体。

BDI型智能体:BDI是Belief(信念)、Desire(愿望)和Intention(意图)三个单词的缩写。BDI型智能体是指有信念、有愿望并且有意图的智能体,也被称为理性智能体。BDI型智能体能够根据环境状态的变化修正自己的行为。

社会型智能体:处在由多个智能体构成的一个智能体社会中的智能体。各智能体有时有共同的利益(即需要共同完成一项任务),有时则利益互相矛盾(即须争夺同一项任务)。协作和竞争是这类智能体的必不可少的功能。

学习型智能体:具有学习能力的智能体。这类智能体既能够从与环境的交互中总结经验教训,提高自身的能力,又能够通过与其他智能体的交互进行学习。学习型智能体内部设计较为复杂,一般包括执行组件、学习组件与评价组件、问题生成组件等。

多个智能体组成的群体系统称为多智能体系统。多智能体系统可以看作是对社会型群体的一种模拟。多智能体系统中的每一个智能体都是自主的,它们可以由不同的设计方法和计算机语言开发。如图9-24所示,系统中不同的Agent有不同的作用范围,可以控制或影响环境的不同部分。在某些情况下,影响范围可能有重叠。这些智能体之间通过交互、协作进行问题求解,所求解的问题一般是单个智能体无法解决的。多智能体系统的重点是协

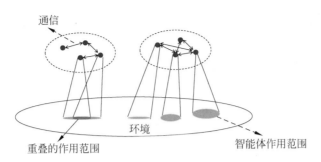

图 9-24 多智能体系统示意图

调自主智能体之间的行为,让若干个智能体相互协作从而实现复杂智能,并完成共同的全局目标。在多智能体系统中,如果每个智能体都以自身目标最大化为原则,那么多个智能体的行为组合未必能够实现系统的整体目标。因此,多智能体系统中,需要为每个智能体设计一种通信协商机制,通过协商来解决冲突。博弈论是多智能体协调的重要理论基础之一。

多智能体系统具有很强的实用性,目前已被广泛应用于在线交易、市场模拟、社会结构建模、安全监控、灾难响应、系统诊断、交通控制、网络游戏开发等领域。例如,基于多智能体系统的智能交通信号灯已经在郑州、太原等多个城市上岗,信号灯能够根据交通情况自动地调整放行时间,并且相邻路口信号控制智能体之间能够进行通信、协作,显著提高复杂、拥堵路段的通行效率,减少车辆的等待时间和尾气排放量。

9.3.5 智能规划

智能规划是人工智能的另一个重要的研究领域,具体介绍详见下方二维码。下面通过例 9-11 的讲解,帮助大家理解和掌握智能规划的研究内容和基本研究方法。

【例 9-11】 图 9-25 给出的机器人搬盒子问题:要求机器人从 C 处出发,把盒子从 A 处拿到 B 处,然后再回到 C 处。这是一个最简单的机器人任务规划问题,这个问题的目标即是找出机器手臂的一个动作序列。

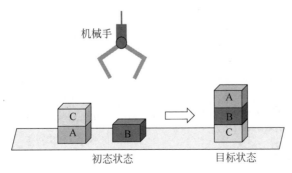

图 9-25 机械手臂叠积木问题

要求解机械手臂叠积木问题,首先要采用某种知识表示方式对问题的状态进行描述,最常用的方法就是谓词表示法。可定义如下谓词。

CLEAR(x):积木 x 上面是空的;

ON(x,y):积木 x 在积木 y 的上面;

ONTABLE(x):积木 x 在桌子上;

HOLDING(z,x):机械手抓住 x;

HANDEMPTY(z):机械手是空的;

则问题的初始状态可以用一系列谓词描述为:

CLEAR(B),CLEAR(C),ON(C,A),ONTABLE(A),HANDEMPTY(z),ONTABLE(B)。

问题的目标状态可以描述为:

ON(B,C),ON(A,B),ONTABLE(C),CLEAR(A),HANDEMPTY(z)。

定义问题状态后,还需要对问题中的动作进行定义;动作的定义由条件和操作两部分组成,条件部分用来说明执行操作必须具备的先决条件,可用谓词公式来表示;操作部分给出了该动作对问题状态的改变情况,具体操作过程则是通过在执行该动作前的问题状态中删去和增加相应的谓词来实现。例如,机械手臂从桌子上拿起积木这个动作可以定义为:

Upstack(x,y):把积木 x 从积木 y 上面拣起。

动作条件:HANDEMPTY(z),CLEAR(x),ON(x,y)。

动作操作:删除谓词 HANDEMPTY(z),ON(x,y);添加谓词 HOLDING(z,x),CLEAR(y)。

这个定义描述了如下内容:执行这个操作的前提是积木 x 在积木 y 上,机械手 z 是空的,积木 x 上没有其他积木;执行这个动作后,机械手 z 不再是空的,积木 x 不在积木 y 上,积木 x 在机械手 z 中,积木 y 上没有其他积木。

只有问题的某个中间状态满足动作的条件时,该动作才能执行,并改变问题的状态。显然,问题初始状态满足该动作的执行条件,针对初始状态执行 Upstack(x,y)动作将完成如图 9-26 所示的问题状态转换。

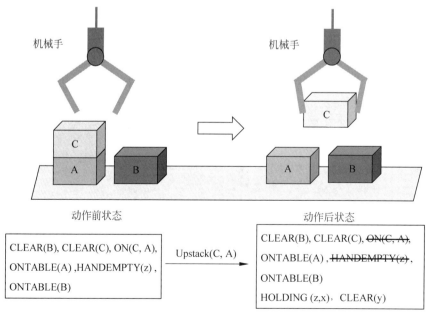

图 9-26   机械手臂叠积木问题状态转换示例

按照如上状态定义及动作定义,该问题可被表示成一个有向图,图的每个节点都是该问题的一个可能状态(用一组谓词公式进行描述),节点之间的有向弧表示导致状态转变的动作。完成问题的表示以后,即可采用相应的搜索算法对这个有向图进行搜索,找到从初始状态到目标状态的一个操作序列。

9.4　人工智能行业应用

目前,人工智能技术已经广泛应用于制造、物流、农业、医疗、交通等行业,具体内容请详见 9.6 节的扩展阅读。

9.5　本章小结

人工智能自诞生以来,历经几十年的发展,理论日臻完善,应用领域日益广泛,已成为学术界和产业界共同追逐的热点,得到了各国政府的高度重视。本章主要介绍了人工智能的起源、发展过程以及学术流派;探讨了人工智能的内涵,人工智能与人类智能的关系;展示了知识表示、搜索技术、演绎推理、进化计算等一系列使用人工智能技术进行问题求解的具体方法;分析了专家系统、自然语言处理、计算机视觉等人工智能热门研究领域,旨在通过本章的学习,帮助大家初步建立起人工智能的知识体系。

9.6　赋能加油站与扩展阅读

智能家居综合运用先进的计算机技术、网络通信技术、大数据与云计算技术等,基于人体工程学原理,融合个性需求,将家中的各种设备(如音视频设备、照明系统、窗帘控制、空调控制、安防系统、数字影院系统、网络家电等)连接在一起,提供家电控制、照明控制、室内外远程控制、防盗报警、环境监测、供暖控制等多种功能,实现"以人为本"的全新家居生活体验。你能在互联网上搜索到哪些智能家居产品?你身边有哪些智能家居的应用?这些产品和应用都包含了哪些人工智能技术?

扩展阅读

9.7　习题与思考

1. 你是如何理解人工智能的?人工智能有哪些研究领域?你最感兴趣的是哪个领域?
2. 人工智能的三大学派分别是什么?他们对于人工智能有什么不同的认识和理解?

3. 什么是知识？为什么要研究知识表示的方法？常用的知识表示方法有哪些？

4. 盲目搜索与启发式搜索有什么区别？请举例加以说明。

5. 举例说明命题和谓词的区别。

6. 遗传算法的基本思想是什么？

7. 机器学习中的"学习"是什么意思？机器有哪些学习方法？

文档处理

视频讲解

【实验目的与要求】

（1）掌握标准的论文排版方法。

（2）掌握在论文中插入图形元素、表格及公式。

（3）掌握如何生成论文目录。

【实验知识要点】

（1）不一样的页眉页脚。

① 插入分节符。

页眉和页脚通常用于显示文档的附加信息，如页码、日期、作者名称、单位名称等。其中，页眉位于页面顶部，而页脚位于页面底部。Word 可以给文档的每一页建立相同的或不同的页眉和页脚。默认时，Word 将整篇文档作为一节来处理。如果想设置不一样的页眉或页脚内容则需要使用分节符，然后再进行操作。

插入分节符的方法：选择"页面布局"→"页面设置"→"分隔符"选项，在弹出的菜单中选择需要的分节符选项。

② 设置页眉和页脚。

在创建不同页眉或页脚的节内双击页眉或页脚区，可选择"页眉页脚工具"→"设计"→"导航"→"链接到前一节页眉"选项，以便断开新节中的页眉和页脚与前一节中的页眉和页脚之间的链接，即可更改本节现有的页眉或页脚。同时 Word 2007 不在页眉或页脚的右上角显示"与上一节相同"时，也可单击"上一节"和"下一节"按钮移到下一处要更改的页眉或页脚。

（2）自动目录。

① 创建目录。

Word 有自动编制目录的功能，首先需要将欲在目录中显示的文本条目设置为 1 级标题、2 级标题或 3 级标题等。然后再将插入点定位到要插入目录的位置，在"引用"选项卡的"目录"组中选择具体目录的格式，或选择"自定义目录"选项，再单击"确定"按钮即可完成自动目录的生成。

② 更新目录。

在创建了一个目录后，如果再次对源文档进行编辑，那么目录中标题和页码都有可能发生变化,因此需要及时更新目录。选择"引用"→"目录"→"更新目录"选项,或是在目录域的任意位置右击,在弹出的快捷菜单中选择更新域即可完成。

(3) 公式。

Word 2007 完善了公式输入功能,使用户在输入公式时变得十分轻松。选择"插入"→"符号"→"公式"选项,即可在弹出的菜单中选择"常用公式"选项,再选择需要的公式模版,完成公式的创建。

(4) 表格。

① 使用表格模板创建表格。

可以使用表格模板插入基于一组预先设计好格式的表格。表格模板包含示例数据,可以帮助读者设计添加数据时表格的外观。

单击要插入表格的位置,选择"插入"→"表格"→"快速表格"选项,再选择需要的模板,再使用所需的数据替换模板中的数据即可完成。

② 使用"表格"菜单。

单击要插入表格的位置,选择"插入"→"表格"→"插入表格"选项,拖动鼠标以选择需要的行数和列数。

③ 使用"插入表格"命令。

"插入表格"命令可以在创建表格的同时,选择表格尺寸和格式。选择"插入"→"表格"→"插入表格"选项。在"表格尺寸"输入框下,输入列数和行数。在"自动调整"区域,选择选项以调整表格尺寸。

④ 使用"绘制表格"命令。

可以通过"绘制表格"命令绘制复杂的表格,如绘制包含不同高度的单元格的表格或每行的列数不同的表格,也可在已有表格中局部使用"绘制表格"命令。

在要创建表格的位置单击,选择"插入"→"表格"→"绘制表格"选项。指针会变为铅笔状,先绘制一个矩形定义表格的外边界,然后在该矩形内绘制列线和行线。

要擦除一条线或多条线,选择"表格工具"→"设计"→"绘图边框"→"擦除"选项,再单击要擦除的线条即可完成擦除。

⑤ 将文本转换成表格。

将文本转换为表格时,用分隔符标识新行或新列的起始位置。转换前先插入分隔符(如逗号或制表符),以指示将文本分成列的位置,使用段落标记指示新行的开始位置,也可在将表格转换为文本时,同样使用分隔符标识文字分隔的位置。

(5) 自选图形。

可以向 Word 2007 文档添加一个形状或者合并多个形状以生成一个绘图或一个更为复杂的形状。选择"插入"→"插图"→"形状"选项,在弹出的菜单中选择需要的图形工具按钮,拖动鼠标即可在文档中绘制相应的图形,添加一个或多个形状后,可以在其中添加文字、项目符号、编号等。

形状绘制完成后,选中形状,即可出现"格式"选项卡,使用"格式"选项卡中的工具可以对形状进行编辑。右击该形状,在弹出的快捷菜单中选择"设置自选图形格式"选项,在弹出的"设置自选图形格式"对话框中的"文本框"选项卡中,在"内部边距"区域,将上边距、下边距、左边距、右边距均设置为 0,可扩大该形状内显示文字的区域。

（6）文档的创建与保存。

选择"文件"→"新建"选项，可以完成新文档的创建。

选择"文件"→"保存"或"另存为"选项，选择保存位置及文件名的确定，即可将文档保存起来。

【实验内容】

按以下要求将给定的论文进行排版。

（1）封面。

① 封面页边距均设为 2.5 厘米。

②"本科学生毕业设计"或"本科学生毕业论文"选择其一，设为华文中宋小二号、居中。

③ 题目"××××××"设为华文中宋一号、居中。

④ 系部名称设为四号、华文中宋，在下画线上添加文字，楷体_GB2312 小三号，居下画线中。"专业班级、学生姓名、指导教师、职称"同上，每行之间间距为 1.8 倍行距。

⑤ 黑龙江工程学院设为宋体三号、居中、加黑、字间一个空格。

⑥ 年月设为宋体三号、居中、不加黑。

⑦ 题目中有数字和字母用 Times New Roman 体。

⑧ 外文封面设为 Times New Roman 体，内容、字号与中文封面相对应。

（2）摘要。

① 中文摘要。

中文摘要包括摘要、摘要正文和关键词。摘要标题设为黑体小二号，字间加两个空格，上下各空一行；摘要正文设为宋体小四号，1.35 倍距；摘要正文下空 3 行顶格排，"关键词"三字，设为黑体小四号；每一个关键词之间用分号"；"，宋体小四号，最后一个关键词后不加标点符号。

② 外文（多用英文）摘要。

应另起一页，其内容及关键词应与中文摘要一致，并要符合外语语法习惯，语句通顺，文字流畅。

（3）论文正文。

① 正文。

分章节撰写，每章应另起一页。各章标题采用黑体小二号，上下各空一行。字数一般在15 字以内，不得使用标点符号。各节的一级题序及标题设为黑体四号；各节的二、三级题序及标题设为黑体小四号。正文汉字采用宋体小四号，外文采用 Times New Roman 体，行间距为多倍行距 1.35。

② 字体字号。

题目	华文中宋一号
各章题序及标题	黑体小二号
各节的一级题序及标题	黑体四号
各节的二级题序及标题	黑体小四号
各节的三级题序及标题	黑体小四号
款、项	黑体小四号

正文	宋体小四号
摘要、结论、参考文献标题	黑体小二号
摘要、结论、参考文献内容	宋体小四号
目录标题	黑体小二号
目录内容中章的标题	黑体四号
目录中其他内容	宋体小四号
页码	页面底端居中、阿拉伯数字连续编码
页眉与页脚	页眉楷体_GB2312 五号、居中,页脚 Times New Roman 体五号
阿拉伯数字和字母	Times New Roman 体

(4) 论文中的图、表、公式。

① 插图。

每幅插图均应有图题(由图号和图名组成)。图号按章编排,如第 1 章第一图的图号为图 1.1。图题置于图下,用宋体五号,图中文字用宋体六号。图名在图号之后空一格排写。插图与图题为一个整体,不得拆开排写于两页。

② 表格。

应有自己的表序和表题并在文中说明,例如,如表 1.1。表序一般按章编排,如第 1 章第一插表的序号为表 1.1。表序与表名之间空一格,表名中不允许使用标点符号,表名后不加标点。表序与表名置于表上居中用黑体小四号,数字和字母为 Times New Roman 体小四号、加黑。表格采用开放式表格,两端不画边框线,表头设计应简单明了,尽量不用斜线。表头与表格为一体,不得拆开排写于两页。

③ 公式。

应另起一行写在稿纸中央,公式和序号之间不加虚线。公式序号按章编排,如第 1 章第一个公式序号为(1.1)。

(5) 论文页面设置。

① 页眉。

除中外文封面外,页眉 2.0 厘米,“黑龙江工程学院本科生毕业设计”或“黑龙江工程学院本科生毕业论文”设为楷体_GB2312 五号、居中;页脚 1.6 厘米。页眉中细实线默认;页脚细实线 0.75 磅,页码在细实线下,居中。

② 除封面外其他部分的页边距。

设置:上边距为 3 厘米;下边距为 2.5 厘米;左边距为 2.8 厘米;右边距为 2.5 厘米。

③ 页码。

页码从绪论部分开始至附录,用阿拉伯数字连续编排,页码位于页面底端,采用 Times New Roman 体五号、居中。中外文封面、目录不编入页码。

(6) 生成目录。

目录标题为黑体小二号,目录内容中章的标题为黑体四号,目录中其他内容宋体小四号。

【实验指导】

实验指导文档请扫描右侧二维码获取。

附录 A　实验指导

附录 B

程序的初步认识

视频讲解

【实验目的】

(1) 掌握程序设计的简单算法。

(2) 了解面向对象程序设计的思想。

(3) 了解顺序、分支、循环 3 种程序控制结构。

(4) 掌握 VB 常用控件的简单使用方法。

(5) 掌握 Python 编程初步体验

【实验知识要点】

(1) VB 基本语言特点。

Visual Basic 语言(简称为 VB)在设计应用程序时具有两个基本特点,可视化设计和事件驱动编程。VB 系统除了一般高级语言所具有的一些名词术语外,还有几个系统常用的名词,包括视窗(Form)、对象(Object)、属性(Properties)、事件(Events)、方法(Method)等。

① 视窗(Form)。

视窗是 VB 系统的人机交互界面或接口,也称为窗体。用 VB 创建应用程序的第一步就是创建用户窗体,VB 中的窗体保存在工程文件中。一个工程文件可保存多个窗体,添加窗体的方法:选择"工程"→"添加窗体"选项,可实现窗体的添加。

② 对象(Object)。

对象是 VB 系统内部提供给设计者可以直接使用的处理输出的控制工具。VB 中常用的对象类型有标签框(Label Box)、文本框(Text Box)、命令按钮(Command Button)、数据访问接口控件 ADO(ActiveX Data Object)、网格(Data Grid)等。当把这些工具放置到用户界面对应的窗体上时,被称为对象或控件。对象的属性、事件和方法被称为对象的三要素,在 VB 面向对象程序设计中也是围绕着这三要素展开的。

③ 属性(Properties)。

属性是 VB 系统提供的有关对象的参数或数据接口。用户通过适当的设置或改变对象的属性来确定对象的外观及性能特征,从而有效地使用系统提供的对象。例如,控件名称(Name)、标题(Caption)、文本(Text)、颜色(Color)、字体(FontName)等属性决定了对象展现给用户的外观及功能。

④ 事件(Events)。

事件是指用户或操作者对计算机进行的某一操作(如双击、单击或拖动鼠标等)的行为或系统状态发生的变化。VB 系统常用事件来引导计算机执行一段程序。程序所用的键盘事件有 KeyPress(按键)事件、KeyDown 事件和 KeyUp 事件,鼠标事件有 Click(单击鼠标)事件、DbDlicd(双击鼠标)。

⑤ 方法(Method)。

方法主要是指对一个对象使用某种作用的过程。它是在程序执行的过程中要计算机执行的某种操作。其程序的方法有 Show(显示)方法、Hide(隐藏)方法、Refresh(刷新)方法。

(2) VB 的数据输入、输出。

① 赋值语句。

```
变量名 = 表达式
对象.属性 = 表达式
```

功能：将表达式的值赋值给变量或指定对象的属性,一般用于给变量赋值或对控件设定属性值。

例如,Text1.Text = "欢迎使用 Visual Basic 6.0"

② InputBox 函数。

可在运行窗体时,随机地为变量输入数据,具有较强的通用性。

```
变量名 = InputBox(提示[,标题][,默认值][,x坐标位置][,y坐标位置])
```

其中,除提示信息为字符串表达式必须写外,其余部分都可为默认。

例如,x = Val(InputBox("请输入一个数", "输入框", 100))

③ 数据的输出。

```
Print 方法: [对象名.]Print[<表达式表>]
```

说明：[对象名.]可以是窗体名、图片框名,也可以是立即窗口"Debug"。若省略对象,则表示在当前窗体上输出。

(3) VB 的程序结构。

VB 语言提供顺序结构、选择结构、循环结构这 3 种基本结构,这里只介绍选择结构和循环结构。

① 选择结构。

选择结构从单分支的基础上加上一个 else 子句可以演变成双分支；加上多个 else 子句并附带具体说明哪种条件的 if 语句就可以演变成多分支；还有 Select Case 语句专门来处理多分支结构。此外各种分支语句可以嵌套使用,只要在一个分支内嵌套,不出现交叉,满足结构规则即可。其嵌套的形式有很多种,嵌套层次也可以任意多。对于多层 if 嵌套结构中,要特别注意 if 与 else 的配对关系,一个 else 必须与 if 配对。

• 单分支

```
If <表达式> Then 语句块
```

• 双分支

```
If <表达式> Then
    语句块 1
Else
    语句块 2
End If
```

或

```
If <表达式> Then <语句>
```

• 多分支

```
Select   Case 变量或表达式
        Case 表达式列表 1
            语句块 1
        Case 表达式列表 2
            语句块 2
        …
        [Case Else
            语句块 n＋1]
End Select
```

② 循环结构。

VB 提供了 for 循环语句、当型循环语句以及直到型循环语句 3 种能实现循环的语句，这里只介绍 for 循环语句和当型循环语句。其中，for 循环语句一般用于循环次数已知或知道明显的初值、终值情况，当型和直到型适用于知道循环条件下的选择。

• for 循环语句

```
For 循环变量＝初值 to 终值 [Step   步长]
        语句块
[Exit For]
        语句块
Next 循环变量
```

• 当型循环语句

```
Do {While|Until }<条件>
    语句块
    [Exit   Do]
    语句块
Loop
```

循环也可以通过嵌套实现多重循环结构，嵌套的层数可以根据需要而定，并要注意嵌套时内循环变量与外循环变量不能同名；外循环必须完全包含内循环，不能交叉；不能从循环体外转向循环体内，也不能从外循环转向内循环。

（4）VB 数据库访问。

ADO 数据访问技术使应用程序能通过任何 OLE DB 提供者来访问和操作数据库中的数据。ADO 实质上是一种能够提供访问各种数据类型的连接机制，它通过其内部的属性和方法提供统一的数据访问接口，适用于 SQL Server、Access 等关系型数据库，也适用于 Excel 表格等数据资源。

VB 数据库访问通常会使用 ADO Data Control 和 DataGrid 控件,DataGrid 控件可以为后台数据提供显示数据的场所。这两个控件都属于 ActiveX 控件,使用前需添加。具体操作为选择"工程"→"部件"选项,弹出"部件"对话框,选定所需的控件并确定。与数据库的连接,即从数据库中选择数据构成记录集,主要用于设置 ADO 数据控件的 3 个基本属性。

① ADO 数据控件的 3 个基本属性。

- Connectionstring 属性是一个包含了用于与数据源建立连接的相关信息的字符串,使连接概念得以具体化。

- Recordsource 属性是可确定具体访问的数据来源。这些数据构成记录集对象 Recordset,该属性值可以是数据库中的单个表名,也可以是一个 SQL 的查询字符串。

- Commandtype 属性用于指定获取记录员的命令类型,它有 1、2、4、8 这 4 个属性值可供选择,分别用于满足将 Recordsource 设置为命令文本即 SQL 语句、单个表、存储过程及 SQL 语句。

② 记录集对象 Recordset 常用 move 方法组。

VB 中访问数据库内的表格只能通过记录集对象 Recordset 对记录浏览。具体包括 4 个 move 方法。

- movefirst 方法移至第 1 条记录。

- movelast 方法移至最后一条记录。

- movenext 方法移至下一条记录。

- moveprevious 方法移至上一条记录。

③ ADO 数据控件的常用方法。

refresh 方法用于刷新 ADO 数据控件的连接属性,并能重建记录集对象。当运行状态改变 ADO 数据控件的数据源连接属性后,必须使用 refresh 方法激活这些变化。例如,更新记录源 Adodc1. RecordSource="成绩表"后,还要执行 Adodc1. refresh 命令,内存中记录集的内容才会发生改变。

(5) 设置启动窗体及窗体的保存。

运行窗体时需要设置启动窗体。在默认情况下,Form1 会成为启动窗体。方法:选择"工程"→"工程属性"选项,在"工程属性"对话框中的"启动对象"选项区域,选择具体的启动窗体即可实现启动窗体的设置。

窗体的保存:VB 中的窗体都保存在一个工程文件中,所以需要新建一个文件夹来专门保存这个工程文件,而不是选择默认路径保存。具体方法:选择"文件"→"保存 Form1"选项,直到所有窗体都保存结束后,再选择"文件"→"保存工程"选项,还可以选择"文件"→"生成工程 1. exe"选项使工程文件以可执行文件形式保存,可脱离 VB 环境直接运行。

(6) Python 语言之数据的基本输入、输出及选择与循环结构。

① Python 中如何实现输入。

方法一,变量名=常量,如:

```
>>> a = 123
```

方法二,使用 input()函数由用户输入字符串,如:

```
变量名 = input()
```

```
>>> name = input("请输入一个整数:")
请输入一个整数:23
```

② Python 中如何实现输出。

使用 print() 函数,括号中可以是变量名、字符串、带格式符的字符串或表达式等多种形式,如:

```
>>> m, n = 12, 22
>>> print(m + n)
34
```

③ Python 中的选择结构。

Python 提供了 3 种形式的语句,按照 Python 缩进原则,条件成立时,所有缩进的多条语句都会被执行到。

- 单分支

```
if condition_1:
    statements_1
```

- 双分支

```
if condition_1:
    statements_1
else:
    statements_2
```

- 多分支

```
if condition_1:
    statements_1
elif condition_2:
    statements_2
else:
    statements_3
```

④ Python 中的循环结构。

同样需要注意冒号和缩进。

- for…in 循环

```
for < variable > in < sequence >:
    < statements_1 >
else:
    < statements_2 >
```

- while 循环

```
while < expression >:
        < statements_1 >
```

- 循环嵌套

```
while < expression >:
```

```
while < expression >:
    < statements_1 >
< statements_2 >
```

while 与 while 循环、for 与 for 循环及 while 与 for 循环之间可以相互嵌套。注意,缩进和冒号。

【实验内容】

(1) 设计一个四则运算的自我练习应用程序。

要求:窗体标题栏上显示"XXX 的四则运算"。当用户输入一种运算符后,运算式中会立即出现该运算符号,单击"出题"按钮可以产生两个[0,1000]的随机整数,同时"="号出现组成计算表达式。可通过单击"计算"按钮,计算所生成的表达式的值,也可以由用户输入运算结果。通过单击"判断"按钮判断输入的运算结果是否正确,在窗体的下方会显示"XXX,您的计算结果为:√"或"×",单击"退出"按钮结束运行,窗体运行界面如图 B-1 所示。

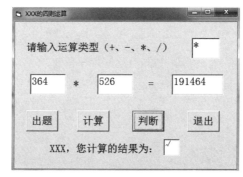

图 B-1　四则运算的自我练习应用程序示意

(2) 设计一个可打印各种规则图形(平行四边形、正立三角形、倒立三角形)的小程序。

要求:添加两个窗体,分别为"密码验证"和"打印规则图形"窗体,窗体标题栏上显示"密码验证",用户输入本人的姓名和密码,如输入正确可进入下一个窗体,否则必须重新输入。在"打印规则图形"窗体标题栏上显示打印规则图形。以平行四边形为例,当用户单击"平行四边形"按钮时,会弹出提示对话框,询问需要打印的行数,输入数字并单击"确定"按钮后,图形上方显示"XXX 打印的平行四边形",且图片框中显示满足行数的平行四边形。重新单击后,图片库中清空图形,其他两个单击按钮功能相似即可。运行界面如图 B-2 所示。

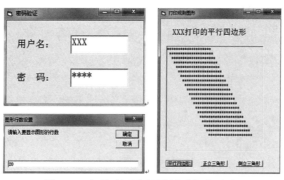

图 B-2　密码验证及规则图形打印示意

（3）实现 VB 数据库访问的查询窗体的界面设计，查询窗体如图 B-3 所示。

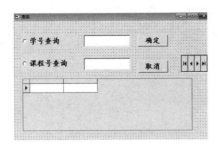

图 B-3　查询窗体

将 Form2 密码窗体设置为启动窗体，并为 Form3 打印图形窗体和 Form1 四则运算窗体分别添加一个窗体单击事件代码，显示 Form1、Form4 窗体，将所有窗体保存在一个工程文件中。

（4）请使用 Python 语言实现输入月份，并给出现在是什么季节的判断。

（5）请使用 Python 语言实现九九乘法表的前五行前五列。

要求：运行界面如图 B-4 所示。

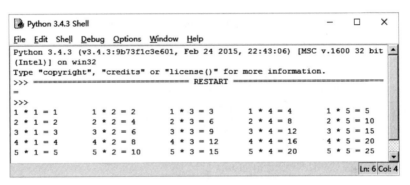

图 B-4　九九乘法表前五行前五列

【实验指导】

（1）四则运算的自我练习程序。

① 工程的创建。

打开 VB 程序，选择"标准 EXE"选项，单击"打开"按钮，进入 VB 初始界面，如图 B-5 所示。

② 程序界面设计。

分析所要创建的程序需要使用哪些控件，如图 B-6 所示。

在 Form1 中，单击左侧"工具箱"图标分别将所需要的控件（标签、文本框、命令按钮）拖曳至窗体的合适位置，调整每个控件的大小、位置及对齐效果，如图 B-7 所示。

注意，各控件位置的调整，用鼠标拖曳的形式较难控制，可配合选择"格式"→"对齐"选项或选择"格式"→"统一尺寸"选项辅助调整。

③ 控件属性的初始设置。

分别选择不同的控件，在右下角"属性"框中对控件的初始属性进行设置，如表 B-1 所示。红色的字母为各控件的属性名，等号右侧为各属性的属性值。

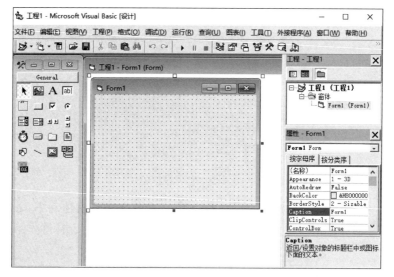

图 B-5　VB 初始界面

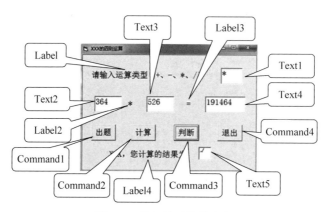

图 B-6　程序界面控件示意

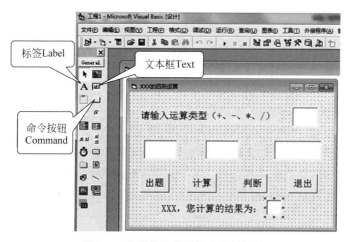

图 B-7　程序控件位置与大小的调整

表 B-1　四则运算窗体控件初始属性设置

控 件 名	属 性	事 件
Form1	Caption＝XXX 的四则运算	
Label1	Caption＝请输入运算类型(＋、－、＊、/)	
Label2	Caption ＝" "　（表示清空）	
Label3	Caption ＝" "	
Label4	Caption＝ XXX,您计算的结果为:	
Text1	Text＝" "	Change
Text2	Text＝" "	
Text3	Text＝" "	
Text4	Text＝" "	
Text5	Text＝" "	
Command1	Caption＝出题	Click
Command2	Caption＝计算	Click
Command3	Caption＝判断	Click
Command4	Caption＝退出	Click

　　注意,XXX 为学生的专业班级和姓名。所有控件文字的大小可根据实际情况利用 Font 属性进行设置,如设置 Command1 的文字大小可首先选择 Command1 控件,在"属性"框中找到 Font 属性,单击右侧的"对话框"按钮,便可打开"字体"对话框进行设置。将字号设为三号,如图 B-8 所示。

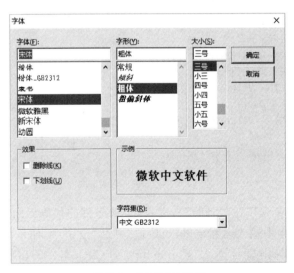

图 B-8　"字体"对话框

　　④ 事件代码的编写。

　　根据题意要求,通过分析,本题所涉及的控件及事件包括 Text1 的 Change 事件,Command1、Command2、Command3、Command4 的 Click 事件,如表 B-1 所示。

　　双击 Text1 文本框,进入 Change 事件的代码界面,在光标闪烁处输入如下代码,表示的含义为当 Text1 的内容发生变化时,Label2 的值随 Text1 的变化而变化,即跟随显示相同的运算符号。Text1 的 Change 事件的参考代码如下:

```
Private Sub Text1_Change()
Label2 = Text1
End Sub
```

注意,代码的第一行与最后一行不需要人工输入,双击进入代码界面后自动显示,第一行表示代码过程(Sub)的开始,Text1_Change()表示 Text1 的 Change 事件,最后一行表示代码过程的结束。中间的部分需要人工输入,表示该过程触发后所要执行的事件代码。后续的代码截图示意与此相同。

双击 Command1 命令按钮("出题"),进入 Click 事件的代码界面并输入代码,表示含义是当单击"出题"按钮后,Text2 和 Text3 文本框可随机产生 1~1000 的整数。同时,Label3 的"="号显示出来,组成一个运算式。Command1 的 Click 事件的参考代码如下:

```
Private Sub Command1_Click()
Randomize
Text2 = Int(Rnd * 1001)
Text3 = Int(Rnd * 1001)
Text4 = " "
Label3 = " = "
End Sub
```

双击 Command2 命令按钮("计算"),进入 Click 事件的代码界面并输入代码,表示含义是当单击"计算"按钮后,在 Text4 中会显示运算式的运算结果,除法保留两位有效数字。Command2 的 Click 事件的参考代码如下:

```
Private Sub Command2_Click()
If Label2 = " + " Then
  Text4 = Val(Text2) + Val(Text3)
ElseIf Label2 = " - " Then
  Text4 = Val(Text2) - Val(Text3)
ElseIf Label2 = " * " Then
  Text4 = Val(Text2) * Val(Text3)
ElseIf Label2 = "/" Then
  Text4 = Format(Val(Text2) / Val(Text3),"0.00")
End If
End Sub
```

双击 Command3 命令按钮("判断"),进入 Click 事件的代码界面并输入代码,表示含义是根据运算式在 Text4 中输入运算结果,当单击"判断"按钮后,如果结果正确,在 Text5 中会显示"√";如果错误,则显示"×"。Command3 的 Click 事件的参考代码如下:

```
Private Sub Command3_Click()
Select Case Label2
 Case " + "
   If Text4 = Val(Text2) + Val(Text3) Then
     Text5 = "√"
   Else
      Text5 = "×"
   End If
 Case " - "
```

```
    If Text4 = Val(Text2) - Val(Text3) Then
        Text5 = "√"
      Else
        Text5 = "×"
      End If
  Case "*"
    If Text4 = Val(Text2) * Val(Text3) Then
        Text5 = "√"
      Else
        Text5 = "×"
    End If
  Case "/"
    If Text4 = Val(Text2) / Val(Text3) Then
        Text5 = "√"
      Else
        Text5 = "×"
    End If
End Select
End Sub
```

双击 Command4 命令按钮("退出"),进入 Click 事件的代码界面并输入代码,表示含义是当单击"退出"按钮后,则退出程序。Command4 的 Click 事件的参考代码如下:

```
Private Sub Command4_Click()
End
End Sub
```

(2) 密码登录与规则图形打印。

① 程序界面设计。

选择"工程"→"添加窗体"选项,添加 Form2 为"密码登录"窗体,Form3 为"规则图形打印"窗体。所需的程序界面控件示意图如图 B-9 所示。

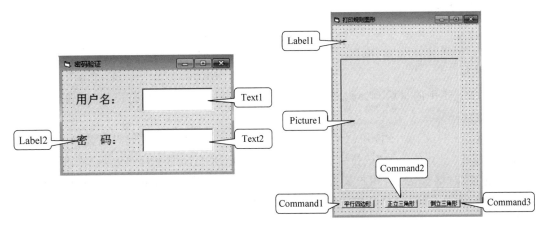

图 B-9 程序界面控件示意图

② 控件属性的初始设置。

在不同的窗体中设置相同的控件名字不冲突,如表 B-2 所示。

表 B-2　密码验证和打印规则图形窗体控件初始属性设置

窗 体 名	控 件 名	属 性	事 件
密码验证 （Form2）	Form2	Caption＝密码验证	
	Label1	Caption＝用户名：	
	Label2	Caption＝密　码：	
	Text1	Text＝"　　"	
	Text2	Text＝"　　"PasswordChar ＝ *	KeyPress
打印规则 图形（Form3）	Form3	Caption＝打印规则图形	
	Label1	Caption＝"　　"	
	Command1	Caption＝平行四边形	Click
	Command2	Caption＝正立三角形	Click
	Command3	Caption＝倒立三角形	Click

③ 事件代码的编写。

Form2 所涉及的控件及事件为 Text2 的 KeyPress 事件；Form3 所涉及的控件及事件包括 Command1、Command2、Command3 的 Click 事件，如表 B-2 所示。

双击 Text2 文本框，修改 Change 事件为 KeyPress 事件。在光标闪烁处输入如下代码，表示的含义为在 Text2 中输入密码后，按 Enter 键确认。如果用户名和密码正确，则 Form2 窗体隐藏，Form3 窗体显示。若错误，则对 Text2 清空数据并赋焦点提示重新输入。Form2 中 Text2 的 KeyPress 事件的参考代码如下：

```
Private Sub Text2_KeyPress(KeyAscii As Integer)
If KeyAscii = 13 Then
    If Text1 = "XXX" And Text2 = "1234" Then
      Form3.Show
      Form2.Hide
    Else
      Text2 = " "
      Text2.SetFocus
    End If
End If
End Sub
```

注意，Text1 中的 XXX 必须是学生的姓名，Text2 中的密码可自行设置，该题中设置的密码为"1234"。

双击 Command1 命令按钮（"平行四边形"），进入 Click 事件的代码界面并输入代码，表示含义是单击"平行四边形"按钮后，Label1 中显示"XXX 打印的平行四边形"，同时弹出"图形行数设置"对话框，提示用户要显示的图形行数，输入数字后，单击"确定"按钮就会在 Picture1 图片框中显示满足行数的平行四边形。Form3 中 Command1 的 Click 事件的参考代码如下：

```
Private Sub Command1_Click()
Label1 = "×××打印的平行四边形"
Picture1.Cls
x = Val(InputBox("请输入要显示图形的行数", "图形行数设置"))
```

```
For i = 1 To x
  Picture1.PrintTab(i);
  For j = 1 To x
    Picture1.Print " * ";
  Next j
  Picture1.Print
Next i
End Sub
```

双击 Command2 命令按钮（"正立三角形"），进入 Click 事件的代码界面并输入代码，表示含义是单击"正立三角形"按钮后，Label1 中显示"XXX 打印的正立三角形"，同时弹出"图形行数设置"对话框，提示用户要显示的图形行数，输入数字后，单击"确定"按钮就会在 Picture1 图片框中显示满足行数的正立三角形。Form3 中 Command2 的 Click 事件的参考代码如下：

```
Private Sub Command2_Click()
Label1 = "XXX 打印的正立三角形"
Picture1.Cls
x = Val(InputBox("请输入要显示图形的行数", "图形行数设置"))
For i = 1 To x
  Picture1.Print Tab(x + 1 - i);
  For j = 1 To 2 * i - 1
    Picture1.Print " * ";
  Next j
  Picture1.Print
Next i
End Sub
```

双击 Command3 命令按钮（"倒立三角形"），进入 Click 事件的代码界面并输入代码，表示含义是单击"倒立三角形"按钮后，Label1 中显示"XXX 打印的倒立三角形"，同时弹出"图形行数设置"对话框，提示用户要显示的图形行数，输入数字后，单击"确定"按钮就会在 Picture1 图片框中显示满足行数的倒立三角形。Form3 中 Command3 的 Click 事件的参考代码如下：

```
Private Sub Command3_Click()
Label1 = "XXX 打印的倒立三角形"
Picture1.Cls
x = Val(InputBox("请输入要显示图形的行数", "图形行数设置"))
For i = 1 To x
  Picture1.PrintTab(i);
  For j = 1 To 2 * (x - i) + 1
    Picture1.Print " * ";
  Next j
  Picture1.Print
Next i
End Sub
```

（3）实现 VB 数据库访问的查询窗体的界面设计。

① 添加窗体及 ADO Data Control 和 DataGrid 控件。

添加新窗体 Form4,选择"工程"→"部件"选项,打开"部件"对话框,将 Microsoft ADO Data Control 6.0 和 Microsoft DataGrid Control 6.0 前的两个复选框分别选中,如图 B-10 所示。

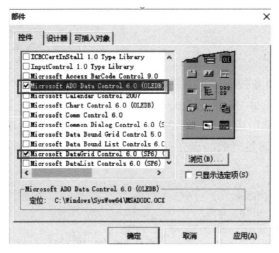

图 B-10　部件对话框中两个控件的选择

② 添加窗体其他控件。

查询窗体控件添加,如图 B-11 所示。代码部分在附录 D 中完成。

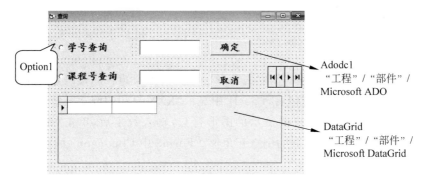

图 B-11　查询窗体控件添加

③ 为 Form3 打印图形窗体和 Form1 四则运算窗体分别添加一个窗体单击事件代码,如图 B-12 所示。

图 B-12　为 Form3、Form1 窗体添加单击事件代码

④ 设置启动窗体。

从登录密码窗体开始运行,并从 Form1 窗体开始,选择"文件"→"保存 Form1"选项,将 4 个 Form 窗体依次保存在同一文件夹下,最后保存工程。选择"工程"→"工程属性"选项,

打开如图 B-13 所示的"工程属性"对话框,设置启动对象为:Form2,将 4 个窗体的运行结合起来更有整体感。

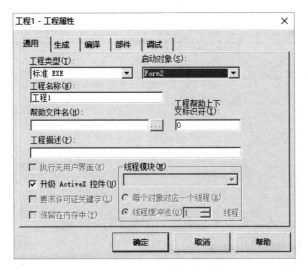

图 B-13 "工程属性"对话框

(4) 请使用 Python 语言实现输入月份给出现在是什么季节的判断。

选择"开始"→Python IDLE 选项,在 Python 交互模式窗口中,选择 File→New File 选项,打开如图 B-14 所示的"新建文件"窗口。

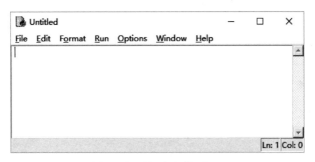

图 B-14 "新建文件"窗口

在此窗口中输入如下参考代码,并保存在指定文件夹下,命名为"sy2_jj.py"。

```python
yue = int(input("请输入当前月份: "))
if yue <= 0 or yue > 12:
    print("请输入正确的月份!")
elif yue >= 3 and yue <= 5:
    print("您好!现在是春季.")
elif yue >= 6 and yue <= 8:
    print("您好!现在是夏季.")
elif yue >= 9  and yue <= 11:
    print("您好!现在是秋季.")
elif yue == 12 or yue == 1 or yue == 2:
    print("您好!现在是冬季: ")
```

按 F5 键运行,sy2_jj.py 运行结果如图 B-15 所示。

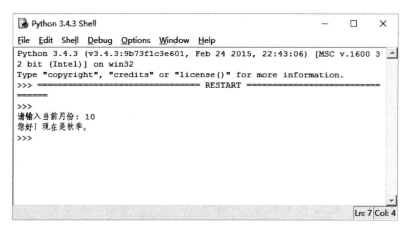

图 B-15　sy2_jj.py 运行结果

（5）请使用 Python 语言实现九九乘法表的前五行前五列。

在 Python 交互模式窗口中，选择 File→New File 选项，打开如图 B-14 所示的"新建文件"窗口，完成代码输入。

参考代码如下：

```python
for i in range(1,6):
    for j in range(1,6):
        print (i," * ",j," = ",i * j,end = '')
        print("\t",end = '')
    print("\n")
```

附录 C

数据库简单应用

视频讲解

【实验目的】

(1) 了解数据库结构,掌握使用 Access 创建数据库的方法。

(2) 掌握数据库中表的关系与表设计过程。

(3) 掌握使用 Access 查询向导或 SQL 语句查询数据的方法。

【实验知识要点】

(1) 创建数据库。

数据库由 DBMS 统一管理,数据的插入、修改和检索均需要通过数据库管理系统进行。DBA 负责创建、监控和维护整个数据库,使数据能被任何有权使用的人有效使用。

目前,数据库管理系统软件有很多,如 Oracle、Sybase、DB2、SQL Server、Access、FoxPro 等,虽然这些产品的功能不完全相同,操作上的差别也很大,但是,这些软件都是以关系模型为基础的,都属于关系数据库管理系统。

Access 的网络功能相对简单,使用方便,可以满足日常的办公需要,可以用于中、小型数据库应用系统。

首次打开 Microsoft Access 时,选择"新建空白数据库"选项,随后只需完成数据库文件名及保存路径的设置即可。2007 版的数据库文件扩展名为.accdb,后期使用 Microsoft Access 时,可在同一界面下选择"打开最近的数据库"和"/更多"选项,选择已经创建好的数据库。

(2) 表的创建。

有了数据库文件后,只相当于有了一个存放数据的容器,还需要在数据库中建立若干张有联系的表来具体地存放数据。

表的创建可以从"表设计器"开始,先设计好每一张表中具体有哪些字段,每个字段都是什么类型,并为表设置主键,将表保存命名后,再将表打开添加具体的数据。因此,对于表的使用一个是使用表设计器完成表结构包括字段名、字段类型的创建或修改,另一个就是表数据的添加或修改,它们是完全不同的内容。

Access 中的数据类型有 8 种,自动编号型、备注型、文本型、数字型、日期/时间型、货币型、是/否型、OLE 对象型。

① 自动编号型：主要用来做表的主键，因为这样不会重复。

② 备注型：主要用于文字比较多的情况下。

③ 文本型：用于存储比较少的数据。

④ 数字型：一般用来存储数字，可以选择是整数，还可以是小数。

⑤ 日期/时间型：只用于存储日期/时间。

⑥ 货币型：只用于存储价钱。这种类型是数字数据类型的特殊类型，等价于具有双精度属性的数字字段类型。向货币字段输入数据时，不必键入人民币符号和千位处的逗号，Access 会自动显示人民币符号和逗号，并添加两位小数到货币字段。

⑦ 是/否型：是布尔型的存储，表示逻辑值(是/否，真/假)。

⑧ OLE 对象型：这个字段是指字段允许单独地"链接"或"嵌入"OLE 对象，如 Word 文档、Excel、图像、声音或其他二进制数据。

(3) 创建表之间的关系。

创建表之间的关系就是在两个表的公共字段之间所建立的联系。

表之间的联系有一对一、一对多、多对多 3 种。

在 Access 中为每个主题都设置了不同的表后，将这些信息组合到一起的第一步就是定义表间的关系，然后再创建查询、窗体或报表，以便同时显示来自多个表中的信息。创建表之间的关系可使用数据库工具中的关系按钮，若后期对某张与其他表有联系的表进行修改，需要先删除关系才能完成修改。

(4) 数据录入。

① 手工录入。

录入数据时要遵照实体完整性、参照完整性及用户定义完整性的原则进行，如设为主键的字段值不允许重复。若有子表参照父表里的数据，需先完成父表的数据录入，成绩表中的课程号、学号分别依赖课程表中的课程号与学生表中的学号。因此，这三张表的录入是应该有先后顺序的，依次录入学生表、课程表、成绩表。

② 表的导入。

Access 中可接受 Excel、文本文件、Access 等多种来源导入表中数据。选择"外部数据"导入区中具体的数据来源类型即可完成将已有数据导入 Access 表中。

(5) 数据的查询。

① 使用简单查询向导创建查询。

按照查询向导的提示进行，若是多表需先完成表间关系的建立，再设置查询内容及条件。

② 利用 SQL 语句进行查询。

数据库查询是数据库的核心操作。SQL 提供了 SELECT 语句进行数据库的查询，其一般格式为：

```
SELECT[ALL|DISTINCT]<目标列表达式>[,<目标列表达式>]
FROM <参与查询的表名或视图名>
[WHERE <查询选择的条件> ]
[GROUP BY <分组表达式> ] [ HAVING <分组查询条件> ]
[ORDER BY <排序表达式> [ ASC | DESC ] ];
```

【说明】

SELECT 子句：指定要显示的属性列，它可以是星号（＊）、表达式、列表、变量等。

FROM 子句：指定要查询的基本表或者视图。

WHERE 子句：用来限定查询的范围和条件。

GROUP BY 子句：对查询结果按指定列的值分组，将属性列值相等的元组分为一个组。通常会在每组中作用聚合函数。

HAVING 短语：跟随在 GROUP BY 子句使用，筛选出满足指定条件的组。

ORDER BY 子句：对查询结果按指定列值的升序或降序排序。ASC 表示升序排列，DESC 表示降序排列。

整个语句的含义为：根据 WHERE 子句中的条件表达式，从基本表（或视图）中找出满足条件的元组，按 SELECT 子句中的目标列，选出元组中的分量形成结果表。

这些子句中 SELECT 和 FROM 子句为必需的，其他子句为可选项。SELECT 子句既可完成简单的单表查询，也可完成复杂的连接查询和嵌套查询。

【实验内容】

（1）创建"学生成绩管理"数据库。

（2）使用数据表视图方式、设计视图方式等创建学生表、课程表和成绩表。

① 使用数据表视图方式创建学生表。

② 使用设计视图方式创建课程表和成绩表。

（3）创建表之间的关系。学生表中学号与成绩表中学号字段，建立"参照完整性"；课程表中课程号与成绩表的课程号字段，建立"参照完整性"。

（4）数据的录入，既可采用手工录入方式，也可以采用导入方式。

① 采用手工录入的方式，输入学生表的数据。

② 采用导入的方式，输入课程表和成绩表中的数据。

（5）利用"查询向导"查询。建立"学生成绩查询"，查询学号、姓名、所在院系、课程名、分数等信息。

（6）使用 SQL 语句进行查询。

① 查询所有学生的基本信息。

② 查询分数在 90 分以上的成绩信息。

③ 查询外语系和计算机系女学生的信息。

④ 查询姓张、名字是两个字的女学生的信息。

⑤ 查询分数排在前两名的学生的信息。

⑥ 查询学生所在的院系名称，并且要求显示的院系名称不重复。

⑦ 查询分数在 80 分以上的学号和课程名。

⑧ 查询每个学院中 2000 年后出生的男生和女生人数、所在院系和性别。

（7）完成附录 B 中 VB 访问数据库，分别实现按学号、课程号，查询"学生成绩管理"数据库中的学号、姓名、课程名、课程号及分数的全部代码。

【实验指导】

(1) 创建数据库。

启动 Access 2007 后，在窗口右侧出现空白数据库窗格，如图 C-1 所示，在文件名文本框中输入数据库名称"学生成绩管理"，选择保存的路径，单击"创建"按钮，即可创建一个新的数据库。

空白数据库

创建不包含任何现有数据或对象的 Microsoft
Office Access 数据库。

文件名(N)：

学生成绩管理.accdb

D:\bf\

创建(C)　　取消

图 C-1　Access 2007 创建数据库任务窗格

(2) 表的创建。

① 使用数据表视图方式创建学生表，学生表结构如表 C-1 所示。

表 C-1　学生表结构

字 段 名	字 段 类 型	字 段 大 小	主　键	索　引
学号	文本	10	√	有（无重复）
姓名	文本	10		无
性别	文本	2		无
出生日期	日期			无
所在院系	文本	50		无

步骤如下：

打开"学生成绩管理"数据库。选择"创建"工具栏中"表"选项。

在数据库工作界面右边的表 1 窗口的"ID 字段"列标题上右击，在弹出的快捷菜单中选择"重命名列"选项，更改为学号，如图 C-2 所示。

双击"添加新字段"列标题，增加姓名、性别、出生日期、所在院系列，如图 C-3 所示。

保存学生表。

图 C-2 重命名字段名称

图 C-3 添加新字段

单击快速访问工具栏中的"保存"按钮,弹出"另存为"对话框如图 C-4 所示。将表名称设为学生,单击"确定"按钮。

设置字段类型及属性。打开学生表的设计视图窗口。依次选中各字段,按表修改数据类型名,输入属性值,如图 C-5 所示。

图 C-4 "另存为"对话框

字段名称	数据类型
学号	文本
姓名	文本
性别	文本
出生日期	日期/时间
所在院系	文本

图 C-5 字段属性的设置

主键设置。选中"学号"字段,选择"设计"→"工具"→"主键"选项,可将学号字段设置为主键。

② 创建课程表、成绩表。

同样的方法,创建课程表和成绩表,并保存。课程表结构及成绩表结构分别如表 C-2、表 C-3 所示。

表 C-2　课程表结构

字　段　名	字　段　类　型	字　段　大　小	主　　键	索　　引
课程号	文本		√	有(无重复)
课程名	文本	50		无
学时	数字			无
学分	数字			无

表 C-3　成绩表结构

字　段　名	字　段　类　型	字　段　大　小	主　　键	索　　引
学号	文本	10	√	有(无重复)
课程号	文本		√	有(无重复)
分数	数字			无

(3) 创建表之间的关系。

选择"数据库工具"→"显示、隐藏"→"关系"选项,打开"显示表"对话框,将 3 个表都添加到关系设计窗口,如图 C-6 所示。

图 C-6　创建表的关系

选中"学生表"中"学号"主键,按住鼠标左键,拖动到"成绩表"窗口学号字段,释放鼠标,出现"编辑关系"对话框,单击"创建"按钮,如图 C-7 所示。

选中"课程"中"课程号"主键,按住鼠标左键,拖动到"成绩表"窗口中的"课程号"字段,出现"编辑关系"对话框,单击"创建"按钮,如图 C-8 所示。

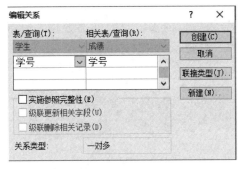

图 C-7 编辑表的关系步骤一

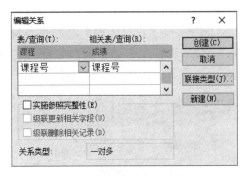

图 C-8 编辑表的关系步骤二

至此,3 个表之间的关系创建成功,如图 C-9 所示。

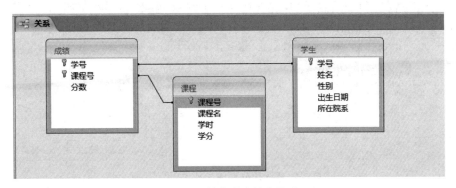

图 C-9 创建成功的表关系

(4) 数据录入。

数据的录入可以采用手工录入方式,也可以采用导入方式,方法如下:

① 手工录入。

打开需录入数据的数据表视图窗口,直接在字段名称下输入数据。第一行数据输入完后,按 Enter 键,光标自动切换到第 2 行第 1 列,继续输入数据。

录入学生表中数据,数据如表 C-4 所示。

表 C-4 学生表数据

学 号	姓 名	性别	出 生 日 期	所 在 院 系
20190002	张强	男	2001-3-10	会计
20190003	赵晶晶	女	2001-7-14	会计
20190004	李雷	男	2001-5-2	计算机
20190005	周佳睿	男	2001-11-12	计算机
20190006	王为浩	男	2001-8-10	计算机
20190007	李思琪	女	2001-7-1	外语
20190008	郑晓静	女	2001-1-21	外语
20190009	刘丽	女	2001-2-8	外语

② 表的导入。

表的导入是指将其他数据库中的表导入当前数据库的表中,或者将其他格式的文件导入到当前数据库中,并以表的形式保存。

　　将 Excel 文件导入表中的操作步骤为:选中需导入数据的表,选择"外部数据"→"导入"→Excel 选项,找到指定数据源。在"向表中追加一份记录的副本"中选择要导入到的表。"选择数据的源和目标"对话框如图 C-10 所示。

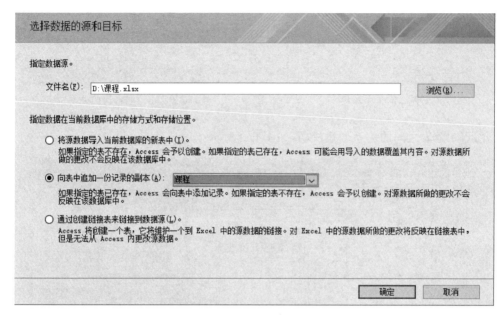

图 C-10　"选择数据的源和目标"对话框

导入课程表和成绩表中数据,数据如表 C-5 和表 C-6 所示。

表 C-5　课程表数据

课 程 号	课 程 名	学 时	学 分
1	高等数学	64	3
2	英语	64	3
3	大学计算机	24	1
4	高级语言	48	2
5	数据库	48	2
6	大学物理	64	3

表 C-6　成绩表数据

学 号	课 程 号	分 数
20190001	1	69
20190001	4	80
20190002	3	91
20190002	5	50
20190003	2	78
20190004	1	89
20190005	3	45
20190006	6	78
20190007	5	60

（5）使用简单查询向导创建查询。

可以将一个或多个表或查询中的字段检索出来，还可以根据需要对检索的数据进行统计运算。操作步骤如下所述。

选择"创建"→"其他"→"查询向导"选项，弹出"新建查询"对话框，选择"简单查询向导"选项，如图C-11所示。

图C-11　"新建查询"对话框

将学生表中的学号、姓名、所在院系字段和成绩表中的课程号、分数字段以及课程表中的课程名字段添加到"选定字段"列表框中，弹出"简单查询向导"对话框，如图C-12所示。

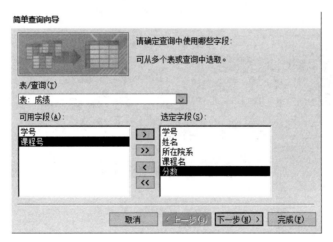

图C-12　"简单查询向导"对话框一

单击"下一步"按钮，选择默认的"明细"查询，继续单击"下一步"按钮，指定查询标题和打开方式，单击"完成"按钮，如图C-13所示。学生成绩查询结果，如图C-14所示。

（6）使用SQL语句进行查询。

选择"创建"→"查询设计"选项，关闭"显示表"窗口。单击左上角"SQL"按钮，打开代码输入界面并输入查询命令，单击"运行"按钮，查询出结果如图C-15所示。

注意，在SQL语句中，书写标点符号时，要使用半角符号。

① 查询所有学生的基本信息。

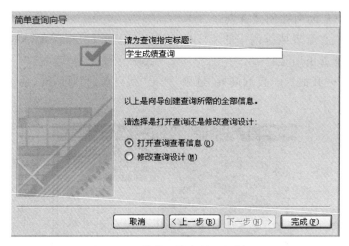

图 C-13 “简单查询向导”对话框二

学生成绩查询

学号	姓名	所在院系	课程名	分数
20190001	李红	会计	高等数学	69
20190001	李红	会计	高级语言	80
20190002	张强	会计	大学计算机	91
20190002	张强	会计	数据库	50
20190003	赵晶晶	会计	英语	78
20190004	李雷	计算机	高等数学	89
20190005	周佳睿	计算机	大学计算机	45
20190006	王为浩	计算机	大学物理	78
20190007	李思琪	外语	数据库	60

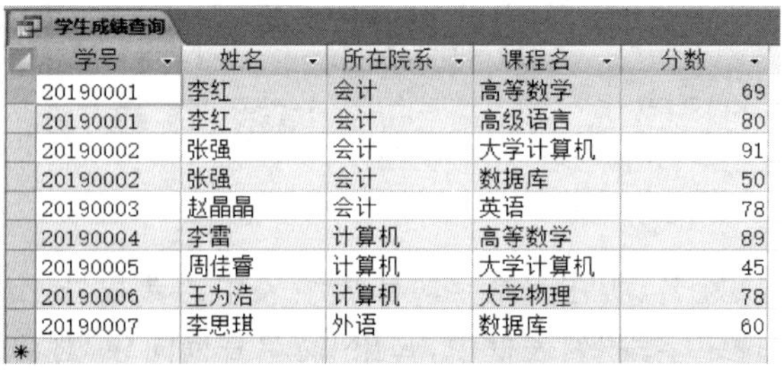

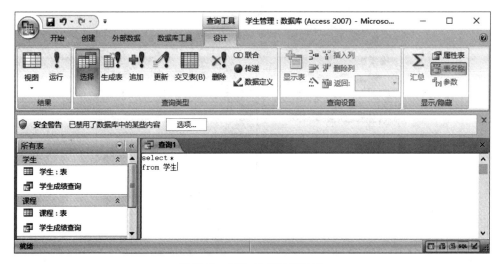

图 C-14 学生成绩查询结果

图 C-15 SQL 语句查询界面

```
select *
from 学生
```

② 查询分数在 90 分以上的成绩信息。

```
select *
from 成绩
```

where 分数 > 90

③ 查询外语系和计算机系女学生的信息。

```
select *
from 学生
where (所在院系 = '外语' or 所在院系 = '计算机') and 性别 = '女'
```

④ 查询姓张、名字是两个字的女学生的信息。

```
select *
from 学生
where 姓名 like '张?' and 性别 = '女'
```

⑤ 查询分数排在前两名的学生的信息。

```
select top 2 *
from 成绩
order by 分数 desc
```

⑥ 查询学生所在的院系名称，并且要求显示的院系名称不重复。

```
select distinct 所在院系
from 学生
```

⑦ 查询分数在 80 分以上的学号和课程名。

```
select 学号,课程名
from 课程,成绩
where 成绩.课程号 = 课程.课程号 and 分数 > 80
```

⑧ 查询每个学院中 2000 年后出生的男生和女生人数、所在院系和性别。

```
select 所在院系,性别,count( * ) as 人数
from 学生
where year(出生日期) > 2000
group by 所在院系,性别
```

（7）完成附录 B 中 VB 访问数据库，分别实现按学号、课程号，查询"学生成绩管理"数据库中的学号、姓名、课程名、课程号及分数的全部代码。

① 打开 VB 查询窗体。

查询窗体界面如图 C-16 所示。

② 设置 VB 与 Access 数据库"学生成绩管理"的绑定。

选中 ADO 控件，在其属性窗口中设置 ConnectionString 属性，单击其右侧对话框按钮，打开"属性页"对话框，如图 C-17 所示。

单击"生成"和"确定"按钮，弹出"数据连接属性"对话框。先在"提供程序"选项卡中选择"Microsoft Office 12.0 Access Database Engine OLE DB Provider"

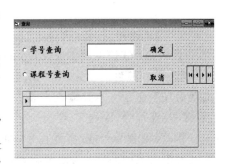

图 C-16 查询窗体界面

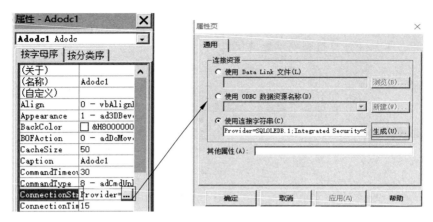

图 C-17 "属性页"对话框

为数据提供者，再单击"下一步"按钮，完成与具体数据库的连接，在数据源文本框区输入"d:/bf/学生成绩管理.accdb"，如图 C-18 所示。

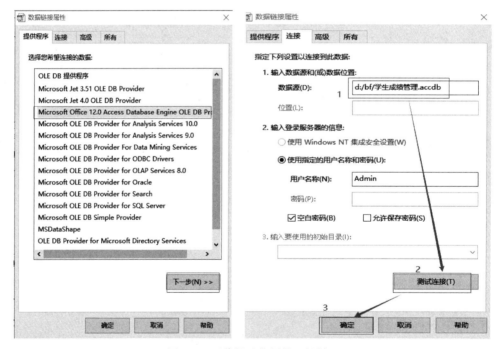

图 C-18 "数据连接属性"对话框

单击"测试连接"按钮，再单击"确定"按钮完成 ADO 控件与 Access 数据库的绑定。

③ 设置 ADO 控件的 RecordSource 属性。

单击 ADO 控件的 RecordSource 属性右侧的对话框按钮，打开"属性页"对话框，选择命令类型为"8"，命令文本处输入多表查询语句：select 学生.学号，姓名，性别，出生日期，所在院系，课程.课程号，课程名，学分，分数 from 学生，课程，成绩 where 学生.学号＝成绩.学号 and 课程.课程号＝成绩.课程号，便于首次查询时浏览数据使用，单击"确定"按钮完成将该查询作为 ADO 控件的记录源，如图 C-19 所示。

④ 将 DataGrid 控件的 DataSource 属性值设为 Adodc1，如图 C-20 所示。

图 C-19 "属性页"对话框设置

图 C-20 DataSource 属性值设置

⑤ 代码书写。

"确定"按钮 command1 的单击事件代码如下：

```
Private Sub Command1_Click()
Dim sql As String, fldas String, condition As String
fld = "学生.学号,姓名,课程名,成绩.课程号,分数   "
condition = "  学生.学号＝成绩.学号 and 课程.课程号＝成绩.课程号"
If Option1.value then
  condition = condition + " and 学生.学号＝'" + Text1.Text + "'"
ElseIf Option2.Value Then
  condition = condition + " and 课程.课程号＝'" + Text2.Text + "'"
End If
sql = "select " + fld + "from 学生,课程,成绩 where" + condition
Adodc1.RecordSource = sql
Adodc1.Refresh
End sub
```

"取消"按钮 command2 的单击事件代码如下：

```
Private Sub Command1_Click()
```

```
Text1 = " "
Text2 = " "
End sub
```

⑥ 运行窗体,可实现分别按学号、课程号进行查询,如图 C-21 和图 C-22 所示。

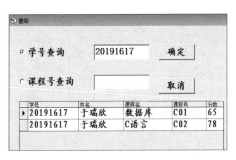

图 C-21　查询窗体及按学号查询结果

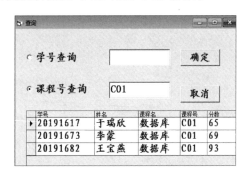

图 C-22　查询窗体按课程号查询结果

⑦ 创建 ODBC。

选择"控制面板"→"系统安全"→"管理工具"→"ODBC 数据源(32 位)"选项,弹出"ODBC 数据源管理程序"对话框,选择"添加"按钮,完成驱动程序 Microsoft Access Driver (*.mdb, *.accdb)的添加,并选择所使用的数据库文件为"d:/bf/学生成绩管理.accdb",创建文件 DSN 名称为"student.dsn","ODBC 数据源管理程序"对话框如图 C-23 所示。

图 C-23　"ODBC 数据源管理程序"对话框

⑧ 保存。

重新保存该窗体、保存工程,并将该工程文件保存为"工程.exe"文件,至此直接运行该可执行文件即可脱离 Access 数据库及 VB 运行环境,直接完成查询。

简单网页制作

视频讲解

【实验目的】

（1）熟悉建立网站的基本方法。

（2）了解网页制作的常用工具软件。

（3）了解 HTML 的简单使用方法。

（4）掌握利用 Dreamweaver 制作简单的个人网站。

【实验知识要点】

（1）网页和网站的区别。

浏览器窗口中显示的一个页面被称为网页，网页中可以包含文字、图片、动画、视频、音频等内容。网站是众多网页的集合。不同的网页通过有组织的方式连接整合在一起，为浏览者提供更丰富的信息。网站同时也是信息服务企业的代名词。

一般在创建网站前，先要根据目标网站的内容和性质确定网站栏目即导航条，然后再创建站点。

（2）创建站点。

定义站点的目的是把本地磁盘中的站点文件夹同 Dreamweaver 建立一定的关联，从而方便用户管理站点和编辑站点中的网页文件。这里的站点仅限于本地文件夹即用户的工作目录，也称为本地站点，此文件夹可以位于本地计算机上，也可以位于网络服务器上，也就是 Dreamweaver 所处理的文件夹的存储位置。

创建站点具体步骤：选择"站点"→"新建站点"选项，在弹出的对话框中进行具体的设置。

（3）创建网页文件及文件夹。

定义站点后，通常会使用"文件"面板来创建、重命名或打开站点中的网页文件或文件夹。选择"窗口"→"文件"选项，即可打开"文件"面板。右击站点文件夹或子文件夹，在弹出的快捷菜单中选择"新建文件"或"新建文件夹"选项，即可实现相应位置网页文件及文件夹的创建。

在本地磁盘创建用来保存网站内容的文件夹，包括网页文件、图像、动画等，这个文件夹被称为站点根文件夹，为便于管理站点中的内容，还要在站点文件夹中创建若干子文件夹，来存放不同类型的文件。例如,可以在根文件夹中创建一个 resource 子文件夹,然后再创建一个 images 子文件夹,将图像、动画等素材保存在该文件夹中。使用合理的文件名非常重要,文件名应该简洁易懂,避免使用中文文件名,建议全部使用小写的文件名称。

（4）使用 CSS 样式美化网页。

CSS 用于控制网页样式并允许将样式信息与网页内容分离的一种标记性语言,即一系列控制文本显示外观的格式化属性的组合。可以预先创建文字类样式、背景类样式、超链接样式等以便在设计好网页内容后,直接使用具体的样式,达到一次设计重复使用的功效,又可统一设计风格。其中,类样式又称为自定义样式,是唯一可以作为 class 属性应用于任何对象的 CSS 样式类型,名称必须以句点开头,可以包含任何字母和数字组合。样式或以"新建样式表文件"保存,还可以"仅对该文档"保存,后者只对所编辑的文档有用,其他文档不能使用。

（5）使用表格布局网页。

表格是使用最方便的网页布局工具。可以轻松地在表格单元格中添加图像、声音、文本等网页元素,并调整它们的位置。

表格的创建可选择"插入"→"表格"选项,在弹出的"表格属性"对话框中设置表格的行数、列数及表格宽度等属性。其中,表格宽度确定了表格在页面中显示的大小,单位决定了表格在页面中的显示形态。若选择像素为表格宽度单位,则无论浏览器窗口大小是多少,表格在窗口中始终按设置的像素值显示;若选择百分比为单位,则表格在页面中根据浏览器窗口的大小而自动调整宽度。单元格边距是指单元格边框和单元格内容之间的距离,如不希望显示边框时,则应该设置为 0 像素。单元格间距指定相邻的单元格之间的间距,如不希望显示间距时,则应设置为 0 像素。

根据需要表格还可以进行嵌套,光标定位在欲嵌套的单元格,再选择"插入"→"表格"选项,即可实现表格的嵌套。有时还会需要对单元格进行拆分、合并或添加、删除行或列,右击选中的单元格,在弹出的快捷菜单中选择需要的命令即可实现。

（6）使用链接。

链接是一个网站的基本功能,也是与其他网站联系的桥梁。根据链接的目标地址不同,链接可以分为内部链接、锚链接、外部链接以及电子邮件链接等。内部链接,链接的目标资源为当前站点内的资源,用相对路径表示。锚链接是指向文档内部的链接,通常在浏览较长的文档时使用,以便起到导航的作用,创建锚链接时需要使用锚标记。外部链接是指向当前站点外的资源的链接,用绝对路径表示。电子邮件链接是指向电子邮件程序的链接。

创建链接的方法:可以直接在属性面板的链接文本框中输入链接地址,也可以单击"浏览"按钮,打开浏览器窗口,选择链接的网页文件,还可以在资源管理器中通过鼠标拖曳添加链接。

（7）使用模版。

使用模板功能,可以简化操作,将不变的页面元素制作成模板,需要时只要套用它就可以快速生成新的网页。对于使用模板生成的文档,仍然可以进行修饰。在应用了模板的文件里,可编辑区域和非编辑区域分别用不同的颜色亮度显示。创建模板可以从新建的 HTML 文档中创建,也可以把现有的 HTML 文档另存为模板,Dreamweaver 会自动把模板存储在站点的本地根目录下的 templates 子文件夹中。

【实验内容】

(1) 用 Dreamweaver 创建一个个人专题网站。具体要求如下：

① 内容题材不限，要求有主页(index. html)和 5～6 个网页。主页要有本人的简单自我介绍，图片任意。

② 每个网页要求图文并茂，用表格布局网页的版式，版式不限。

③ 为导航栏文字设置链接，使其链接到指定的网页。

④ 为每一张图片设置链接，使其单击后可放大浏览。

⑤ 尽量使用样式或模板技能简化、规范网页设计。

(2) 网站制作提交成果。

① 网站文件夹(文件夹命名为专业班级姓名)。

② 完成实验报告。

【实验指导】

(1) 站点的创建。

启动 Dreamweaver 后，单击"新建 HTML"按钮，进入网页编辑界面。在硬盘适当位置创建站点文件夹(如 E:\myweb)。在"文件"面板中单击"管理站点"按钮。新建站点，设置"站点名称"和"站点文件夹"，如图 D-1 所示。

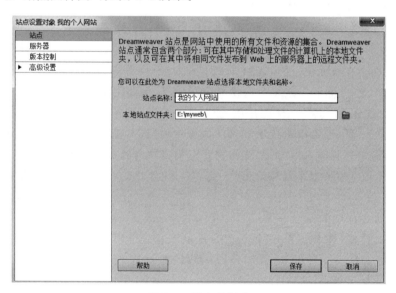

图 D-1　站点的创建

单击"保存"和"完成"按钮。在"文件"面板上可呈现创建网站的信息，如图 D-2 所示。

(2) images 文件夹的创建。

在"文件"面板中，右击站点名，新建文件夹 images，用来存储网页图片。将收集好的图片文件复制到 images 文件夹中，如图 D-3 所示。

注意，如后期需补充图片内容可直接复制到 images 文件夹，在"文件"面板中刷新后，即可看到新加入的图片。

本地文件	大小	类型
站点 - 我的个人网站 (E:\myweb)		文件夹
images		文件夹
background.jpg	27KB	JPEG 图像
bomei.jpg	166KB	JPEG 图像
bosimao.jpg	52KB	JPEG 图像
buoumao.jpg	242KB	JPEG 图像
cangshu.jpg	86KB	JPEG 图像
huamei.jpg	45KB	JPEG 图像
lihuamao.jpg	216KB	JPEG 图像
logo.jpg	54KB	JPEG 图像
muyangquan.jpg	69KB	JPEG 图像
student.jpg	103KB	JPEG 图像
taidi.jpg	66KB	JPEG 图像
tuzi.jpg	178KB	JPEG 图像
wugui.jpg	21KB	JPEG 图像
yingwu.jpg	153KB	JPEG 图像
yugang.jpg	123KB	JPEG 图像

图 D-2　新建站点

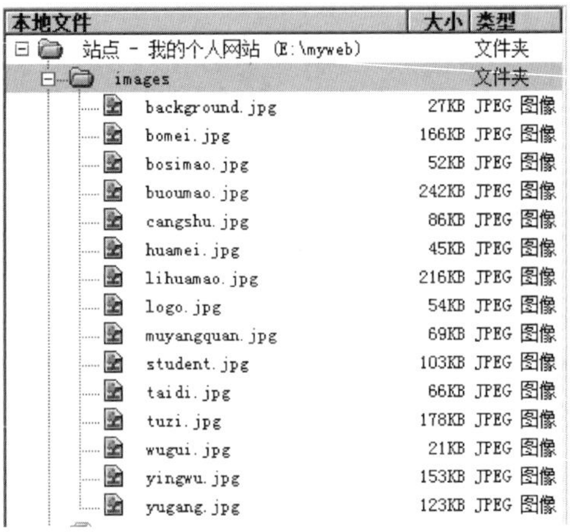

图 D-3　图片 images 文件夹

图片文件释义如下：

backgroud: 页面背景　　　　student: 学生照片　　　　logo: 网页顶部标识图片
muyangquan: 牧羊犬　　　　taidi: 泰迪　　　　　　　bomei: 博美
buoumao: 布偶猫　　　　　　bosimao: 波斯猫　　　　　lihuamao: 狸花猫
yugang: 鱼缸　　　　　　　　wugui: 乌龟　　　　　　　yingwu: 鹦鹉
huamei: 画眉　　　　　　　　tuzi: 兔子　　　　　　　　cangshu: 仓鼠

（3）新建网页文件。

选择"文件"→"新建"选项，在"新建文档"对话框中选择"空白页"→"创建"选项，产生一个未命名的页面。在页面中，插入表格（4 行×6 列）对网页进行布局，如图 D-4 所示。将第 1 行合并单元格，输入标题"XXX 个人网站"，并在下方属性面板中，设置"水平居中对齐""标题 1 格式""加粗"；将第 2 行合并单元格，插入 logo.jpg 图片并调整大小，可通过选择"插入"→"图像"选项，也可以直接从"文件"面板中，把图片拖曳到表格的单元格中；在第 3 行的 6 个单元格中分别输入"首页""宠物狗""宠物猫""水族宠物""鸟类宠物""其他宠物"，并在下方属性面板中设置"水平居中对齐"。将第 4 行合并成两个单元格，表格布局如图 D-5 所示。

（4）设置页面居中。

在"文档工具栏"左侧，单击"拆分"按钮呈现出 HTML 代码，在＜ body ＞后面输入＜ center ＞，并在＜/body＞前面输入＜/center＞即可，如图 D-6 所示。

（5）设置导航链接。

将导航条上的文字分别选中，通过属性面板的链接设置分别与相应的网页实现链接，在其他网页没有生成前，选择在链接区域输入网页文件名的方式，如选中"宠物狗"文字，在属性面板链接区域输入"../dog.html"，两个点表示站点根目录下，如图 D-7 所示。

Web 页释义如下：

Index.html: 首页　　　　　　dog.html: 宠物狗网页　　　　cat.html: 宠物猫网页
Water.html: 水族宠物网页　　bird.html: 鸟类宠物网页　　　other.html: 其他宠物网页

（6）将该文件保存为模板。

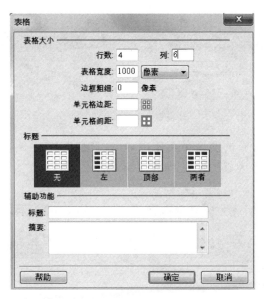

图 D-4 表格布局

图 D-5 "首页"页面

```
<body>
<center>
<table width="1000" border="0">
  <tr>
      <td colspan="6" align="center"><h1><strong>XXX
的个人网站</strong></h1></td>
  </tr>
  <tr>
      <td colspan="6"><img src="images/logo.jpg"
width="996" height="126" /></td>
  </tr>
  <tr>
      <td align="center">首页</td>
      <td align="center">宠物狗</td>
      <td align="center">宠物猫</td>
      <td align="center">水族宠物</td>
      <td align="center">鸟类宠物</td>
      <td align="center">其他宠物</td>
  </tr>
</table>
</center>
</body>
```

图 D-6 ＜center＞标记页面居中设置

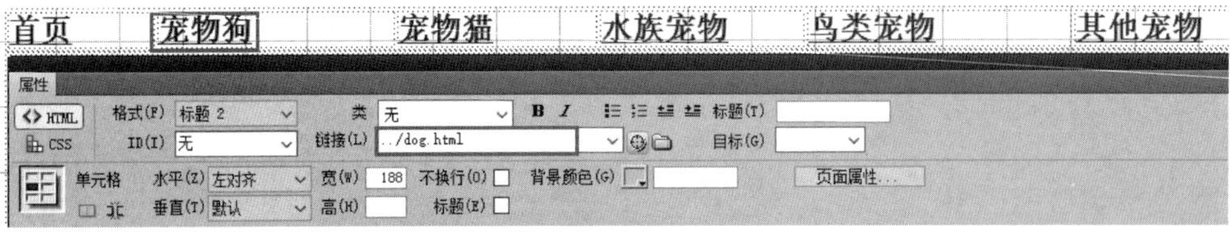

图 D-7　导航链接实现

光标分别定位在第 4 行的两个单元格内,分别选择"插入"→"模板对象"→"可编辑区域"选项,完成两个可编辑区域的设置,如图 D-8 所示。

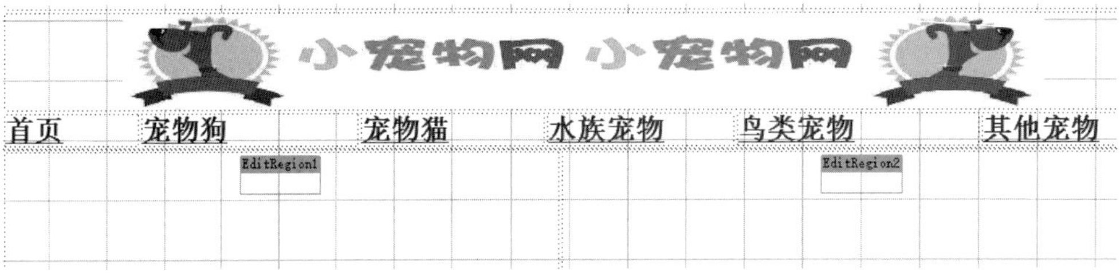

图 D-8　设置模板可编辑区域页面

选择"文件"→"另存为模板"选项,弹出"另存模板"对话框,选择默认文件名或输入新文件名,该模板文件名为 index.dwt,将自动保存在该站点下的 template 子文件夹中,如图 D-9 所示。

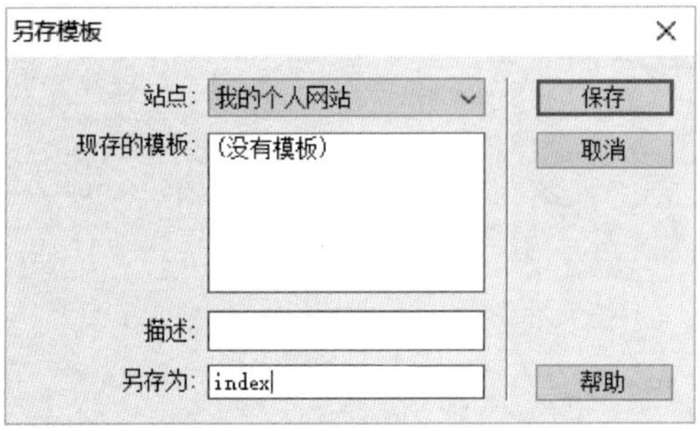

图 D-9　"另存模板"对话框

(7) 使用模板创建首页文件。

选择"文件"→"新建"选项,弹出"新建文档"对话框,选择"模板中的页"选项,单击"创建"按钮,如图 D-10 所示。

直接在如图 D-11 所示的两个可编辑区域中加入图片和文字即可。

保存文件名为 index.html,预览效果图如图 D-12 所示。

(8) 使用模板创建"宠物狗"网页。

与步骤(7)相同,分别在两个可编辑区域里插入两个 3 行×1 列的表格,将准备好的 3 张图片 muyangquan.jpg、taidi.jpg、bomei.jpg 和相应文字内容分别插入到表格的单元格中,调整图片的大小,建议用属性面板中的精确像素设定。并保存该网页为"dog.html",如图 D-13 所示。

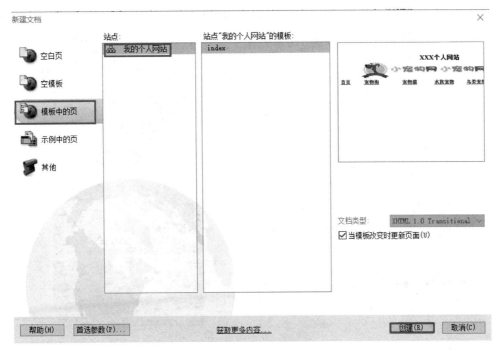

图 D-10 "新建文档"对话框

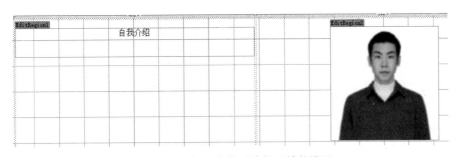

图 D-11 "首页"文件可编辑区域的设置

XXX的个人网站

首页　　**宠物狗**　　　　**宠物猫**　　　**水族宠物**　　　**鸟类宠物**　　　　**其他宠物**

自我介绍

BOOTS,男，计算机19-1，学号20190001，特别喜欢小动物。

图 D-12 首页预览效果图

图 D-13　"宠物狗"网页

（9）使用模板创建其他网页。

与步骤（8）相同，分别在两个可编辑区域加入表格。完成其余网页。

宠物猫网页：两个表格（3 行 × 1 列），图片信息：buoumao. jpg、bosimao. jpg、lihuamao. jpg。

水族宠物网页：两个表格（2 行×1 列），图片信息：yugang. jpg、wugui. jpg。

鸟类宠物网页：两个表格（2 行×1 列），图片信息：yingwu. jpg、huamei. jpg。

其他宠物网页：两个表格（2 行×1 列），图片信息：tuzi. jpg、cangshu. jpg。

（10）创建并使用文字类样式". wenzi1"。

对于使用模板的网页创建样式，需要在模板网页中创建样式，打开 index. dwt 模板选择"窗口"→"CSS 样式"选项，打开属性面板，单击"新建 CSS 规则"图标按钮，如图 D-14 所示。

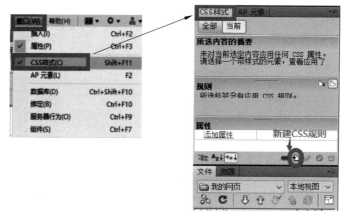

图 D-14　新建 CSS 样式

选择"选项器类型"→"类"选项,在"选择器名称"输入框中输入名称".wenzi1"。选择"规则定义"下拉列表中"新建样式表文件"选项,单击"确定"按钮,如图D-15所示。

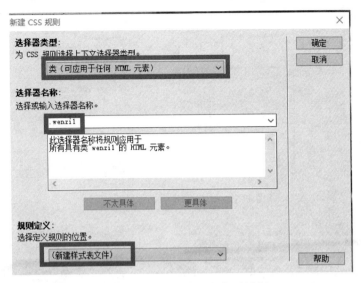

图 D-15 "新建 CSS 规则"对话框

在"字体列表""可用字体"下拉列表框中选择"隶书"选项,如图 D-16 所示。

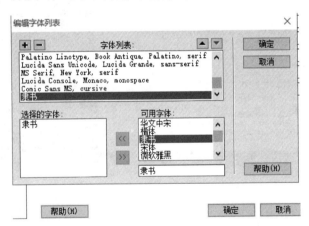

图 D-16 CSS 样式中添加字体的设置

将 Font-family 下拉列表框选择为"隶书",将 Font-size 下拉列表框选择为"18px",将 Color 下拉列表框选择为"#000",如图 D-17 所示。

单击"确认"按钮,保存该模板。单击"更新"按钮,将基于此模板的所有文件全部更新。通常情况下,会预先设计好多种不同主题的样式以供使用,dog. html 网页使用样式后的效果如图 D-18 所示。

(11) 运行测试页面。

编辑完毕后要保存全部的网页,最好这些网页可以随时编辑、随时保存。在文档工具栏中单击●图标,也可随时编辑随时预览。每个页面的缩略图如图 D-19、图 D-20、图 D-21 所示。

(12) 整理网站文件夹并准确命名,完成实验报告。

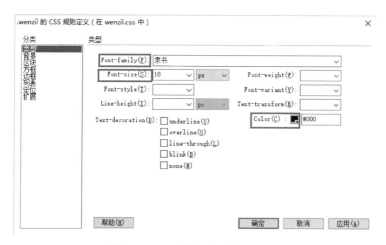

图 D-17　CSS 样式中字体的设置

图 D-18　宠物狗网页文字使用样式后的效果

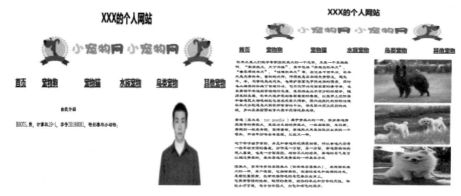

图 D-19　首页与宠物狗网页

图 D-20　鸟类宠物页与哺乳宠物页

图 D-21　宠物猫网页与水族宠物网页

参 考 文 献

[1] 李敏,高裴裴,王刚,等.大学计算机 [M].北京:清华大学出版社,2019.

[2] 申艳光,刘志敏,薛红梅,等.大学计算机—计算思维导论 [M].北京:清华大学出版社,2019.

[3] 何凤梅,詹青龙,王恒心,等.物联网工程导论 [M].2 版.北京:清华大学出版社,2019.

[4] 华为区块链技术开发团队.区块链技术及应用 [M].北京:清华大学出版社,2019.

[5] 帅小应."德智融合"的"计算机网络"课程思政教学探索[J].黑龙江教育,2019,10:1-3.

[6] 王令群,袁小华,张天蛟,等.融入思政教育的计算机网络课程教学[J].教育教学论坛,2019-30:30-31.

[7] 窦本年,许春根,金晓灿.密码学课程中的人文素质教育[J].计算机教育,2019,3:1-3,7.

[8] 贺武华,贾晓宇,张云霞.网络安全人才立德树人工作的时代要求与推进路径[J].战略论坛,2019,9:20-22.

[9] 李秀文,张守波,谢慧.新时期大学生网络犯罪成因及预防[J].法制博览,2018,11:60-62.

[10] Ron White.计算机工作原理图示教程 [M].宋铁英,陈河南,等译.北京:清华大学出版社,2002.

[11] 王移芝.大学计算机 [M].5 版.北京:高等教育出版社,2015.

[12] 郭艳华.计算机与计算思维导论 [M].北京:电子工业出版社,2014.

[13] 雷国华,运海红.大学计算机 [M].4 版.北京:高等教育出版社,2016.

[14] 张温基.大学计算机——计算思维导论 [M].北京:清华大学出版社,2017.

[15] 申艳光,王彬丽,宁振刚.大学计算机——计算文化与计算思维基础[M].北京:清华大学出版社,2017.

[16] 战德臣,聂兰顺.大学计算机——计算思维导论 [M].北京:电子工业出版社,2014.

[17] 翟萍,王贺明.大学计算机基础 [M].5 版.北京:清华大学出版社,2018.

[18] 李敦,毛晓光,刘万伟.大学计算机基础 [M].3 版.北京:清华大学出版社,2018.

[19] 杨尊琦.大数据导论 [M].北京:机械工业出版社.2018.

[20] 刘鹏,张燕.大数据导论 [M].北京:清华大学出版社.2018.

[21] 周苏,王文.大数据导论 [M].北京:清华大学出版社.2016.

[22] 维克多·迈尔·舍恩伯格.大数据时代:生活、工作与思维的大变革 [M].周涛译.杭州:浙江人民出版社.2012.

[23] Phil Simo.大数据应用——商业案例实践 [M].漆晨曦,张淑芳译.北京:人民邮电出版社.2014.

[24] 韩德志.云环境下的数据存储安全问清华题探析[J].通信学报,2011,32(9A):153-157.

[25] 韩勇.大数据革命——理论、模式与技术创新 [M].北京:电子工业出版社.2014.

[26] 冯登国,张敏,李昊.大数据安全与隐私保护[J].计算机学报,2014,37(1):247-258.

[27] 孟小峰,慈祥.大数据管理、概念、技术与挑战[J].计算机研究与发展,2013,50(1):146-149.

[28] 郭晓明,周明江.大数据分析在医疗行业的应用初探[J].中国数字医学,2015,10(8):84-85.

[29] 崔立群.大数据时代下互联网金融发展的机遇与风险应对探析[J].时代金融,2018,(04):47-50.

[30] 刘强.大数据在工业制造业中的应用研究[J].山东工业技术,2016,(15):22.

[31] 王铁山.基于大数据的制造业转型升级[J].西安邮电大学学报,2015,(05):79-83.

[32] 李春葆,李石君.数据仓库与数据挖掘实践 [M].北京:电子工业出版社.2014.

[33] 顾君忠.大数据与大数据分析[J].软件产业与工程,2013,04(04):17-21.

[34] 刘智慧,张泉灵.大数据技术研究综述[J].浙江大学学报:工学版,2014,48(6):957-972.

[35] 李德毅,于剑.人工智能导论[M].北京:中国科学技术出版社.2018.

[36] 贾可荣,张彦铎.人工智能 [M].3 版.北京:清华大学出版社.2018.

[37] 蔡自兴.人工智能 [M].5 版.北京:清华大学出版社.2016.

［38］ 王万良.人工智能导论［M］.3 版.北京：高等教育出版社.2019.

［39］ 史忠植.高级人工智能［M］.2 版.北京：科学出版社.2006.

［40］ 廉师友.人工智能技术导论［M］.3 版.西安：西安电子科技大学出版社.2007.

［41］ 柴啸龙.自动规划中群体智能技术的研究［D］.广州：中山大学.2009.

［42］ Malik Ghallab，Dana Nau，Paolo Traverso.自动规划：理论和实践［M］.姜云飞，杨强，等译.北京：清华大学出版社.2008.

［43］ Rosenblatt Frank. The Perceptron：A Probabilistic Model for Information Storage and Organization in The Brain［J］. Psychological Review，1958，65(6)：386-408.

［44］ 张万民，王振友，李永光等.计算机导论［M］.北京：北京理工大学出版社.2016.

［45］ 周苏，王硕苹.大数据时代管理信息系统［M］.北京：中国铁道出版社.2017.

［46］ 彭媛，宁亮，熊奇英，等.电子商务概论［M］.2 版.北京：北京理工大学出版社.2014.

［47］ 朱少平.浅谈科学计算［J］.物理，2009，(08)：545-551.

图书资源支持

感谢您一直以来对清华版图书的支持和爱护。为了配合本书的使用，本书提供配套的资源，有需求的读者请扫描下方的"书圈"微信公众号二维码，在图书专区下载，也可以拨打电话或发送电子邮件咨询。

如果您在使用本书的过程中遇到了什么问题，或者有相关图书出版计划，也请您发邮件告诉我们，以便我们更好地为您服务。

我们的联系方式：

地 址：北京市海淀区双清路学研大厦 A 座 714

邮 编：100084

电 话：010-83470236　010-83470237

客服邮箱：2301891038@qq.com

QQ：2301891038（请写明您的单位和姓名）

资源下载：关注公众号"书圈"下载配套资源。

资源下载、样书申请

书圈

图书案例

清华计算机学堂

观看课程直播